建筑工人技术系列手册

抹 灰 工 手 册

(第三版)

侯君伟 主编

中国建筑工业出版社

图书在版编目（CIP）数据

抹灰工手册/侯君伟主编. —3版. —北京：中国建筑工业出版社, 2006
（建筑工人技术系列手册）
ISBN 7-112-08316-8

Ⅰ. 抹… Ⅱ. 侯… Ⅲ. 抹灰-技术手册
Ⅳ. TU754.2-62

中国版本图书馆 CIP 数据核字（2006）第 043742 号

建筑工人技术系列手册
抹灰工手册
（第三版）

侯君伟　主编

*

中国建筑工业出版社出版、发行（北京西郊百万庄）
新　华　书　店　经　销
北京密云红光制版公司制版
世界知识印刷厂印刷

*

开本：787×1092毫米　1/32　印张：16⅞　字数：378千字
2006年6月第三版　　2006年6月第十四次印刷
印数：59421—63420册　　定价：**28.00**元
ISBN 7-112-08316-8
(14270)
版权所有　翻印必究
如有印装质量问题，可寄本社退换
（邮政编码 100037）

本社网址：http://www.cabp.com.cn
网上书店：http://www.china-building.com.cn

本书根据近年来新颁布的建筑结构、建筑工程施工质量验收系列规范和新技术、新工艺发展及《建设行业职业技能标准》等进行编写。

全书共分 13 章内容，其中包括：常用符号和数据；建筑构造、识图和制图；抹灰材料；常用机具；抹灰砂浆；抹灰工程；饰面砖（板）工程；地面工程；花饰工程；季节施工；古建筑装饰；安全施工；工料估算和班组管理。

本书特点是按照最新技术规范、标准编写，包括了抹灰工初、中、高级工必备的理论知识和实际操作技能，该书通俗易懂、文图并茂、简明实用。

本书可供抹灰工及工长使用，也可供培训、参考。

* * *

责任编辑　余永祯
责任设计：董建平
责任校对：张树梅　王金珠

第三版出版说明

建筑工人技术系列手册1999年修订了第二版。近年来我国先后对建筑材料、建筑结构设计、建筑安装施工质量验收系列规范等进行了全面地修订、现在大量的新标准、新规范已颁布实施，这套工人技术系列手册密切结合新的标准和规范，以1996年建设部《建设行业职业技能标准》为主线进行修订。这次修订补充了许多新技术内容，但仍突出了文字通俗易懂，深入浅出，文图并茂，实用性强的特点。

这次修订的第三版反映了目前我国最新的施工技术水平，更适应21世纪建筑企业广大建筑工人的新的需求，继续成为建筑工人的良师益友。

中国建筑工业出版社
2005年1月

第二版出版说明

建筑工人技术系列手册共列题9种，自1990年出版以来深受广大建筑工人的欢迎，累计印数达到40余万册，对提高建筑工人的技术素质起到了较好的作用。

1996年建设部颁发了《建设行业职业技能标准》，1989年建设部颁发的《土木建筑工人技术等级标准》停止使用；这几年新技术、新工艺、新材料、新设备有了新的发展，为此我们组织了这套系列手册的修订。这次修订增加了许多新的技术内容，但仍保持了第一版的风格，文字通俗易懂，深入浅出，文图并茂，便于使用。

这次修订的第二版更适应新形势下的需要和要求，希望这套建筑工人技术系列手册继续成为建筑工人的良师益友。

1999年3月

第一版出版说明

随着四化建设的深入进行，工程建设的蓬勃发展，建筑施工新技术、新工艺和新材料不断涌现，为了适应这种形势，提高建筑工人技术素质与水平，满足建筑工人的使用要求，我们组织出版了这套"建筑工人技术手册"，希望这套书能成为建筑工人的良师益友，帮助他们提高技术水平，建造出更多的优质工程。

这套书是按工种来编写的，它包括了本工种初、中、高级工人必备的理论和实践知识，尽量以图表形式为主，文字通俗易懂，深入浅出，便于使用。全套书现共列题十种。

这套工人技术手册能否满足读者的要求，还希望广大读者提出批评意见，以便不断提高和改进。

中国建筑工业出版社
1990年

本册编写人员

主　　　　编　侯君伟
参加编写人员　陆　岭　侯庆宪　王金富
　　　　　　　　　龚庆仪　王小虎　李维忠

前言

抹灰工是建筑行业土建施工中重要工种之一，建筑物的内外墙面、柱面、地面和顶棚，都离不开抹灰工进行涂饰。尤其是从改革开放以来，由于旅游建筑、商业建筑以及办公、金融和涉及千家万户的居住建筑的兴建，促使我国建筑装饰、装修行业有了飞速的发展。它不仅为人们提供一个舒适愉快的生活空间，而且正朝着环保、节能、智能方向迈进。因此，抹灰工应掌握本工种有关的基本理论知识（称应知）和应具有较熟练的操作技术（称应会），因为它将直接关系到抹灰装饰工程的质量和建筑物的寿命。

抹灰工操作的内容很多，它主要包括墙（柱）面的一般抹灰、装饰抹灰；室内外墙（柱）面饰面砖（板）的铺贴；整体地面和板块材地面铺贴；古建筑抹灰、墁地技术等。因此，为了能掌握上述技术并能估算工料，必须看懂建筑施工图；为了保证抹灰装饰工程的质量，必须懂得一些材料知识以及与本工种施工有关的季节施工知识；为了能及时检查抹灰装饰的质量，必须掌握有关施工质量要求和验收标准以及常用的检测方法；为了做到安全施工，必须掌握与本工种有关的安全技术要求等，以实现"质量第一"、"安全第一"的要求。

本手册是按照《土木建筑职业技能岗位培训计划大纲》初、中、高级抹灰工应知的内容，系统介绍了本工种应掌握的理论知识及操作技能进行了编写，可供职业技能培训使用，亦可供职业学院实践教学使用、技工学习和查阅。

由于编者水平有限，书中如有疏漏、错误之处，敬请读者给予批评指正。

编者
2006年4月

目 录

1 常用符号和数据 …………………………………………… 1
  1.1 常用符号和代号 ………………………………………… 1
    1.1.1 常用字母 …………………………………………… 1
    1.1.2 常用符号 …………………………………………… 2
    1.1.3 常用代号 …………………………………………… 4
  1.2 常用计量单位 …………………………………………… 7
    1.2.1 常用计量单位换算 ………………………………… 7
    1.2.2 常用非法定计量单位与法定计量单位换算 ……… 9
    1.2.3 简单平面图形的面积 ……………………………… 13
    1.2.4 简单立体的表面积和体积 ………………………… 14
2 建筑构造、识图和制图 …………………………………… 16
  2.1 房屋建筑构造基本知识 ………………………………… 16
    2.1.1 房屋建筑分类 ……………………………………… 16
    2.1.2 房屋建筑的等级 …………………………………… 20
    2.1.3 房屋建筑的组成 …………………………………… 23
      2.1.3.1 民用建筑的基本组成 ………………………… 23
      2.1.3.2 工业建筑的基本组成 ………………………… 48
  2.2 建筑识图 ………………………………………………… 55
    2.2.1 看懂一般建筑施工图 ……………………………… 55
      2.2.1.1 建筑施工图的分类及编排次序 ……………… 56
      2.2.1.2 投影和视图的基本知识 ……………………… 57
      2.2.1.3 建筑施工图的识图 …………………………… 59
      2.2.1.4 结构施工图的识图 …………………………… 71

2.2.1.5 标准图识图 ································ 76
　　　2.2.1.6 看图的方法、要点和注意事项 ·············· 77
　　2.2.2 看懂复杂的施工图 ································ 81
　2.3 建筑制图 ·· 90
　　2.3.1 常用的制图工具和使用方法 ····················· 91
　　2.3.2 施工图画法 ······································ 97

3 抹灰材料 ·· 110
　3.1 胶凝材料 ·· 110
　　3.1.1 水泥 ··· 110
　　3.1.2 石灰、石膏、粉煤灰 ···························· 112
　3.2 骨料 ··· 116
　　3.2.1 砂 ··· 116
　　3.2.2 石 ··· 117
　　3.2.3 其他骨料 ·· 118
　3.3 化工材料 ·· 120
　　3.3.1 颜料 ··· 120
　　3.3.2 添加剂 ·· 126
　　3.3.3 草酸（乙二酸） ································ 127
　3.4 其他材料 ·· 128

4 常用机具 ·· 129
　4.1 手工工具 ·· 129
　4.2 施工机具 ·· 136
　　4.2.1 拌制机具 ·· 136
　　4.2.2 锯类机具 ·· 138
　　4.2.3 钻类和磨类机具 ································ 143
　　4.2.4 喷涂类机具 ······································ 148
　　4.2.5 电动吊篮 ·· 149

4.2.6 机具使用安全注意事项 ………………………… 151
5 抹灰砂浆 ……………………………………………………… 154
　5.1 抹灰砂浆品种 …………………………………………… 154
　5.2 抹灰砂浆配合比 ………………………………………… 155
　5.3 抹灰砂浆制备 …………………………………………… 157
　　5.3.1 砂浆制备机械 …………………………………… 157
　　5.3.2 砂浆机械搅拌 …………………………………… 157
　5.4 抹灰砂浆技术性能 ……………………………………… 159
6 抹灰工程 ……………………………………………………… 162
　6.1 抹灰工程的分类和组成 ………………………………… 162
　　6.1.1 抹灰工程分类 …………………………………… 162
　　6.1.2 抹灰的组成 ……………………………………… 162
　6.2 材料质量要求 …………………………………………… 164
　6.3 施工准备及基层处理要求 ……………………………… 165
　　6.3.1 施工准备 ………………………………………… 165
　　6.3.2 基层处理 ………………………………………… 167
　6.4 一般抹灰施工 …………………………………………… 168
　　6.4.1 一般要求 ………………………………………… 168
　　6.4.2 墙面抹灰要点 …………………………………… 170
　　6.4.3 顶棚抹灰要点 …………………………………… 176
　　6.4.4 柱抹灰要点 ……………………………………… 178
　　6.4.5 冬期施工注意事项 ……………………………… 181
　　6.4.6 常见一般抹灰施工要点 ………………………… 181
　　6.4.7 粉刷石膏施工 …………………………………… 193
　　6.4.8 一般抹灰缺陷预防及治理 ……………………… 195
　6.5 装饰抹灰施工 …………………………………………… 197
　　6.5.1 一般要求 ………………………………………… 197

13

| 6.5.2 常见装饰抹灰做法 ································ 198
| 6.5.3 灰线抹灰施工 ···································· 224
| 6.5.4 机械喷涂抹灰 ···································· 229
| 6.6 抹灰工程质量要求及验收标准 ······················· 251
| 6.6.1 一般规定 ·· 251
| 6.6.2 一般抹灰工程 ···································· 252
| 6.6.3 装饰抹灰工程 ···································· 254
| 7 饰面砖（板）工程 ··· 257
| 7.1 常用材料 ··· 257
| 7.1.1 陶瓷、玻璃类 ···································· 257
| 7.1.2 石材类 ··· 266
| 7.2 施工机（工）具 ·· 275
| 7.2.1 常用施工机具 ···································· 275
| 7.2.2 常用手工工具 ···································· 276
| 7.3 饰面砖（板）施工工艺 ······························· 277
| 7.3.1 基本要求 ··· 277
| 7.3.2 饰面砖施工 ·· 279
| 7.3.3 石材饰面板施工 ································· 307
| 7.4 饰面砖（板）工程质量要求和验收标准 ·········· 333
| 7.4.1 一般规定 ··· 333
| 7.4.2 饰面板安装工程 ································· 335
| 7.4.3 饰面砖粘贴工程 ································· 337
| 8 地面工程 ·· 340
| 8.1 组成构造 ··· 340
| 8.1.1 构造与层次 ·· 340
| 8.1.2 地面各层次的作用 ······························ 341
| 8.2 基本要求 ··· 343

    8.2.1 材料要求 ……………………………………… 343
    8.2.2 技术要求 ……………………………………… 343
  8.3 施工机具 …………………………………………… 344
  8.4 找平层施工 ………………………………………… 344
  8.5 面层施工 …………………………………………… 346
    8.5.1 水泥砂浆和水泥混凝土面层施工 …………… 346
    8.5.2 水磨石面层施工 ……………………………… 355
    8.5.3 砖面层施工 …………………………………… 369
    8.5.4 天然石材面层施工 …………………………… 380
    8.5.5 塑胶地板面层施工 …………………………… 387
  8.6 地面工程质量要求和验收标准 …………………… 399
    8.6.1 基本规定 ……………………………………… 399
    8.6.2 找平层铺设 …………………………………… 405
    8.6.3 整体面层铺设 ………………………………… 408
    8.6.4 板块面层铺设 ………………………………… 413
9 花饰工程 ………………………………………………… 423
  9.1 花饰的种类和制作 ………………………………… 423
    9.1.1 花饰的种类 …………………………………… 423
    9.1.2 花饰的制作 …………………………………… 423
  9.2 花饰的安装 ………………………………………… 434
    9.2.1 基本要求 ……………………………………… 434
    9.2.2 安装工艺 ……………………………………… 434
    9.2.3 增强石膏花饰安装 …………………………… 437
  9.3 预制混凝土花格饰件安装 ………………………… 438
10 季节施工 ……………………………………………… 440
  10.1 冬期施工 ………………………………………… 440
    10.1.1 基本要求 …………………………………… 440

  10.1.2 抹灰砂浆制备要求 ……………………………… 440
  10.1.3 抹灰工程冬期施工方法 …………………………… 441
 10.2 夏期、雨期施工 ……………………………………… 444
11 古建筑装饰 …………………………………………………… 446
 11.1 墙面勾缝 …………………………………………… 446
 11.2 墙体抹灰 …………………………………………… 449
 11.3 堆塑、镂画与砖雕 ………………………………… 458
 11.4 墁地 ………………………………………………… 462
  11.4.1 室内地面的墁砌 …………………………………… 462
  11.4.2 室外地面的墁砌 …………………………………… 465
12 安全施工 ……………………………………………………… 469
 12.1 施工现场安全 ……………………………………… 469
  12.1.1 个人劳动保护 ……………………………………… 469
  12.1.2 高空作业安全 ……………………………………… 469
  12.1.3 机械喷涂抹灰安全 ………………………………… 470
  12.1.4 脚手架使用安全 …………………………………… 471
 12.2 机械使用安全 ……………………………………… 472
  12.2.1 砂浆搅拌机安全使用 ……………………………… 472
  12.2.2 灰浆输送泵安全使用 ……………………………… 472
  12.2.3 空气压缩机安全使用 ……………………………… 473
  12.2.4 水磨石机安全使用 ………………………………… 475
  12.2.5 手持电动工具安全使用 …………………………… 475
13 工料计算和班组管理 ………………………………………… 477
 13.1 工料计算 …………………………………………… 477
  13.1.1 工程量计算 ………………………………………… 477
  13.1.2 人工和材料计算 …………………………………… 480
 13.2 班组管理 …………………………………………… 483

附录 ··· 489
附录一 抹灰工程材料计算 ································· 489
附录二 饰面砖（板）工程材料计算 ················· 500
附录三 《土木建筑职业技能岗位培训
　　　 计划大纲》——抹灰工 ························· 504
主要参考文献 ·· 522

1 常用符号和数据

1.1 常用符号和代号

1.1.1 常用字母

常用字母见表1-1。

常 用 字 母   表1-1

汉语拼音字母			拉丁（英文）字母			希腊字母		
大写	小写	读音	大写	小写	读音	大写	小写	读音
A B C D E F G H I J K L M N O P Q R S T U V W X Y Z	a b c d e f g h i j k l m n o p q r s t u v w x y z	阿玻雌得鹅佛哥喝衣基科勒摸讷喔坡欺日思特乌万乌希衣资	A B C D E F G H I J K L M N O P Q R S T U V W X Y Z	a b c d e f g h i j k l m n o p q r s t u v w x y z	欸比西地衣夫基曲阿街凯耳姆欸欸欧批由阿尔欸梯由维达不埃克斯歪留斯外齐	A B Γ Δ E Z H Θ I K Λ M N Ξ O Π P Σ T Υ Φ X Ψ Ω	α β γ δ ε ζ η θ ι κ λ μ ν ξ o π ρ σ τ υ φ χ ψ ω	阿尔法贝塔伽马德尔塔艾普西隆截塔艾塔西塔约塔卡帕兰姆达米尤纽克西奥密克戎派洛西格马陶宇普西隆斐喜普西欧美伽

1.1.2 常用符号

1. 数学符号见表 1-2。

数学符号　　　　　表 1-2

中文意义	符号	中文意义	符号	中文意义	符号
加、正	+	小 于	<	圆	⊙
减、负	−	大 于	>	正方形	□
乘	×或·	小于或等于	≤	矩 形	▭
除	÷或 $\frac{a}{b}$	大于或等于	≥	平行四边形	▱
比	:	x 的平方	x^2	相 似	∽
小数点	.	x 的立方	x^3	全 等	≌
小括弧	( )	x 的 n 次方	x^n	最 小	min
中括弧	[ ]	平方根	$\sqrt{\ }$	最 大	max
大括弧	{ }	立方根	$\sqrt[3]{\ }$	无限大	∞
加或减 正或负	±	n 次方根	$\sqrt[n]{\ }$	常用对数 (以 10 为底)	lg
减或加 负或正	∓	垂直于	⊥	自然对数 (以 e 为底)	ln
百分号	%	平行于	∥或//	度	°
等 于	=	角 [平面]	∠	[角] 分	′
不等于	≠或≢	直 角	∟	[角] 秒	″
约等于	≈	三角形	△	正 弦	sin
余 弦	cos	反余切	arcctg	所 以	∴
正 切	tg 或 tan	x 的增量	Δx	AB 线段	$\overline{AB}$ 或 AB
余 切	ctg 或 cot	y 的增量	Δy	AB 弧	$\overset{\frown}{AB}$
反正弦	arcsin	$a_1 + a_2 \cdots$ 的和	Σa	中-中间距	@
反余弦	arccos	a 的绝对值	$\lvert a \rvert$	数学范围 (自…至…)	~
反正切	arctg	因 为	∵		

2. 常用计量单位符号见表1-3。

常用单位符号含义　　　　表1-3

中文意义	符号	中文意义	符号
1. 长度		千赫	kHz
米	m	兆赫	MHz
分米	dm	6. 平面角	
厘米	cm	度	(°)
毫米	mm	分	(′)
微米	μm	秒	(″)
2. 质量		7. 力、压力 压强	
吨	t	牛顿	N
千克（公斤）	kg	千牛顿	kN
克	g	牛顿/厘米^2	N/cm^2
毫克	mg	牛顿/毫米^2	N/mm^2
3. 面积		帕斯卡	Pa
平方米	m^2	兆帕斯卡	MPa
平方厘米	cm^2	8. 温度、热量	
平方毫米	mm^2	摄氏度	℃
4. 体积、容积		焦耳	J
立方米	m^3	千焦耳	kJ
立方厘米	cm^3	9. 电、功率	
升	L	伏特	V
5. 时间、频率		千伏	kV
天	d	安培	A
小时	h	电阻	Ω
分	min	瓦特	W
秒	s	千瓦	kW
赫兹	Hz	千伏安	kVA

3. 物理量符号见表1-4。

物理量符号 表1-4

中文意义	符号	中文意义	符号
1. 几何量值		压力、压强	p
长	$l, (L)$	正应力	σ
宽	b	剪应力	τ
高	h	弹性模量	E
厚	d, δ	剪变模量	G
半径	r, R	压缩系数	κ
直径	$d, (D)$	截面系数	W、Z
距离	s	摩擦系数	$\mu, (f)$
平面角	$\alpha、\beta、\gamma、\theta、\varphi$ 等	截面惯性矩	I
面积	$A, (S)$	3. 热学的量	
体积,容积	V	线膨胀系数	α_l
2. 力学的量		导热系数	λ, k
质量	m	热阻	R
重力密度	γ	4. 电学的量	
质量密度	ρ	电位差	U
相对密度	d	电阻	R
力	F	电流	I
重力、恒荷载	$W, (P, G)$	功率	P
力矩、弯矩	M		

1.1.3 常用代号

1. 砖、石、砌块、混凝土强度等级见表1-5。

砖、石、砌块、混凝土材料强度等级 表1-5

符号	中文含义	材料强度等级
MU	砖、石、砌块强度等级	1. 烧结普通砖、非烧结硅酸盐砖和承重黏土砖等的强度等级： MU7.5（75号）[①]、MU10（100号）、MU15（150号）、MU20（200号）、MU25（250号）、MU30（300号）

4

续表

符 号	中文含义	材 料 强 度 等 级
MU	砖、石、砌块强度等级	2.石材强度等级： MU10（100号）、MU15（150号）、MU20（200号）、MU30（300号）、MU40（400号）、MU50（500号）、MU60（600号）、MU80（800号）、MU100（1000号） 3.砌块强度等级： MU3.5（35号）、MU5（50号）、MU7.5（75号）、MU10（100号）、MU15（150号）
M	砂浆强度等级	M0.4（4号）[②]、M1（10号）、M2.5（25号）、M5（50号）、M7.5（75号）、M10（100号）、M15（150号）
C	混凝土强度等级	C7.5（75号）、C10（100号）[③]、C15（150号）、C20（200号）、C25（250号）、C30（300号）、C35（350号）、C40（400号）、C45（450号）、C50（500号）、C55（550号）、C60（600号）

注：①砖的强度等级 MU7.5 相当于原来的 75 号砖。
②砂浆强度等级 M0.4 相当于原来的 4 号砂浆。
③混凝土强度等级 C10 相当于原来的 100 号混凝土。

2．钢筋符号见表 1-6。

钢 筋 符 号　　　　　表 1-6

钢 筋 种 类			符 号
普通钢筋	热轧钢筋	HPB235（Q235）Ⅰ级	ϕ
		HRB335（20MnSi）Ⅱ级	Φ
		HRB400（20MnSiV，20MnSiNb，20MnSiTi）Ⅲ级	Φ
		RRB400（K20MnSi）Ⅳ级	Φ^R

续表

钢筋种类			符号
普通钢筋	冷轧带肋钢筋	CRR560	ϕ^R
		CRB650	
		CRB800	
		CRB970	
		CRB1170	
预应力钢筋	钢绞线		ϕ^S
	消防应力钢丝	光面螺旋肋	ϕ^H
		刻痕	ϕ^L
	热处理钢筋	40Si2Mn	ϕ^{HT}
		48Si2Mn	
		45Si2Cr	

注：施工图中常见符号@表示钢筋中～中的等距离。

3. 建筑构件代号见表 1-7。

建筑构件代号表　　　　　　　　表 1-7

序号	名　称	代号	序号	名　称	代号
1	板	B	13	梁	L
2	屋面板	WB	14	屋面梁	WL
3	空心板	KB	15	吊车梁	DL
4	槽形板	CB	16	圈梁	QL
5	折板	ZB	17	过梁	GL
6	密肋板	MB	18	连系梁	LL
7	楼梯板	TB	19	基础梁	JL
8	盖板、沟盖板	GB	20	楼梯梁	TL
9	檐口板	YB	21	檩条	LT
10	吊车安全走道板	DB	22	屋架	WJ
11	墙板	QB	23	托架	TJ
12	天沟板	TGB	24	天窗架	CJ

续表

序号	名称	代号	序号	名称	代号
25	刚架	GJ	34	水平支撑	SC
26	框架	KJ	35	梯	T
27	支架	ZJ	36	雨篷	YP
28	柱	Z	37	阳台	YT
29	基础	J	38	梁垫	LD
30	设备基础	SJ	39	预埋件	M
31	桩	ZH	40	天窗端壁	TD
32	柱间支撑	ZC	41	钢筋网	W
33	垂直支撑	CC	42	钢筋骨架	G

注：1. 预制钢筋混凝土构件，现浇钢筋混凝土构件、钢构件和木构件，一般可直接采用本表中构件代号。在设计中，当需要区别上述构件种类时，应在图中加以说明。
2. 预应力钢筋混凝土构件代号，应在构件代号前加注"Y—"，如Y—DL表示预应力钢筋混凝土吊车梁。

1.2 常用计量单位

1.2.1 常用计量单位换算

1. 长度单位换算见表1-8～表1-10。

米（m）的倍数单位换算　　　　表1-8

名称	符号	km	hm	dam	m	dm	cm	mm
千米（公里）	km	1	10	10^2	10^3	10^4	10^5	10^6
百米	hm	10^{-1}	1	10	10^2	10^3	10^4	10^5
十米	dam	10^{-2}	10^{-1}	1	10	10^2	10^3	10^4
米	m	10^{-3}	10^{-2}	10^{-1}	1	10	10^2	10^3
分米	dm	10^{-4}	10^{-3}	10^{-2}	10^{-1}	1	10	10^2
厘米	cm	10^{-5}	10^{-4}	10^{-3}	10^{-2}	10^{-1}	1	10
毫米	mm	10^{-6}	10^{-5}	10^{-4}	10^{-3}	10^{-2}	10^{-1}	1

各种长度单位换算　　　　　　　表 1-9

厘米 (cm)	米 (m)	公里 (km)	市尺	市里	英寸 (in)	英尺 (ft)	码 (yd)	英里 (mile)	海里 (n mile)
1	0.01		0.03		0.3937	0.0328			
100	1	0.001	3	0.002	39.37	3.2808	1.0936		
	1000	1	3000	2	39370	3280.8	1093.6	0.6214	0.5396
33.33	0.3333		1		13.123	1.0936	0.3645		
	500	0.5	1500	1		1640.4	546.8	0.3107	0.2698
2.54	0.0254		0.0763		1	0.0833	0.0278		
30.48	0.3048		0.9144		12	1	0.3333		
	0.9144		2.7432		36	3	1		
	1609.3	1.6093	4828	3.2187		5280	1760	1	0.8684
	1853	1.853	5559.6	3.7064		6080	2026.6	1.1515	1

注：1 日尺 = 0.3030 米（m）= 0.9091 市尺 = 0.9939 英寸（ft）。

英寸的分数、小数习惯称呼与毫米对照　　　表 1-10

英寸 (分数)	英寸 (小数)	我国习惯称呼	毫米 (mm)	英寸 (分数)	英寸 (小数)	我国习惯称呼	毫米 (mm)
1/16	0.0625	半　分	1.5875	9/16	0.5625	四分半	14.2875
1/8	0.1250	一　分	3.1750	5/8	0.6250	五　分	15.8750
3/16	0.1875	一分半	4.7625	11/16	0.6875	五分半	17.4625
1/4	0.2500	二　分	6.3500	3/4	0.7500	六　分	19.0500
5/16	0.3125	二分半	7.9375	13/16	0.8125	六分半	20.6375
3/8	0.3750	三　分	9.5250	7/8	0.8750	七　分	22.2250
7/16	0.4375	三分半	11.1125	15/16	0.9375	七分半	23.8125
1/2	0.5000	四　分	12.7000	1	1.0000	一英寸	25.4000

2．面积单位换算见表 1-11。

平方米（m^2）倍数单位换算　　　　表1-11

名称	符号	km^2	hm^2 (ha)	dam^2 (a)	m^2	dm^2	cm^2	mm^2
平方千米	km^2	1	10^2	10^4	10^6	10^8	10^{10}	10^{12}
平方百米（公顷）	ha	10^{-2}	1	10^2	10^4	10^6	10^8	10^{10}
平方十米（公亩）	a	10^{-4}	10^{-2}	1	10^2	10^4	10^6	10^8
平方米	m^2	10^{-6}	10^{-4}	10^{-2}	1	10^2	10^4	10^6
平方分米	dm^2	10^{-8}	10^{-6}	10^{-4}	10^{-2}	1	10^2	10^4
平方厘米	cm^2	10^{-10}	10^{-8}	10^{-6}	10^{-4}	10^{-2}	1	10^2
平方毫米	mm^2	10^{-12}	10^{-10}	10^{-8}	10^{-6}	10^{-4}	10^{-2}	1

3. 重量单位换算见表1-12。

千克（公斤）倍数单位换算　　　　表1-12

名称	符号	kt	t (Mg)	dt	kg	hg	dag	g	dg	mg
千吨	kt	1	10^3	10^4	10^6	10^7	10^8	10^9	10^{10}	10^{12}
吨（兆克）	t (Mg)	10^{-3}	1	10	10^3	10^4	10^5	10^6	10^7	10^9
分吨	dt	10^{-4}	10^{-1}	1	10^2	10^3	10^4	10^5	10^6	10^8
千克	kg	10^{-6}	10^{-3}	10^{-2}	1	10	10^2	10^3	10^4	10^6
百克	hg	10^{-7}	10^{-4}	10^{-3}	10^{-1}	1	10	10^2	10^3	10^5
十克	dag	10^{-8}	10^{-5}	10^{-4}	10^{-2}	10^{-1}	1	10	10^2	10^4
克	g	10^{-9}	10^{-6}	10^{-5}	10^{-3}	10^{-2}	10^{-1}	1	10	10^3
分克	dg	10^{-10}	10^{-7}	10^{-6}	10^{-4}	10^{-3}	10^{-2}	10^{-1}	1	10^2
毫克	mg	10^{-12}	10^{-9}	10^{-8}	10^{-6}	10^{-5}	10^{-4}	10^{-3}	10^{-2}	1

1.2.2 常用非法定计量单位与法定计量单位换算

常用非法定计量单位与法定计量单位换算见表1-13。

习用非法定计量单位与法定计量单位换算关系表

表 1-13

量的名称	习用非法定计量单位		法定计量单位		单位换算关系
	名 称	符 号	名 称	符 号	
力	千克力	kgf	牛顿	N	1kgf=9.806 65N
	吨力	tf	千牛顿	kN	1tf=9.806 65kN
线分布力	千克力每米	kgf/m	牛顿每米	N/m	1kgf/m=9.806 65N/m
	吨力每米	tf/m	千牛顿每米	kN/m	1tf/m=9.806 65kN/m
面分布力,压强	千克力每平方米	kgf/m^2	牛顿每平方米(帕斯卡)	N/m^2(Pa)	1kgf/m^2=9.806 65N/m^2(Pa)
	吨力每平方米	tf/m^2	千牛顿每平方米(千帕斯卡)	kN/m^2(kPa)	1tf/m^2=9.086 65kN/m^2(kPa)
	标准大气压	atm	兆帕斯卡	MPa	1atm=0.101 325MPa
	工程大气压	at	兆帕斯卡	MPa	1at=0.098 066 5MPa
	毫米水柱	mmH$_2$O	帕斯卡	Pa	1mmH$_2$O=9.806 65Pa (按水的密度为 1g/cm^2 计)
	毫米汞柱	mmHg	帕斯卡	Pa	1mmHg=133.322Pa
	巴	bar	帕斯卡	Pa	1bar=10^{5}Pa
体分布力	千克力每立方米	kgf/m^3	牛顿每立方米	N/m^3	1kgf/m^3=9.806 65N/m^3
	吨力每立方米	tf/m^3	千牛顿每立方米	kN/m^3	1tf/m^3=9.086 65kN/m^3
力矩、弯矩、扭矩、力偶矩、转矩	千克力米	kgf·m	牛顿米	N·m	1kgf·m=9.806 65N·m
	吨力米	tf·m	千牛顿米	kN·m	1tf·m=9.806 65kN·m

续表

量的名称	习用非法定计量单位 名称	符号	法定计量单位 名称	符号	单位换算关系
应力,材料强度	千克力每平方毫米	kgf/mm²	兆帕斯卡	MPa	1kgf/mm² = 9.806 65MPa
	千克力每平方厘米	kgf/cm²	兆帕斯卡	MPa	1kgf/cm² = 0.098 066 5MPa
	吨力每平方米	tf/m²	千帕斯卡	kPa	1tf/m² = 9.806 65MPa
弹性模量,剪变模量,压缩模量	千克力每平方厘米	kgf/cm²	兆帕斯卡	MPa	1kgf/cm² = 0.098 066 5MPa
压缩系数	平方厘米每千克力	cm²/kgf	每兆帕斯卡	MPa⁻¹	1cm²/kgf = (1/0.09 806 65)MPa⁻¹
比热容	千卡每千克摄氏度	kcal/(kg·℃)	千焦耳每千克开尔文	kJ/(kg·K)	1kcal$_{th}$/(kg·℃) = 4.186 8kJ/(kg·K)
	热化学卡每千克摄氏度	kcal$_{th}$/(kg·℃)	千焦耳每千克开尔文	kJ/(kg·K)	1kcal/(kg·℃) = 4.184kJ/(kg·K)
体积热容	千卡每立方米摄氏度	kcal/(m³·℃)	千焦耳每立方米开尔文	kJ/(m³·K)	1kcal$_{th}$/(m³·℃) = 4.186 8kJ/(m³·K)
	热化学卡每立方米摄氏度	kcal$_{th}$/(m³·℃)	千焦耳每立方米开尔文	(kJ/m³·K)	1kcal/(m³·℃) = 4.184kJ/(m³·K)
传热系数	卡每平方厘米秒摄氏度	cal/(cm²·s·℃)	瓦特每平方米开尔文	W/(m²·K)	1cal/(cm²·s·℃) = 41868W/(m²·K)
	卡每平方米小时摄氏度	kcal/(m²·h·℃)	瓦特每平方米开尔文	W/(m²·K)	1kcal/(m²·h·℃) = 1.163W/(m²·K)
导热系数	卡每厘米秒摄氏度	cal/(cm·s·℃)	瓦特每米开尔文	W/(m·K)	1cal/(cm·s·℃) = 418.68W/(m·K)
	千卡每米小时摄氏度	kcal/(m·h·℃)	瓦特每米开尔文	W/(m·K)	1kcal/(m·h·℃) = 1.163W/(m·K)
热负荷	千卡每小时	kcal/h	瓦特	W	1kcal/h = 1.163W

续表

量的名称	习用非法定计量单位		法定计量单位		单位换算关系
	名称	符号	名称	符号	
热强度・容积热负荷	千卡每立方米小时	kcal/(m³·h)	瓦特每立方米	W/m³	1kcal/(m³·h)=1.163W/m³
热流密度	卡每平方厘米秒	cal/(cm²·s)	瓦特每平方米	W/m²	1cal/(cm²·s)=41868W/m²
	千卡每平方米小时	kcal/(m²·h)	瓦特每平方米	W/m²	1kcal/(m²·h)=1.163W/m²
功、能、热量	千克力米	kgf·m	焦耳	J	1kgf·m=9.806 65J
	吨力米	tf·m	千焦耳	kJ	1tf·m=9.806 65kJ
	立方厘米标准大气压	cm³·atm	焦耳	J	1cm³·atm=0.101 325J
	升标准大气压	L·atm	焦耳	J	1L·atm=101.325J
	升工程大气压	L·at	焦耳	J	1L·at=98.066 5J
	国际蒸汽表卡	cal	焦耳	J	1cal=4.186 8J
	热化学卡	cal$_{th}$	焦耳	J	1cal$_{th}$=4.184J
	15℃卡	cal$_{15}$	焦耳	J	1cal$_{15}$=4.1855J
功率	千克力米每秒	kgf·m/s	瓦特	W	1kgf·m/s=9.806 65W
	国际蒸汽表卡每秒	cal/s	瓦特	W	1cal/s=4.186 8W
	千卡每小时	kcal/h	瓦特	W	1kcal/h=1.163W
	热化学卡每秒	cal$_{th}$/s	瓦特	W	1cal$_{th}$/s=4.184W
	升标准大气压每秒	L·atm/s	瓦特	W	1L·atm/s=101.325W
	升工程大气压每秒	L·at/s	瓦特	W	1L·at/s=98.066 5W
功率	米制马力		瓦特	W	1米制马力=735.499W
	电工马力		瓦特	W	1电工马力=746W
	锅炉马力		瓦特	W	1锅炉马力=9809.5W
发热量	千卡每立方米	kcal/m³	千焦耳每立方米	kJ/m³	1kcal/m³=4.186 8kJ/m³
	热化学千卡每立方米	kcal$_{th}$/m³	千焦耳每立方米	kJ/m³	1kcal$_{th}$/m³=4.184kJ/m³
汽化热	千卡每千克	kcal/kg	千焦耳每千克	kJ/kg	1kcal/kg=4.186 8kJ/kg

1.2.3 简单平面图形的面积

简单平面图形的面积见表 1-14。

简单平面图形的面积　　　　表 1-14

名称	图形	字母意义	面积公式（S 表示面积）
正方形		a—边长	$S = a^2$
长方形		a—长 b—宽	$S = ab$
平行四边形		b—底边 h—高	$S = bh$
三角形		b—底 h—高	$S = \dfrac{1}{2}bh$
梯形		a—上底 b—下底 h—高	$S = \dfrac{1}{2}(a+b)h$
圆		R—半径 D—直径 π—圆周率	$S = \pi R^2$ $= \dfrac{\pi D^2}{4}$
扇形		R—半径 $n°$—圆心角的度数 l—弧长	$S = \dfrac{n°}{360°}\pi R^2$ $= \dfrac{1}{2}Rl$
弓形		l—弧长 R—半径 b—弓形的底 h—弓形的高 α—圆心角（弧度）	$S = \dfrac{1}{2}\alpha R^2 - \dfrac{b(R-h)}{2}$ $= \dfrac{1}{2}lR - \dfrac{b(R-h)}{2}$ 近似计算公式 $S = \dfrac{2}{3}bh + \dfrac{h^2}{2b}$

1.2.4 简单立体的表面积和体积

简单立体的表面积和体积见表1-15。

简单立体的表面积和体积　　　　　表1-15

名称	图形	字母意义	表面积、体积公式（S 表面积、V 体积）
正方体		a—棱	$S = 6a^2$ $V = a^3$
长方体		a—长 b—宽 c—高	$S = 2(ab + bc + ac)$ $V = abc$
棱柱		B—底面积 h—圆	$V = hB$
圆柱		R—底圆半径 h—高	$S = 2\pi R(h + R)$ $V = \pi R^2 h$
棱锥		B—底面积 h—高	$V = \dfrac{1}{3}Bh$
圆锥		R—底圆半径 h—高 l—母线	$S = \pi R(l + R)$ $V = \dfrac{1}{3}\pi R^2 h$
棱台		B_1—上底面积 B_2—下底面积 h—高	$S = \dfrac{1}{3}h(B_2 + B_2 + \sqrt{B_1 + B_2})$

续表

名称	图　形	字母意义	表面积、体积公式 (S 表面积、V 体积)
圆台		r——上底半径 R——下底半径 l——母线 h——高	$S = \pi l(r + R) + \pi(r^2 + R^2)$ $V = \dfrac{1}{3}\pi h(r^2 + R^2 + rR)$
球		R——球半球	$S = 4\pi R^2$ $V = \dfrac{4}{3}\pi R_2$
球冠 球缺		R——球半径 h——球冠的高	$S_{球冠} = 2\pi Rh$ $V_{球冠} = \pi h^2\left(R - \dfrac{h}{3}\right)$

2 建筑构造、识图和制图

2.1 房屋建筑构造基本知识

2.1.1 房屋建筑分类

1. 房屋建筑按用途分类

房屋建筑按用途大致可以分为民用建筑和工业建筑两类。

(1) 民用建筑

包括居住建筑和公共建筑。

1) 居住建筑 如住宅、宿舍、公寓、旅(宾)馆、招待所等。

2) 公共建筑 如学校、医院、办公楼、商店、展览馆、体育馆、影剧院等。

(2) 工业建筑

1) 生产类 如各种主要生产车间。

2) 仓储类 如材料、成品仓库等。

3) 动力类 如配电站、煤气站、压缩空气站、锅炉房等。

4) 辅助类 如修理、工具等车间。

2. 房屋建筑按结构承重形式分类

房屋建筑按结构承重形式大致可分为：墙体承重结构、

框架承重结构和筒体结构等几种形式。

(1) 墙体承重结构

墙体承重结构,是指房屋建筑的全部荷载(包括建筑物构件自重、家具及人的重量、屋面积雪、风力等)由墙体传给地基,见图2-1。

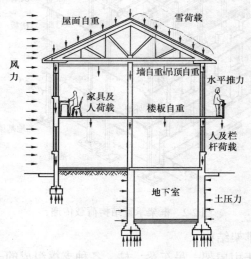

图2-1 墙体承重结构

(2) 框架承重结构

又称骨架承重结构。房屋建筑的全部荷载通过楼板由梁、柱传给基础,见图2-2。墙只起围护和分隔作用,不起承重作用。

由于框架承重结构的结构刚度较差,因此,当建筑层数大于15层或在地震区建筑高层房屋时,多采用框架-剪力墙承重结构,即房屋的全部荷载通过楼板分别由梁、柱和剪力墙承担,并传给基础。

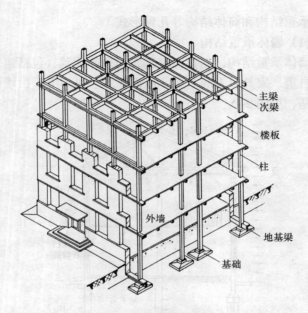

图 2-2 框架承重结构荷载传递

(3) 排架结构

它属于由屋架、吊车梁、柱,各种支撑组成的一种骨架承重结构,主要用于单层工业厂房建筑(图 2-3)。墙体只起围护作用。

(4) 筒体结构

筒体结构是由框架结构和剪力墙结构发展而成的。它是由若干片纵横交接的框架或剪力墙围成的筒状封闭体(图 2-4),每层楼面加强了框架或剪力墙之间的相互连接,形成一个空间构架,其空间刚度比框架或剪力墙结构要好得多。所以,筒体结构多用来建造 100m 以上的高层建筑。根据筒体的布置、组成,又可分为框架-筒体、筒中筒和

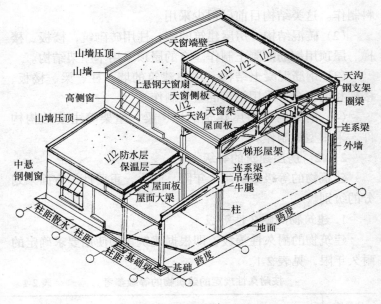

图 2-3 排架结构单层工业厂房

成束筒三种。

房屋建筑的全部荷载,由筒体传给基础。

3.房屋建筑按承重结构材料分类

房屋建筑按承重结构所用的材料大致可分为:砖木结构、砖混结构、钢筋混凝土结构和钢结构四大类型。

(1)砖木结构 墙、柱等用砖砌筑,楼梯、楼板、屋架用木

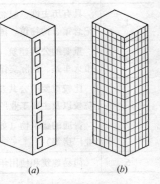

图 2-4 筒体结构
(a)实腹筒体;(b)开口筒体

料制作。这类结构目前已很少采用。

（2）砖混结构　房屋建筑的墙、柱用砖砌筑，楼板、楼梯、屋顶用钢筋混凝土制作。有的屋顶采用木屋架结构。

（3）钢筋混凝土结构　房屋建筑的墙、柱、梁、楼板、楼梯和屋顶全部采用钢筋混凝土制作。

（4）钢结构　房屋建筑的柱、梁、屋架等主要结构构件，采用型钢制作。

2.1.2 房屋建筑的等级

建筑物的等级是从耐久年限、防火、重要性等方面来划分的级别。

1. 建筑物的耐久性等级

建筑物的耐久性等级，即根据建筑物的使用要求确定的耐久年限，见表 2-1。

按耐久性规定的建筑物的等级参考　　表 2-1

建筑物的等级	建筑物的性质	耐久年限
1	具有历史性、纪念性、代表性的重要建筑物（如纪念馆、博物馆、国家会堂等）	100 年以上
2	重要的公共建筑（如一级行政机关办公楼、大城市火车站、国际宾馆、大体育馆、大剧院等）	50 年以上
3	比较重要的公共建筑和居住建筑（如医院、高等院校以及主要工业厂房等）	40~50 年
4	普通的建筑物（如文教、交通、居住建筑以及工业厂房等）	15~40 年
5	简易建筑和使用年限在 5 年以下的临时建筑	15 年以下

2. 建筑物的耐火等级

（1）建筑物的耐火等级分为四级，见表 2-2。

建筑物的耐火等级   表 2-2

构件名称		一级	二级	三级	四级
墙	防火墙	非燃烧体 4.00	非燃烧体 4.00	非燃烧体 4.00	非燃烧体 4.00
	承重墙、楼梯间、电梯井的墙	非燃烧体 3.00	非燃烧体 2.50	非燃烧体 2.50	难燃烧体 0.50
	非承重外墙、疏散走道两侧的隔墙	非燃烧体 1.00	非燃烧体 1.00	非燃烧体 0.50	难燃烧体 0.25
	房间隔墙	非燃烧体 0.75	非燃烧体 0.50	难燃烧体 2.50	难燃烧体 0.25
柱	支承多层的柱	非燃烧体 3.00	非燃烧体 2.50	非燃烧体 2.50	难燃烧体 0.50
	支承单层的柱	非燃烧体 2.50	非燃烧体 2.00	非燃烧体 2.00	燃烧体
梁		非燃烧体 2.00	非燃烧体 1.50	非燃烧体 1.00	难燃烧体 0.50
楼板		非燃烧体 1.50	非燃烧体 1.00	非燃烧体 0.50	难燃烧体 0.25
屋顶承重构件		非燃烧体 1.50	非燃烧体 0.50	燃烧体	燃烧体
疏散楼梯		非燃烧体 1.50	非燃烧体 1.00	非燃烧体 1.00	燃烧体
吊顶（包括吊顶搁栅）		非燃烧体 0.25	难燃烧体 0.25	难燃烧体 0.15	燃烧体

注：1. 以木柱承重且以非燃烧材料作为墙体的建筑物，其耐火等级应按四级确定。

2. 高层工业建筑的预制钢筋混凝土装配式结构，其节点缝隙或金属承重构件节点的外露部位，应做防火保护层，其耐火极限不应低于本表相应构件的规定。

3. 二级耐火等级的建筑物吊顶，如采用非燃烧体时，其耐火极限不限。

4. 在二级耐火等级的建筑中，面积不超过 100m² 的房间隔墙，如执行本表的规定有困难时，可采用耐火极限不低于 0.3h 的非燃烧体。

5. 一、二级耐火等级民用建筑疏散走道两侧的隔墙，按本表规定执行有困难时，可采用 0.75h 非燃烧体。

6. 建筑构件的燃烧性能和耐火极限，可按附录二确定。

(2) 燃烧性能：指建筑构件在明火或高温的作用下，燃烧的难易程度。可分成非燃烧体、难燃烧体、燃烧体。

非燃烧体：在空气中受到火烧或高温作用时不起火、不微燃、不炭化的材料，如砖瓦工使用的砖、石材等。

难燃烧体：在空气中受到火烧或高温作用时难以起火、难以微燃、难以炭化，当火源脱离后即停止燃烧的材料，如沥青混凝土。

燃烧体：指在空气中受到火烧或高温作用时，容易起火或微燃，且火源脱离后仍继续燃烧或微燃的材料，如木材、布料等。

(3) 耐火极限：指建筑构件遇火后能支承荷重的时间。即从起火燃烧到房屋失掉支承能力，或发生穿透性裂缝，或背面温度升高到220℃以上时所需的时间。材料的耐火极限一般通过试验来确定。

3．建筑物重要性等级

建筑物按其重要性和使用要求分成五等，如表2-3所示。

建筑重要性等级参考 表2-3

等级	适用范围	建筑类别举例
特　等	具有重大纪念性、历史性、国际性和国家级的各类建筑	**国家级建筑**：如国宾馆、国家大剧院、大会堂、纪念堂；国家美术、博物、图书馆；国家级科研中心、体育、医疗建筑等 **国际性建筑**：如重点国际教科文建筑、重点国际性旅游贸易建筑、重点国际福利卫生建筑、大型国际航空港等

续表

等级	适用范围	建筑类别举例
甲 等	高级居住建筑和公共建筑	高等住宅；高级科研人员单身宿舍；高级旅馆；部、委、省、军级办公楼；国家重点科教建筑；省、市、自治区级重点文娱集会建筑、博览建筑、体育建筑、外事托幼建筑、医疗建筑、交通邮电类建筑、商业类建筑等
乙 等	中级居住建筑和公共建筑	中级住宅；中级单身宿舍；高等院校与科研单位的科教建筑；省、市、自治区级旅馆；地、师级办公楼；省、市、自治区级一般文娱集会建筑、博览建筑、体育建筑、福利卫生类建筑、交通邮电类建筑、商业类建筑及其他公共类建筑等
丙 等	一般居住建筑和公共建筑	一般职工住宅；一般职工单身宿舍；学生宿舍；一般旅馆；行政企事业单位办公楼；中学及小学科教建筑；文娱集会建筑、博览建筑、体育建筑、县级福利卫生类建筑、交通邮电类建筑、商业类建筑及其他公共类建筑等
丁 等	低标准的居住建筑和公共建筑	防火等级为四级的各类建筑，包括住宅建筑、宿舍建筑、旅馆建筑、办公楼建筑、教科文类建筑、福利卫生类建筑、商业类建筑及其他公共类建筑等

2.1.3 房屋建筑的组成

2.1.3.1 民用建筑的基本组成

各种民用建筑由于用途不同，它们的形式、使用的材料和构造也各有差异，但大都由基础、墙身（或柱、梁）、楼板及屋顶等部分组成。

图2-5所示是一栋墙体承重结构的住宅示意图。从图中可以看到基础、墙、楼板、楼梯及屋顶等主要组成部分,还可以看到门、窗、台阶、雨罩、阳台等次要组成部分。这些组成部分由于所处的部位不同,所起的作用也各不相同。

1. 基础和地下室

(1) 基础

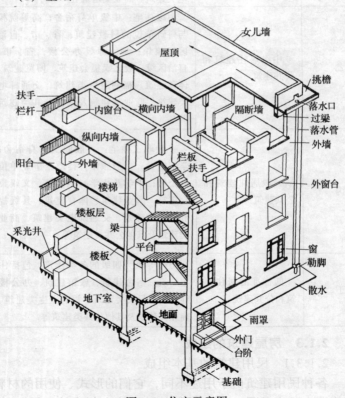

图2-5 住宅示意图

建筑物与土层直接接触的部分称为基础。它是建筑物的组成部分，承受着建筑物的全部荷载，并将它们传给地基。

基础的类型是随建筑物上部结构形式、荷载大小和土质情况决定的。常见的基础有以下几种：

1) 条形基础：当上部结构采用砖墙承重时，基础多做成长条形（图 2-6），这种基础称条形基础或带形基础，它是砖墙基础的主要形式。

2) 独立基础：当上部结构采用框架结构承重时，基础常采用方形或矩形的单独基础（图 2-7）。这种基础称独立基础，它是柱子基础的主要形式。

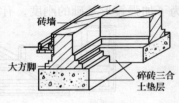

图 2-6 条形基础

如果柱子为预制钢筋混凝土柱时，往往把基础作成杯口形，将柱子插入杯口，缝子用细石混凝土灌实（图 2-8）。这种基础称杯形基础，多用于工业厂房建筑。

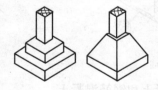

图 2-7 独立基础

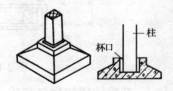

图 2-8 杯形基础

3) 联合基础：当地基条件较差，为了提高建筑物的整体性，避免各个柱子之间产生不均匀沉降，可将相邻柱下的独立基础在一个方向上连接起来做成条形的基础，称为联合基础。或在纵横两个方向上都连接起来，称为井格基础（图

图 2-9 井格基础

2-9)。当有些建筑物上部荷载特别大,而地基比较软弱,这时采用简单的联合基础或井格基础已不能适应地基变形时,常采用满堂板式的筏形基础(图 2-10)。为了加强筏形基础的刚度,有的采用箱形基础(图 2-11)。

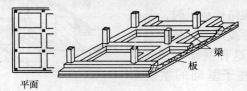

图 2-10 筏形基础

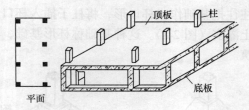

图 2-11 箱形基础

基础使用的材料有砖、石、混凝土和钢筋混凝土。

(2) 地下室

地下室也属于基础范畴,尤其是高层建筑,基础埋深较深,故多设有地下室。

地下室又分为全地下室和半地下室两种,见图 2-12。

(3) 地下防潮及防水处理

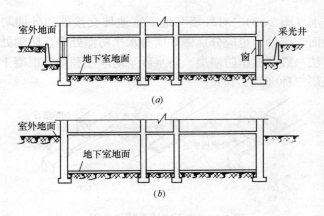

图 2-12
(a) 半地下室;(b) 全地下室

基础一般应埋设在当地冰冻线以下,以防止因土壤冻胀使基础破坏。由于基础和地下室均埋入土中,有时接近或低于地下水位,所以要作防潮、防水处理。如果忽视了防潮、防水的处理,轻则影响房屋建筑的正常使用,重则影响建筑物的耐久性。

1) 当地下水位低于地下室地坪标高时,一般只做防潮处理。地下室墙体如为砖砌墙体时,墙体应用水泥砂浆砌筑,并在墙外表面抹好水泥砂浆后,涂冷底子油(沥青和稀释剂配合而成)一道和热沥青两道,然后在防潮层外侧回填低渗透性土(如黏土、灰土等),并夯打密实。回填土宽度不少于500mm。同时应做好房屋四周的散水和勒脚,以避免受潮,并利

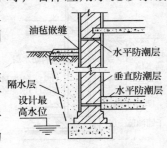

图 2-13 地下室防潮处理

于排水（图 2-13）。对外墙与地下室地坪交接处和外墙与首层地面交接处，也应分别做好墙身水平防潮处理。防潮处理的方法一般有油毡防潮层、防水砂浆防潮层和细石混凝土带防潮层三种（图 2-14）。

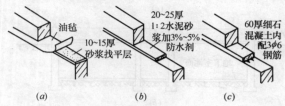

图 2-14　地下室墙身防潮处理
(a) 油毡；(b) 防水砂浆；(c) 配筋细石混凝土

2）当最高地下水位高于地下室地面，即地下室的外墙和地坪浸泡在水中时，则对地下室外墙和地坪要做防水处理。当地下室墙体为砖砌体时，宜采用卷材防水。即用防水卷材铺贴在地下室外墙的外表面（图 2-15）或将防水卷材铺贴在地下室外墙内表面（图 2-16）。地下室地坪的防水处理，是在地基上浇筑一层混凝土地板，并在其上满铺防水层，再在防水层上抹一层水泥砂浆找平层。

2. 墙体

墙体是房屋建筑的重要组成部分，它起着围护、分隔的作用。墙体承重结构的房屋，墙体是主要承重构件。

墙体按所处的位置可分为：外墙、横（纵）向内墙、隔墙（图 2-17）；按受力情况

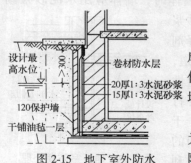

图 2-15　地下室外防水

可分为：承重墙和非承重墙；按所用材料又分为：砖墙、砌块墙、钢筋混凝土墙等。随着我国新型建筑材料的发展，用于非承重隔墙的材料逐渐增多，如加气混凝土条板、石膏板等。

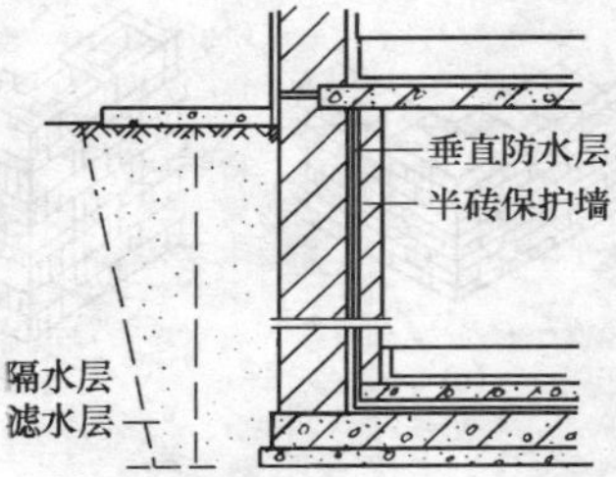

（1）砖墙

砖墙有实体墙（包括砖柱，

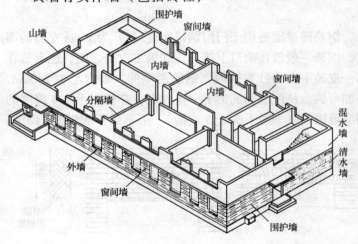

图 2-16 地下室内防水

图 2-17 墙体分类

常用作承重墙）和空斗墙两种（图 2-18）。

砖墙的细部构造主要有门窗过梁、窗台、墙脚、变形缝、圈梁和构造柱等。

1）门窗过梁：门窗过梁的作用主要是将门窗洞口上部的荷载传给窗间墙。它的形式较多，目前常用的有砖砌平拱、钢筋砖过梁和钢筋混凝土过梁等三种（图 2-19）。

29

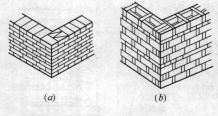

图 2-18 砖墙
（a）实体墙；（b）空斗墙

砖砌平拱适用于门窗洞口宽度（l）为 1m 左右且上部无集中荷载的部位。砌筑时中部砖块约起拱 $l/50$，灰缝上宽（不大于 20mm）、下窄（不小于 5mm），两端下部要伸入墙内 20～30mm。

钢筋砖过梁适用于门窗洞口宽度（l）为 1.5m 左右的部位，钢筋一般放在洞口上第一皮和第二皮砖之间，也有放在第一皮砖下面的砂浆层内，钢筋两端伸入墙内至少 240mm，并加弯钩。从配制钢筋的上一皮砖起，在相当于 1/4 跨度的高度范围内（一般不少于 5 皮砖），用不低于 M5 砂浆砌筑。

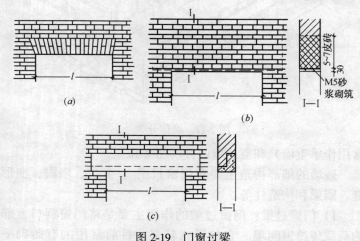

图 2-19 门窗过梁
（a）砖砌平拱；（b）钢筋砖过梁；（c）钢筋混凝土过梁

为了便于钢筋配置，过梁底的第一皮砖以顶砌为好。

当门窗洞口较宽且上部出现集中荷载时，常采用钢筋混凝土过梁。钢筋混凝土过梁可分为现浇和预制两种。梁的两端伸入墙内不少于240mm。

2）窗台：为了防止雨水渗漏，在窗下墙身部位设置窗台。窗台一般伸出墙面60mm左右，且须向外倾斜一定坡度，以利排水。窗台与两侧窗间墙交界处以及与窗框下槛交接处，应抹砂浆，以防雨水渗漏（图2-20）。窗台分砖砌窗台和预制混凝土窗台两种。

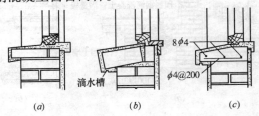

图 2-20　窗台构造
(a) 平砌砖窗台；(b) 侧砌砖窗台；(c) 预制混凝土窗台

3）墙脚：墙脚包括勒脚、散水等部分。

勒脚是外墙接近室外地面处的表面部分。它的作用是保护接近地面的墙身受潮、防止外界力量破坏墙身和建筑物的立面处理效果。常见的作法是用坚实的材料砌成（如乱石、条石、混凝土块等）；或在勒脚部位用水泥砂浆（或水刷石等）抹灰，也可用天然石料镶砌。勒脚的高度主要视地面水上溅和室内地潮的影响而定，一般多与室内地坪相平。

墙脚的防潮处理，一般有油毡防潮层、防水砂浆防潮层和细石混凝土带防潮层三种。防潮层的位置要求设在距室外地坪150～450mm部位，并且要设在室内底层地面的混凝土间的砖缝处。

散水是在外墙四周地面做出向外倾斜的坡道,其作用是将屋面雨水排至远处,防止墙基受雨水侵蚀。散水材料一般用素混凝土浇筑,宽度一般为600~1000mm,当屋顶有出檐时,较出檐多200mm。坡度为5%(图2-21)。

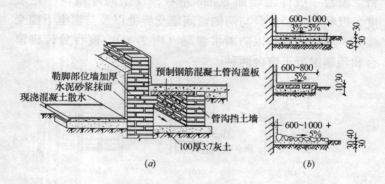

图 2-21 散水、勒角
(a)散水、勒角;(b)散水坡度

4)变形缝:为了避免由于建筑物长度过长,而受到气温变化的影响、因各部分荷载不同和地基承载力不均的影响、或在地震区地震对建筑物的影响等因素,致使建筑物发生开裂或破坏,因此,要将建筑物分为几个独立部分,使其能够自由变形,这种将建筑物分开的缝称变形缝。变形缝有伸缩缝、沉降缝和防震缝等。

为预防建筑物因气温变化致使热胀冷缩而出现不规则破坏,沿房屋长度的适当位置设置一条竖缝,此缝称伸缩缝或温度缝。除基础考虑到受气温变化影响较小,可不设缝外,其他如墙体、楼面层、屋顶(木屋顶除外)都断开。各种结构留置的伸缩缝间距不同，砖石结构一般为40～100m，砌块结构一般为70m。伸缩缝的宽度一般为20～30mm，为了防止风雨对伸缩缝部位的侵袭，常用浸沥青的麻丝填嵌缝隙。

当建筑物建造在土层性质差别较大的地基上，或因建筑物相邻部分的高度、荷载和结构形式差别较大时，为防止建筑物出现不均匀沉降，在建筑物适当位置设置竖缝，把建筑物分成若干刚度较好的单元，使相邻各个建筑单元可以自由沉降，这个缝称沉降缝。它与伸缩缝不同之处在于从基础到屋顶全部断开。沉降缝亦可作为伸缩缝使用。它的宽度随地基情况和建筑物高度不同而定，一般当建筑物高度为5～15m时，宽度为50～70mm。

在烈度为8度、9度的地震区，当建筑物立面高差大于6m，或建筑物有错层且楼板高差较大，各部分结构刚度截然不同时，应设置防震缝。防震缝将整个建筑物分成若干结构刚度均匀的独立单元。一般基础可不设防震缝，但在地震区凡需设置伸缩缝、沉降缝的，均按防震缝处理。防震缝的宽度，在多层砖混结构中，一般取50～70mm；在多层钢筋混凝土结构中，高度在15m及15m以下时为70mm；高度超过15m增加20mm。

5）圈梁和构造柱：为了提高建筑物的空间刚度和整体性，减少由于地基不均匀沉降而引起的墙身开裂，可以利用圈梁加固墙身的稳定性。圈梁有钢筋砖圈梁和钢筋混凝土圈梁两种。钢筋砖圈梁就是将门窗钢筋砖过梁沿外墙一周兜通；钢筋混凝土圈梁是在每层或2～3层（也有的只在基础上部和顶层，视地基土质和结构情况而定）设置一道，其宽度与墙同厚，高不小于120mm。在7度以上的地震区，为了

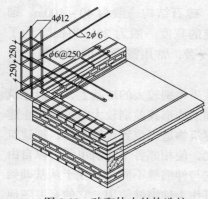

图 2-22 砖砌体中的构造柱

提高房屋的整体刚度和稳定性,除设置圈梁外,还要在房屋四大角、内外墙交接处、楼梯间、电梯间及较长的墙体中部,设置钢筋混凝土构造柱,并与圈梁和墙体紧密连接,把墙体箍住,形成一个空间骨架。构造柱的尺寸、配筋见图2-22。施工时必须先砌砖墙,随着墙体上升而逐段现浇钢筋混凝土构造柱。

(2) 砌块墙

砌块墙的类型较多,按材料分有混凝土、轻骨料混凝土、加气混凝土砌块及利用各种工业废料(如粉煤灰、煤矸石)等制成的无熟料水泥煤渣混凝土和蒸养粉煤灰硅酸盐砌块等,按品种分有实体砌块、空心砌块和微孔砌块(如加气混凝土)等;按质量和尺寸规格分有大(350kg/块以上)、中(350kg/块以内)、小(20kg/块以内)型砌块。为了适应施工要求,砌块一般都有1~2种尺寸较大的主要砌块和为了错缝、搭接填充而需要的辅助块和

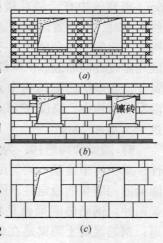

图 2-23 砌块排列示意
(a)小型砌块;(b)、(c)中型砌块

补充块。它们的厚度和高度尺寸基本一致,只有长度不同。通常辅助块是主要块的1/2,补充块往往是辅助块的1/2。

砌块墙和砖墙一样,在构造上也要求具有足够的稳定性,以保证墙体起承重作用。所以在组合时也须做到上下砌块相互错缝,内外墙交接及外墙转角的处理必须搭接牢固(图2-23、2-24和2-25)。

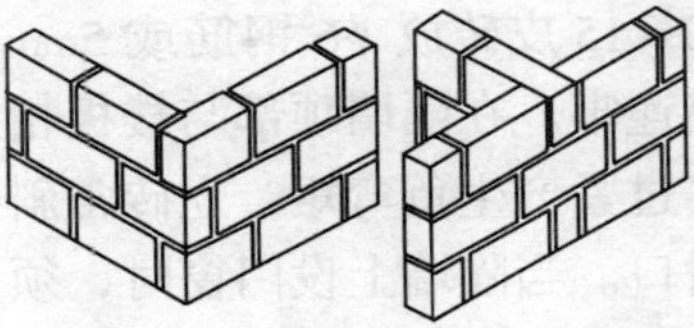

砌块墙的过梁与圈梁常常统一处理,有现浇和预制两种。

(3) 隔墙

隔墙仅起分隔房间的作用,不承受任何外来荷载,且本身重量亦由其他构件支承。因此,要求隔墙自重轻、厚度薄、隔音效果好,并对厨房、厕浴间的隔墙还要求具有防火、防潮能力。隔墙有立筋隔墙、块材隔墙、条材隔墙等。

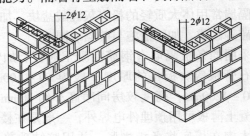

图 2-24 砌块拼接示意

图 2-25 空心砌块构造柱

立筋隔墙是由木筋骨架或金属骨架及墙面材料两部分构成。根据墙面材料的不同,又有板条抹灰墙、钢丝网(或钢板网)抹灰墙和面板(如胶合板、纤维板、石膏板)墙之分。为了提高板条隔墙的防潮、防火性能,常在木筋外钉钢丝网或钢板网，然后在表面抹灰。

块材隔墙有砖隔墙和砌块隔墙两种。

砖隔墙有半砖墙（120mm）、立砌多孔砖墙（90mm）、1/4砖墙（60mm）以及各种空心砖隔墙等，采用不低于M2.5砂浆砌筑。由于隔墙厚度薄、稳定性差，因此，半砖墙当高度大于3m和长度大于5m时，一般沿高度方向每隔10~15皮砖放 $\phi6$ 钢筋或 5mm×20mm 扁铁两根，并与承重墙连牢。在隔墙顶部与楼板相接处，为防止楼板由于隔墙顶实过紧产生负弯矩，立砖常斜砌，或留30mm缝隙，用砂浆封口。当隔墙上设门窗时，须预埋铁件或木砖，使门窗框与墙拉结牢固。1/4砖隔墙，一般用于不设门洞的部位，如厨房、卫生间之间的隔墙，面积较大时，在水平方向每隔900~1200mm加C20细石混凝土立柱一根，沿垂直方向每隔7皮砖在水平灰缝中放12号铁丝两根或 $\phi6$ 钢筋一根，并与端墙连牢。

砌块隔墙常用体大质轻的粉煤灰硅酸盐块、加气混凝土块、空心砖等砌成，加固措施与砖隔墙同。

目前采用的条板隔墙有钢筋混凝土薄板、加气混凝土板、多孔石膏板等。板材的厚度一般为60~100mm左右，宽度约600~1200mm，高度较房间净高小约30mm。安装时除钢筋混凝土薄板可用预埋件电焊外，一般是在楼地面上用一对对口木楔在板底将条板楔紧，并用胶结砂浆（用建筑胶、水玻璃等胶粘剂与水泥、砂或细矿渣按一定比例配制成）将纵向板缝粘结牢固（图2-26）。

（4）墙面装修

墙面装修分外墙装修和内墙装修。外墙装修又分清水外墙（不抹灰）和混水外墙。

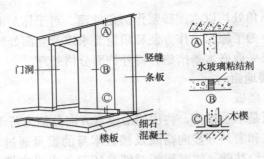

图 2-26 条板隔墙

外墙面的装修主要是保护外墙不受外界侵袭，提高墙体的防潮、防风化和隔热、保温性能，同时也可增加建筑立面的美观。当采用清水外墙时，要用 1:1 水泥砂浆勾缝。

内墙面的装修主要在于改善室内卫生条件，提高墙体隔音效果，加强光线反射，增加美观。在浴室、厕所、厨房等潮湿的房间，则保护墙身防潮湿，在一些有特殊要求的房间，还要满足防尘、防腐蚀、防辐射等作用。

墙面装修根据所用材料及施工工艺不同，大致可归纳为：一般抹灰（如石灰砂浆、水泥砂浆、混合砂浆、麻刀灰、纸筋灰、石膏灰等）；装饰抹灰（如水刷石、水磨石、斩假石、干粘石、拉毛灰和喷、滚、刷涂抹灰）；饰面镶贴（如釉面瓷砖、陶瓷锦砖、面砖、大理石板、花岗石板、水磨石板、木胶合板、纤维板等）；裱糊饰面（如墙纸、织锦、花纹玻璃布等）；油漆涂料装饰（如各种有机、无机涂料、调和漆等）。

在内墙抹灰中，对于人群活动较易碰撞的墙面或有防水要求的墙面，如门厅、走廊、厨房、厕所、浴室等处，常做成护墙墙裙，一般采用水泥砂浆抹灰。另外，对于经常碰撞的内墙凸角处均以水泥砂浆作护角处理。对于抹灰面积较大的外墙,为了施工操作方便和质量要求以及立面处理,常将抹灰面层采取嵌木条措施,将外饰面分格处理。

3. 楼地面

(1) 楼板

楼板是承重结构,将房屋沿垂直方向分割为若干层,并把上部人和家具等竖向荷载及楼板本身的重量通过承重墙、梁或柱传给基础。同时楼板对墙身还起着水平支撑的作用,帮助墙身抵抗水平方向的荷载。因此要求楼板有足够的承载力和刚度,并应符合隔声、防火等要求。

楼板按其使用的材料,可以分为钢筋混凝土楼板(包括现浇和装配式两种),木楼板和砖拱楼板等。钢筋混凝土楼板具有较高的承载力和刚度,较强的耐久性和耐火性,因此在民用建筑中应用比较广泛。它又分为以下两种:

1) 现浇钢筋混凝土楼板:按构造形式可分为梁板式肋形楼板(图 2-27)、井字密肋楼板(图 2-28)和无梁楼板(图 2-29)。

2) 预制钢筋混凝土楼板:它分为预制钢筋混凝土实心楼板和空心楼板(图 2-30)两种。

(2) 面层

楼地面的面层按所用材料来分,有木地面、水泥及混凝土面层、水磨石面层、陶瓷地砖面层、塑料(聚氯乙烯)面层、大理石或花岗石面层等。

(3) 顶棚

又称平顶、天花。按照房间使用的要求可分为直接抹面顶棚和吊顶棚两种。

在一般使用要求的房间,且楼板底面较平整时,一般采

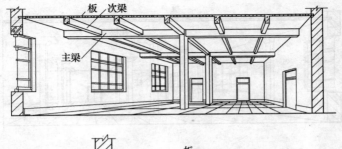

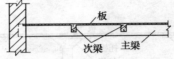

图 2-27 梁板式肋形楼板

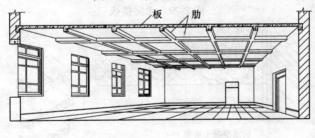

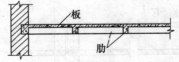

图 2-28 井字密肋楼板

用在楼板底面直接抹灰的顶棚。

　　对一些有隔声要求较高或楼板底面不平及需在板底敷设管线的房间，常在楼板底面作吊顶。吊顶的方法随楼板是现浇或预制而异。当为现浇楼板时，要求从楼板钢筋中伸出吊筋，以便扎牢吊顶龙骨（图 2-31a）；当为预制楼板时，要

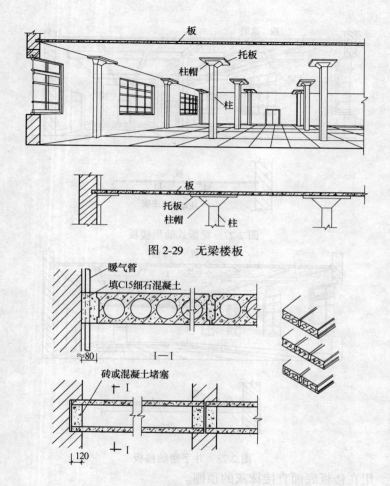

图 2-29 无梁楼板

图 2-30 空心楼板

求沿板缝吊下钢丝绑牢吊顶龙骨（图 2-31b）。

吊顶采用的龙骨，有木龙骨、轻钢龙骨、铝合金龙骨；吊顶采用的罩面板材，有纤维板、石膏装饰板、矿棉（或玻璃棉）装饰吸声板、钙塑泡沫装饰吸声板等。

4．楼梯、台阶、坡道

（1）楼梯

一般由楼梯段和平台组成，最常见的形式为双梯段并列式阶梯，又称双跑楼梯或双折式楼梯（图2-32）。

一般建筑中的楼梯以采用钢筋混凝土楼梯最为广泛，它分现浇式（又称整体式）和预制装配式两种。预制楼梯梯段的踏步面层在加工厂加工时已制成光面，施工时不需再抹面；现浇楼梯梯段的踏步

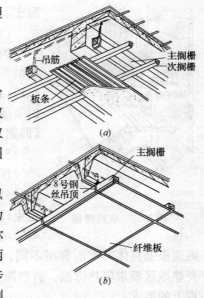

图 2-31 楼板吊顶构造
（a）现浇楼板吊顶；（b）预制楼板吊顶

面层，则要在拆模后进行水泥砂浆抹面。有些建筑标准较高的楼梯梯段踏步面层，要做水磨石或缸砖甚至大理石贴面。踏步面层的防滑措施，在一般建筑中，常在近踏步口做防滑条或防滑包口（图2-33）。

（2）台阶

一般建筑物的室内地面都高于室外地面，为了便于出入，须根据室内外高差来设置台阶。台阶的踏步高、宽比应较楼梯平缓，每级高为 100～150mm，踏面宽为 300～400mm。

台阶应采用具有抗冻性好和表面结实耐磨的材料，如混

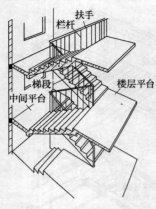

图 2-32 双跑楼梯

凝土、天然石材、缸砖等。

(3) 坡道

为便于车辆进出，室外门口有的需做坡道。一般坡度为 1:6～1:12，以 1:10 较为舒适，大于 1:8 时须做防滑措施，其做法有礓磜（即锯齿形）和防滑条。

5. 屋顶

屋顶是房屋最上层起覆盖作用的外围护构件，借以抵抗雨雪，避免日晒等自然界的影响。它首要的功能就是防水和排水，其他则须根据具体要求而有所不同，如寒冷地区要求防寒保温，炎热地区要求隔热降温，有些屋顶还有上人使用的要求或美观上的要求。

屋顶按排水坡度的不同可分为平屋顶和坡屋顶两类。

(1) 平屋顶

平屋顶是目前城市居住建筑中采用较普遍的一种，其特点是可以节约木材，便于上人，造价经济。

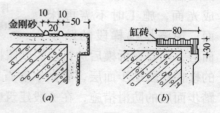

图 2-33 踏步防滑构造
(a) 踏步防滑条；(b) 踏步包口

平屋顶的排水坡度一般选用 2%～5%。排水形式有外排水和内排水两种。外排水是常用的形式，可将屋面做成四坡排水或两坡排水，使雪雨水有组织地排入屋面四周设置的天沟或雨水口,通过室外雨水管排泄到地面。内排水多用于大面积多跨屋面(如工业厂房)或高层建筑以及有特殊情况时,雨水由雨水口流入室内雨水管,再由地下管道把雨水排到室外。

平屋顶的支承结构主要采用现浇或预制的钢筋混凝土屋面板。

平屋顶的防水层,目前采用的主要是刚性防水层——用防水砂浆抹面或密实混凝土浇捣而成的面层;柔性防水层——用卷材、防水涂料等柔性材料胶结的屋面防水层。

在北方采暖地区,为了使室内的热量不致散失太快,一般要铺设保温层。保温层的材料有散状材料(如炉渣、矿渣等),它是用白灰、水泥等胶结材料与炉渣或矿渣拌合后进行铺设,在其上抹找平层后再做防水层)、轻质块材(常用的有用水泥、沥青或水玻璃胶结的膨胀珍珠岩、膨胀蛭石以及加气混凝土块等)。

配筋的加气混凝土条板,是一种结构层与保温层合为一体,承重和保温用同一材料制成的屋面板,一般只需在条板上先做找平层后,再做防水层。

在南方炎热地区,为了降低太阳辐射热对室内的影响,屋顶构造要采取降温隔热措施,一般采用通风层降温层顶(图2-34)。

(2) 坡屋顶

坡屋顶系排水坡度较大的屋顶,由各类屋面防水材料覆盖,其形式有双坡顶、四坡顶等形式。

坡屋顶一般由承重结构和屋面两部分组成,有的还设有保温层、隔热层及顶棚。

坡屋顶的承重结构主要是承受屋面荷载,并把它传递到

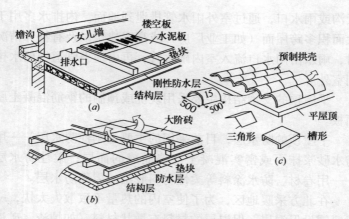

图 2-34 通风层在结构层上面的构造
(a) 预制水泥板架空隔热层；(b) 大阶砖架空隔热层；
(c) 预制拱壳等架空隔热屋

墙或柱。其支承结构系统大体可分为两类：一类为檩式；一类为椽式。我国自古以来，以檩式为主。檩式屋顶结构系统常用的有三种，即山墙支承（又叫硬山搁檩），它是利用横向山墙砌成尖顶形状直接搁置檩条以承载屋顶重量（图2-35a）；屋架支承，它是利用三角形屋架，来架设檩条以支承屋面荷载，通常屋架搁置在房屋的纵向外墙或柱墩上（图2-35b）。常用的三角形屋架有钢木组合屋架、钢筋混凝土屋架等。为了防止屋架倾斜和加强屋架的稳定性，在屋架之间设置支撑（又称剪刀撑）；梁架支承是我国传统屋顶的形式（图2-35c），它以柱、梁形成梁架支承檩条，并利用檩条及连系梁（枋）把整个房屋形成一个整体骨架，墙只起围护和分隔作用，不承重，所以这种结构有"墙倒屋不塌"之称。

坡屋顶的屋面是屋顶的覆盖层，它直接承受风雨、冰冻和太阳辐射等大自然气候的作用。它包括屋面盖料和基层

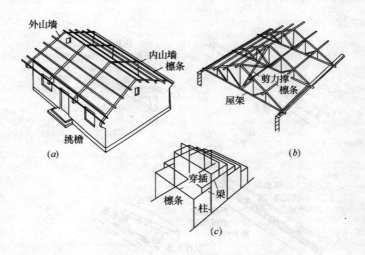

图 2-35 屋顶支承形式
(a) 山墙支承；(b) 屋架支承；(c) 梁架支承

(如挂瓦条、屋面板等)。

常用的屋面盖料为平瓦，又称机平瓦，黏土瓦、水泥瓦、硅酸盐瓦均属此类。常见的平瓦屋面有：冷滩瓦屋面（图 2-36a），是最简单的做法，即在椽子上钉排瓦条后直接挂瓦，这种做法简单经济，但雨雪易飘入；屋面板作基层的平瓦屋面（图 2-36b），这种做法是在檩条或椽子上钉屋面板，上铺一层油毡，钉顺水条后再钉排瓦条，然后挂瓦；芦席作基层的平瓦屋面，即用苇席、苇箔、荆笆或编织的高粱秆等代替屋面板，上铺油纸或油毡，或用麦秸泥直接挂瓦（图 2-36c），这种做法不仅可以节省屋面板、挂瓦条，还可作保温层用。屋面排水的原则与平屋顶外排水基本相同。

坡屋顶的顶棚是层顶下面的遮挡部分，俗称天花、天棚。它使室内上部平整，增进室内的整洁美观，并有一定的

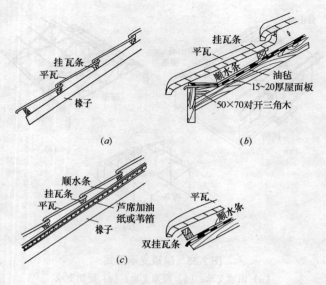

图 2-36 屋面基层形式
（a）冷滩瓦屋面；（b）屋面板基层屋面两种做法；
（c）苇箔夹油纸基层屋面

保温隔热作用。平整的顶棚对室内光线的反射也有一定作用。

坡屋顶的保温层或隔热层是屋顶对气温变化的围护部分，一般设在屋面基层和顶棚层之间。保温方法主要采取铺设无机散状材料为膨胀蛭石、膨胀珍珠岩等；或地方材料如砻糠、海带草、麦秸、木屑等。隔热方法主要利用顶棚的空间通风，通风的进出口通常设在檐口、屋脊、山墙，也可在屋面开设通风气窗，俗称老虎窗。

6．门窗

窗和门是房屋建筑围护构件的两个部件，起分隔、保温、隔声、防水及防火的不同作用。窗的主要功能是采光、通风等；门的主要功能是作交通，并兼作通风、采光之用。

窗和门通常用木制作，为了节约木材，有的已改用钢材，高级建筑物则改用铝合金的。目前窗和门在制作生产上已逐步走向标准化、规格化和商品化道路。

（1）窗

窗根据开启方式的不同有：固定窗、平开窗、横式旋窗、立式转窗、推拉窗等（图2-37）。窗主要由窗框（又称窗樘）和窗扇组成。窗扇有玻璃窗扇、纱窗扇、百叶窗扇和板窗扇等。

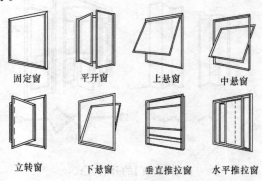

固定窗　　平开窗　　上悬窗　　中悬窗

立转窗　　下悬窗　　垂直推拉窗　水平推拉窗

图2-37　窗的开启方式

窗的安装固定主要靠窗框与墙的联结。安装的方式分为立口和塞口两种。

（2）门

门的开启形式主要由使用要求决定，通常有平开门、弹簧门、推拉门、折叠门、转门（图2-38）。较大空间活动的车间、车库和公共建筑的外门，还有上翻门、升降门、卷帘门等。

门主要由门框、门扇、亮子窗（又称腰头窗，在门上方，为辅助采光和通风用）和五金零件等组成。门扇通常有镶板门、夹板门、拼板门、玻璃门、百叶门和纱门等。

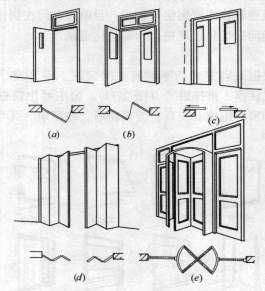

图 2-38 门的开启方式
（a）平开门；（b）弹簧门；（c）推拉门；
（d）折叠门；（e）转门

门的安装固定方法与窗同。

2.1.3.2 工业建筑的基本组成

工业建筑按层数分，有单层工业厂房和多层工业厂房。前者多用于冶金工业、机械制造工业和其他重工业；多层多用于食品工业、电子工业、精密仪器制造业等。多层工业建筑类似民用框架结构建筑。单层工业厂房又分为墙体承重和骨架承重两种结构。

墙承重结构：外墙采用有砖墩的砖墙承重，如果是多跨厂房，中间加砖柱或钢筋混凝土柱承重。它构造简单、造价经济、施工方便。但由于砖的强度低，只在厂房跨度不大、高度较低和吊车荷载较小或没有吊车的中、小型厂房中应用。

骨架承重结构：由横向骨架及纵向联系构件组成的承重体系。横向骨架由屋架（或屋面大梁）、柱及基础组成；纵向联系构件由屋面板（或檩条）、吊车梁、连系梁组成，它与柱连接保证横向骨架的稳定性（图2-3）。现仅介绍单层工业厂房的组成。

1. 基础

基础是承受柱和基础梁传来的荷载，并把它传给地基。

（1）杯形基础

它是常用的一种基础形式。基础的顶部做成杯口，以便预制钢筋混凝土柱子插入杯口，加以固定（图2-39）。

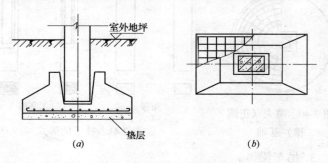

图 2-39 杯形基础
（a）剖面；（b）平面

（2）薄壳基础

薄壳基础是近年来结构改革的成果之一。在工业厂房的柱下，在烟囱、水塔、水池等构筑物以及设备基础，都已不同程度地选用薄壳基础（图 2-40）。

2. 柱

它是骨架结构中最主要的构件，承受屋架、吊车梁、外墙等竖向荷载和风力等水平荷载，并将这些荷载传给基础。柱子按材料分，有钢柱、钢筋混凝土和砖柱，以钢筋混凝土柱采用最广泛。其截面一般有矩形和工字形两种（图 2-41）。

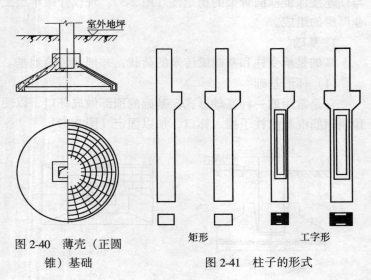

图 2-40 薄壳（正圆锥）基础

图 2-41 柱子的形式

3. 吊车梁

吊车梁承受吊车荷载（包括吊车起吊重物、吊车运行时的移动集中垂直荷载、起吊重物时启动或制动产生的纵、横向水平荷载），并把它传给柱子。

吊车梁的外形分T形和鱼腹式两种（图2-42、图2-43）。

4．屋盖结构

屋盖结构起围护和承重的双重作用，包括：

（1）屋架及屋面梁

承受屋盖上的全部荷载（包括屋面板、风荷载），有些厂房还有屋架悬挂荷载（如悬挂吊车、悬挂管道或设备），并把这些荷载传给柱子。

屋面梁和屋架可按厂房的不同跨度选用（图2-44）。

（2）天窗架

天窗架是承受天窗架以上屋面板及屋面荷载，并将荷载传给屋架。

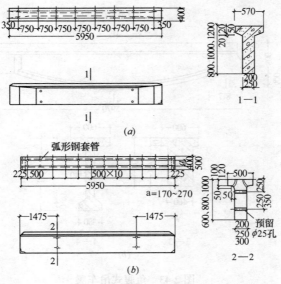

图2-42 T形吊车梁

(a)钢筋混凝土T形吊车梁；(b)预应力钢筋混凝土T形吊车梁

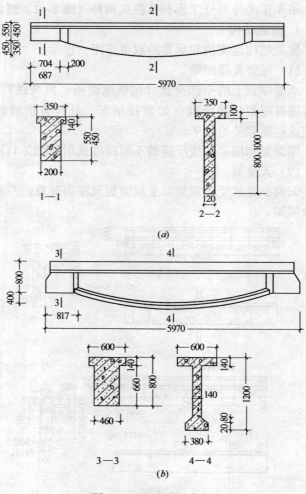

图 2-43 鱼腹式吊车梁
(a) 非预应力钢筋混凝土鱼腹式吊车梁;
(b) 预应力钢筋混凝土鱼腹式吊车梁

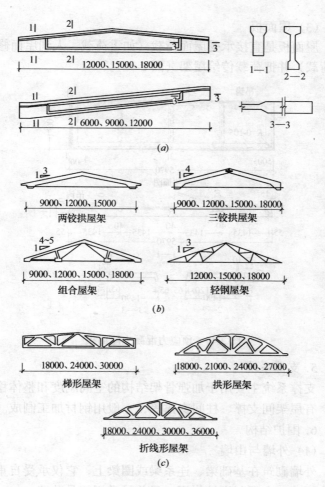

图 2-44 屋面梁及屋架
(a) 工字形薄腹屋面梁；(b) 三角形屋架；
(c) 预应力混凝土屋架

(3) 屋面板

屋面板是直接承受屋面荷载（如雪荷载、人到屋面修理等荷载）并把荷载传给屋架（图 2-45）。

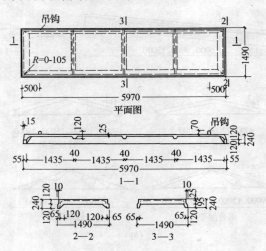

图 2-45 预应力混凝土屋面板

5．支撑系统

支撑系统主要用于加强骨架结构的空间刚度和整体稳定性。有屋架间支撑、柱间支撑等，一般用钢材加工制成。

6．围护结构

(1) 外墙与山墙

外墙砌筑在基础梁、连系梁或圈梁上，它仅承受自重和风力影响，主要起围护作用。目前最常用的是砖墙。

山墙一般也采用自承重墙，因为厂房跨度和高度较大，为了保证山墙的稳定性，应相应设置抗风柱来承受水平风荷载。

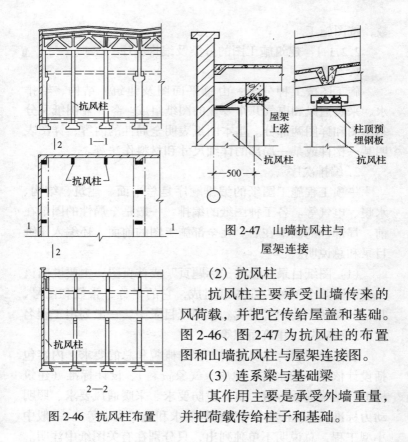

图 2-47 山墙抗风柱与屋架连接

图 2-46 抗风柱布置

（2）抗风柱

抗风柱主要承受山墙传来的风荷载，并把它传给屋盖和基础。图 2-46、图 2-47 为抗风柱的布置图和山墙抗风柱与屋架连接图。

（3）连系梁与基础梁

其作用主要是承受外墙重量，并把荷载传给柱子和基础。

2.2 建筑识图

2.2.1 看懂一般建筑施工图

施工图是进行施工的主要依据。建造一栋房屋要有几张、几十张、甚至上百张的施工图纸。因此，建筑工人必须看懂施工图，特别是与本工种有关的图纸，才能做到心中有数，按图施工。

2.2.1.1 建筑施工图的分类及编排次序

1. 分类

施工图按工种分类：由总平面图及建筑、结构、给排水、采暖通风和电气几个专业的图纸组成。各专业图纸又分基本图和详图两部分。基本图纸表明全局性的内容；详图表明某一构件或某一局部的详细尺寸和材料作法等。

2. 编排次序

一项工程施工图纸的编排顺序是总平面、建筑、结构、水暖、电气等。各工种图纸的编排，一般是全局性的图纸在前，局部性的图纸在后。在全部施工图的前面，还编入图纸目录和总说明。

（1）图纸目录　也称"标题页"或首页图，主要说明该工程由哪几个工种专业图纸组成，它的名称、张数和图号，其目的是便于使用者查找。在图纸目录中，一般列出工程名称、工程编号、建筑面积等。

（2）总说明　主要说明工程的概貌和总的要求。内容包括设计依据（如水文、地质、气象资料）、设计标准（建筑标准、结构荷载等级、抗震设防要求、采暖通风要求、照明动力标准）、施工要求（为材料要求和施工要求等）。一般中小型工程，总说明不单独列出，只分别在有关图纸中注明。

（3）总平面图　标出建筑物所在地理位置和周围环境。一般标有建筑物外形、建筑物周围的地物、原有建筑和道路，并标示出拟建道路、水电暖通等地下管网和地上管线，还要标示出测绘用的坐标方格网、坐标点位置和拟建建筑物的坐标、水准点和等高线、指北针、风玫瑰等。该类图纸简称"总施"。

（4）建筑施工图　简称"建施"。主要表示建筑物的外部形状、内部布置以及构造、装修和施工要求等。其基本图纸包括建筑物的平面图、立面图、剖面图等，详图包括门、窗、厕所（卫生间）、楼梯及各部位装修、构造等详细做法。

（5）结构施工图　简称"结施"。主要表示承重结构的布置情况、构件类型和构造作法等（砖混结构除首层地下的砖墙由基础结构图表示外，首层室内地面以上的砖墙、砖柱均由建筑施工图表示）。基本图纸包括基础图、柱网布置图、楼层结构布置图、屋顶结构布置图等。构件图包括柱、梁、楼、板、楼梯以及阳台、雨罩等。

（6）给排水施工图　简称"水施"。主要表示管道布置和走向，构件做法和加工安装要求。图纸包括平面图、系统图、详图等。

（7）采暖通风施工图　简称"暖施"、"通施"。主要表示管道布置、走向和构造安装要求。图纸包括平面图、系统图、安装详图等。

（8）电气施工图　简称"电施"。主要表示照明及动力电气布置、走向和安装要求。图纸包括平面图、系统图、接线原理图及详图等。

（9）设备安装施工图　简称"设施"。主要表示机器设备的安装位置、生产工艺流程、组装方法、调试程序等。图纸包括位置图、总装图、各部件安装图等。

2.2.1.2　投影和视图的基本知识

常见的建筑物图片或照片，都是立体图（也称透视图），它不能把建筑物的尺寸大小具体表示出来，因此不能具体地表达设计意图，所以也无法"照图"施工。而施工图，是按照投影原理绘制的，是用几个投影图（称视图）来表示建筑物的真实形状、内部构造和具体尺寸。因此，识图必须掌握看懂施工图的基本功——投影原理。

1. 投影

光线照射物体，在墙上或地上就产生影子，图 2-48 是表明两种不同角度的光线照射后产生大小不同的影子。图 2-48（a）是灯光离桌面较近时，地上产生的影子比桌面大；图 2-48（b）是设想把灯光移到无限远的高度，即使光线相互平行，并与地面垂直，这时影子的大小就和桌面一样。投影原理就是从这些概念中总结出来的一些规律，作为制图的理论根据。建筑物的图形就是按照正投影——即假设投影线互相平行，并垂直于投影面来表达的。

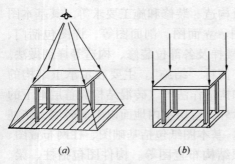

图 2-48 投影示意图

2. 视图

物体在投影面上的正投影图叫视图。凡是一个物体一般都有上、下、前、后、左、右六个面，从物体前面看过去所得到的投影图叫前视图；从顶上看下去所得到的投影图叫顶（俯）视图；从左面看过去所得到的投影图叫左侧视图；从右面看过去所得到的投影图叫右侧视图；从后面看过去所得到的投影图叫后视图；从底下往上看到的投影图叫仰视图。

为了反映出物体的全部形状和尺寸，一般需要 2～3 个正投影面。图 2-49 中 V、H、W 平面上的投影图，分别称为正立投影图（或主视图）、水平投影图（或俯视图）和侧视投影图（或左视图）。土建施工图中常见的平面图、立面图和剖面图就是具体运用这三种正投影图（三视图）的原理绘制的。

2.2.1.3 建筑施工图的识图

1. 总平面图

总平面图包括的内容主要有：用地范围和红线、地形、各建筑物和构筑物的位置、绝对标高、室内外地坪标高、当地风向和建筑物朝向、道路和管网布置等。

总平面图的主要用途是：作为新建建筑物和构筑物定位、放线、土方施工及进行施工总平面布置的依据。

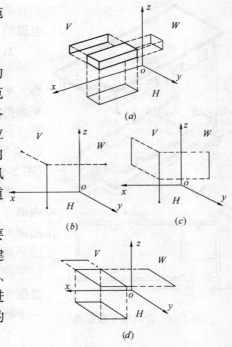

图 2-49 三视图
(a) 平行六面体的三视图；(b) 点的投影；
(c) 线段的投影；(d) 平面的投影

识看总平面图时，主要要注意以下几点：

（1）熟悉图例，弄清各种符号所代表的意思；

（2）查看拨地范围、建筑物的布置，了解建筑地段的地形、周围环境、道路布置及地面排水情况；

（3）了解新建建筑物的坐落位置，图纸比例，总宽度，地坪标高及室内外高差；

（4）查找定位依据；

（5）实地勘察了解用地范围内的地上、地下设施，地形

59

和有关障碍物等。并根据水电源情况考虑施工准备工作。

2. 平面图

一般为建筑平面图的简称。平面图是用一个假想水平面把房屋沿门窗洞口的水平方向切开,切面以下部分的水平投影图就是平面图(图2-50)。

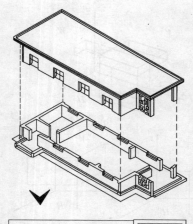

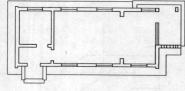

图2-50 建筑水平投影图

平面图主要表明建筑物内部平面的布置情况。沿2层切开所得的投影图就叫2层平面图,同理可得3层、4层平面图。如果其中有几个楼层平面布置相同,可以用一个标准层平面图表示。

平面图的用途主要是:作为在施工过程中放线、砌筑、安装门窗、做室内装修等的依据;也是编制工程预算和备料的依据。

识看平面图时,主要要注意以下几点:

(1)建筑物的形状、朝向以及各种房间、走廊、出入口、楼(电)梯、阳台等平面布置情况和相互关系;

(2)建筑物的尺寸,包括用轴线和尺寸线表示的各部分长、宽尺寸;

外墙尺寸一般分3道尺寸标注。第1道尺寸线是外墙总尺寸,表明建筑物的总长度、总宽度;第2道尺寸线是轴线尺寸,表明开间(柱距)和进深(跨度)尺寸;第3道尺寸线表明墙垛、墙厚和门窗洞口尺寸。此外，还要在首层平面图上表明室外台阶、散水等尺寸（图 2-51）。

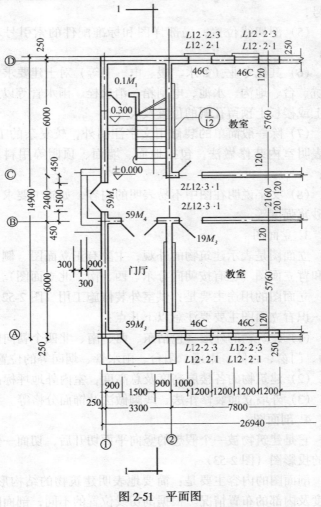

图 2-51 平面图

(3) 楼地面标高;

(4) 门窗洞口位置,门的开启方向,门窗及门窗过梁的编号;

(5) 剖切线位置,局部详图和标准配件的索引号和位置;

(6) 其他专业(如水、暖、电、卫等)对土建要求设置的坑、台、地沟、水池、电闸箱、消火栓、雨水管等以及在墙上或楼板上预留孔洞的位置及尺寸;

(7) 除一般简单的装修用文字注明外,较复杂的工程,还表明室内装修做法,包括地面、墙面、顶棚等用料和做法;

(8) 文字说明在图中不易表明的内容,如施工要求、砖及砂浆强度等。

3. 立面图

立面图是表示建筑物的外观,主要有正立面图、侧立面图和背立面图(也有按朝向分东、西、南、北立面图)。

立面图的用途主要是:供室外装修施工用(图2-52)。

识看立面图主要要注意以下几点:

(1) 建筑物的外形(包括东、西、南、北四个朝向的立面)、门窗、台阶、雨篷、阳台、雨水管、烟囱等的位置;

(2) 建筑物的各楼层高度及总高度,室内外地坪标高;

(3) 外墙立面装修作法、线脚做法及饰面分格等。

4. 剖面图

它是建筑物被一个假想的竖向平面切开后,切面一侧部分的投影图(图2-53)

剖面图的内容主要是:简要地表明建筑物的结构形式、高度及内部的布置情况。根据剖切线位置的不同,剖面图分

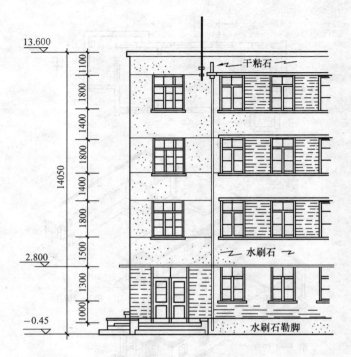

图 2-52 立面图

为横剖和纵剖,有时还可按转折的剖切线来绘制剖面图。

识看剖面图时要注意以下几点:

(1) 建筑物的总高、室内外地坪标高、各楼层标高、门窗及窗台高度等;

剖面图沿外墙也注 3 道尺寸。第 1 道注室外地坪到女儿墙顶的总高度;第 2 道注室外地坪、室内地坪、楼面到总尺寸的距离;第 3 道注门窗洞和墙的尺寸(图 2-54);

(2) 建筑物主要承重构件的相互关系。如梁、板的位置与墙、柱的关系;屋顶的结构形式等;

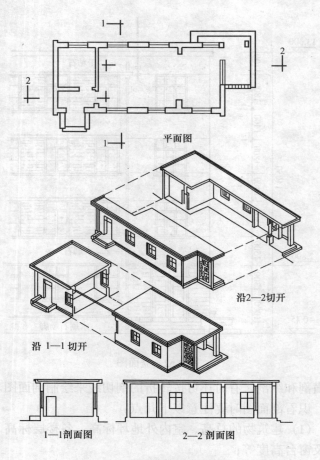

图 2-53 建筑剖面投影图

(3) 剖面图中不能详细表达的详图索引号及位置，配件和节点详图。

5. 建筑施工详图

为了表明某些局部的详细构造、做法及施工要求，采用

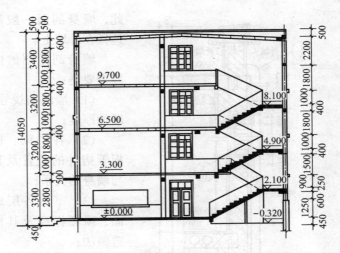

图 2-54 剖面图

较大比例绘制成施工详图（又称大样图）。

建筑施工详图主要包括以下内容：

（1）局部构造详图。如墙身剖面图、楼梯、门窗、台阶、消防梯等详图；

（2）有特殊设备的房间。如厕所、浴室、实验室等，用详图表明设备固定的位置、形状、埋件位置以及沟槽的大小和位置等；

（3）有特殊装修的房间。如吊顶、花饰、木护墙、大理石贴面、陶瓷锦砖（又称马赛克）贴面、瓷砖贴面等。

墙身剖面图（图 2-55）的用途主要是：与平面图配合，作为砌墙、室内外装修、门窗立面及编制工程预算和材料估算的重要依据。

由于一个建筑物的主要结构是由墙、梁、柱、楼板等主要结构构件组成的，而所有的构件都要与墙交接或连接，因此，墙身剖面一般都选择在外墙上。

墙身剖面图的内容主要是：

（1）墙的轴线号、墙的厚度；

（2）各层梁、楼板等构件的位置及其与墙身的关系；

（3）室内各层地面、顶棚标高及其构造做法；

（4）门窗洞口高度、上下皮标高及立口位置；

（5）立面装修做法，包括砖墙各部位的凹凸线脚、窗口、门头、雨篷、挑檐、檐口、勒脚、散水等尺寸，材料做法或索引号引出的做法详图，如图 2-55 中 $\frac{3}{6}$ 窗台板、$\frac{2}{6}$ 窗帘杆等；

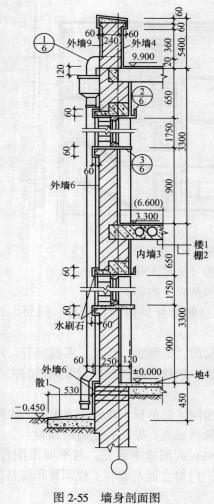

图 2-55 墙身剖面图

地面、散水、外墙做法有时根据通用图集只标注代号，如图 2-55 中"地4"

表明①素土夯实；②100厚3:7灰土；③50厚C10素混凝土；④素水泥浆结合层一道；⑤20厚1:2.5水泥砂浆抹面压实赶光；

(6) 墙身的防水、防潮做法，如墙身、地下室、檐口、勒脚、散水的防水、防潮做法。

识看墙身剖面图时要注意以下几个问题：

(1) ±0.000或防潮层以下的砖墙在结构施工图的基础图中表示。因此看墙身剖面图时要与基础图配合，注意相互的搭接关系；

(2) 屋面、地面、散水、勒脚等作法尺寸应和有关通用图集对照阅看；

(3) 要分清建筑标高、建筑厚度与结构标高、结构厚度的关系。前者是指做完装修后的标高、厚度，其中包括结构标高、厚度；而后者仅是结构本身的标高、厚度（图2-56）。

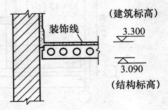

图2-56 建筑标高与结构标高

在建筑墙身剖面图中，标高只注建筑标高，厚度只注结构厚度，建筑装饰线一般不注厚度。

楼梯详图一般包括平面图、剖面图、楼梯栏杆及踏步大样。

楼梯平面图是假设在每层距地面1m以上沿水平方向剖切的水平剖面图（图2-57），一般均分层绘制。但是在3层以上的房屋，若中间各层的楼梯位置、梯段数、踏步数和大小尺寸都相同时，则只绘出底层、中间层（或2层）和顶层3个平面图。

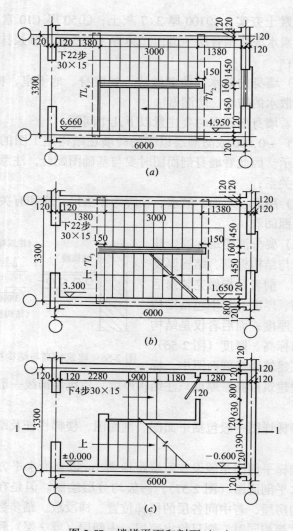

图 2-57 楼梯平面和剖面（一）
（a）首层平面；（b）二层平面；（c）顶层平面

楼梯平面图用轴线编号表明楼梯间的位置，注明楼梯间的长、宽尺寸、楼梯跑的宽度和踏步数，踏步宽度，休息板的尺寸和标高等。楼梯跑被剖切处应为水平线，但为了避免与踏步线混淆，通常用倾斜的折断线表示。

识看楼梯平面图时要掌握各层平面的特点。如首层平面只有被剖切的往上走的梯段（注"上"字箭头）；2层平面既有被剖切的往上走的梯段，还有往下走的完整的梯段（标注"下"字箭头），另外还表示出楼梯平台以及平台往下的部分梯段；顶层平面只表示向下的完整梯段及安全栏板位置。各层平面中所画的踏步分格，是踏步的踏面，其总数要比总的踏步数少一个。如图2-57中下22步，实际上踏步总数为20级，即一个梯段为10级。在楼梯平面图中标注的各部分细部尺寸，如楼梯段长度尺寸，通常把梯段长度尺寸与踏面数、踏面宽尺寸合并标注，如图2-57中 $10 \times 300 = 3000$，表示这个梯段有10个踏面，每一踏面为300mm，梯段长度为3000mm。

预制钢筋混凝土楼梯的平面图，还要注明采用预制构件的型号。

楼梯剖面图是假设在楼梯平面图（图2-58）1-1位置从上到下剖切得到的投影图。主要表明各层和休息板的标高、踏步数、局部节点作法、楼梯栏杆的形式及高度、楼梯间门窗洞口的标高及尺寸。

楼梯剖面图要与楼梯平面图结合起来识读，要与建筑平面图、剖面图对照阅读。当楼梯间地面标高较首层地面标高低时，应注意楼梯间防潮层的位置。

预制钢筋混凝土楼梯剖面图，注有构件型号及节点做法。引出的节点索引号，有的在本张图上表示，有的则在另

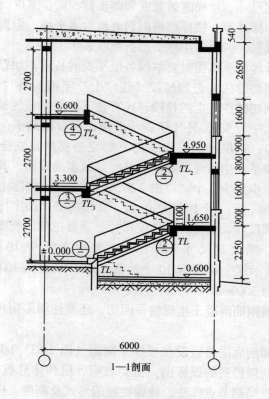

图 2-58 楼梯平面和剖面（二）

一张图纸上表示。

楼梯栏杆及踏步详图主要表明栏杆的高度、尺寸、材料与踏步、休息板的材料、尺寸、面层做法。

门窗详图主要表示门窗的详细尺寸和剖切位置的断面尺寸。其内容包括立面图、节点大样、五金材料表和文字说明。如果选用通用图集中的门窗,则一般不再另画详图。

2.2.1.4 结构施工图的识图

结构施工图一般由基础平面和剖面图、各层楼盖结构平面和剖面图、屋面结构平面和剖面图以及构件和节点详图等组成,并附有文字说明、构件数量表和材料用量表。

1. 基础平面图和剖面图

基础平面图和剖面图是相对标高±0.000以下的结构图,主要供放灰线、基槽(基坑)挖土及基础施工时用。

基础平面图主要表示基础、垫层、预留沟槽孔洞及其他地下设施的布置(图2-59)。识看基础平面图要注意弄清以下基本内容:

(1) 轴线编号、轴线尺寸,它必须与建筑平面图完全一致;

(2) 基础轮廓线尺寸与轴线的关系。当为独立基础时,应注意基础和基础梁的编号;

(3) 剖切线位置。当基础宽度、基底标高、墙厚、大放脚、管沟做法有变化时,要与基础剖面图结合阅看;

(4) 预留沟槽、孔洞的位置及尺寸,以及设备基础的位置及尺寸。

基础剖面图主要表明基础的具体尺寸、构造作法和所用材料等。对条形基础主要应弄清以轴线为准的基础各部分尺寸、基底标高、基础和垫层材料、防潮层位置和做法、以及管沟断面尺寸和做法(图2-60);对独立基础主要应弄清基础编号与轴线的关系、基底标高、垫层做法等。

文字说明主要说明±0.000相对的绝对标高、地基承载力、材料强度等级、刨槽、验槽或对施工的要求等。

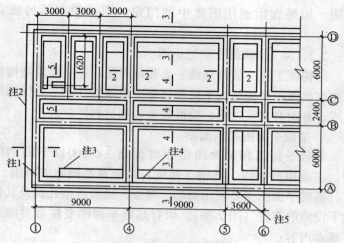

图 2-59 基础平面图

注1——基础退完的实墙；
注2——基础垫层边线，也是挡土槽边线；
注3——暖沟土边线；
注4——由于基槽与暖沟深度不同，所以平面上见到两条线；
注5——沟过墙洞，洞口上均用 L12.4 过梁

2. 楼层结构平面图及剖面图

楼层结构的类型很多，一般常用的分为预制楼层和现浇楼层两种。

（1）预制楼层结构平面图及剖面图 预制楼层结构平面及剖面图主要是为安装预制梁、板等各种楼层构件用的，有时也为制作圈梁和局部现浇梁、板用。其内容一般包括结构平面布置图、剖面图、构件统计表及文字说明四部分。阅图时应与建筑平面图和墙身剖面图配合阅读（图2-61）。

预制楼层结构平面图主要表示楼层各种构件的平面关系

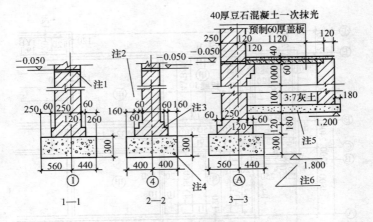

图 2-60 条形基础剖面图

注 1——防潮层 20 厚 1:3 水泥砂浆加 5% 防水粉；
注 2——大放脚是砌二皮收 60，再砌一皮收 60 的收退方法；
注 3——大放脚；
注 4——混凝土垫层；
注 5——灰土；
注 6——基础埋深标高。

（包括各种预制构件的名称、编号、数量、位置及定位尺寸等）。各种预制构件与墙的关系位置，均以轴线为准进行标注。如图 2-61 中 3YB36·（2）表示预应力圆孔板，其中（2）表示荷载级别，有（ ）的表示板宽为 880mm，无（ ）的表示板宽为 1180mm。板与板之间的缝隙一般为 20mm，一般不予标注（如大于 20mm 应予标注）。如各个开间的布置相同，一般只画一个开间布置详图，用甲、乙等序号表示相同布置。为了表示梁、板、墙、圈梁之间的搭接关系，在平面图中有关位置标注剖切符号（如 1-1，2-2），与剖面图结合阅看。

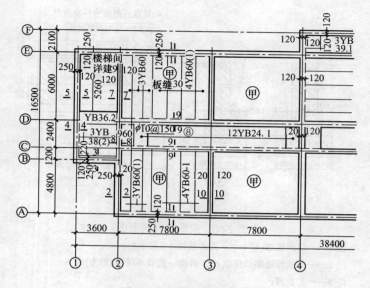

图 2-61 楼层结构平面图

预制楼层结构剖面图主要表示梁、板、墙、圈梁之间的搭接关系（图 2-62）和构造处理。如图 2-62 为图 2-61 中的 4-4 剖面，表示楼板搭接在墙上的长度为 110mm，板高 130mm，板底标高 3.14m，座浆厚度 20mm。圈梁的平面布置一般在楼层结构平面图中不表示，需另见圈梁布置示意图（图 2-63），阅读圈梁图时，要注意它与窗口、门口的关系。

文字说明，主要说明材料标号、施工要求和所选用的标准图等。

(2) 现浇楼层结构平面图及剖面图　现浇楼层结构平面图及剖面图，主要是为在现场支模板，浇筑混凝土，制作梁板等用。其内容包括平面、剖面、钢筋表和文字说明四部分。阅读这些图纸时要与相应的建筑平面图及墙身剖面图配合阅读。

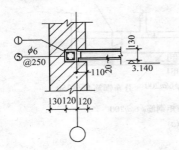 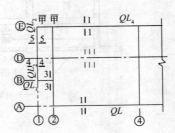

图 2-62 楼层结构剖面图　　图 2-63 圈梁布置示意图

现浇楼层结构平面图主要标注轴线号、轴线尺寸、梁的布置位置和编号、板的厚度和标高及钢筋布置。每个开间的板一般按受力情况分双向板和单向板两种，标注方法是：

$$双向板 \frac{B_1}{100} \qquad 单向板 \frac{B_2}{100}$$

B——板的代号；

1、2——板的编号；

100——板的厚度（mm）。

为了看清楚梁和板的布置及支承情况，常采用折倒断面（图 2-64，a 中涂黑部分），并注明板的上皮标高与板厚。钢筋的布置，一般也在结构平面图上直接画出板内不同类型的钢筋布置、规格、间距。如图 2-64 中标注的分布钢筋 $\phi6@250$ 的代号即表示为 6mm Q235（3 号）钢筋（光圆），每根钢筋间距为 250mm 排列。

现浇楼层结构剖面图主要表示梁、楼板、墙体的相互关系（图 2-64b）。

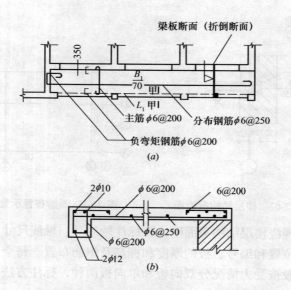

图 2-64 现浇楼层结构平面、剖面示意

3. 构件及节点详图

构件详图,在结构施工图中表明构件的详细构造做法;节点详图表明构件间连接处的详细构造做法。

构、配件和节点详图可分两类。一类是非标准构、配件和节点,例如基础、大多数柱子、现浇钢筋混凝土梁、板及某些门窗等,由于使用条件不同,一般必须根据每个工程的具体情况,单独进行设计,绘成详图;另一类是将量大面广的构、配件和节点,按照统一标准的原则,设计成标准构、配件和节点,绘成标准详图,以利于大批量生产,提高劳动生产率、降低成本和适应建筑工业化的需要。从而有效地加快设计进度,提高设计质量,便于施工和安装。

2.2.1.5 标准图识图

如前所述，在建筑施工图和结构施工图中有一部分构、配件及节点详图采用标准图。目前按其技术上的成熟程度分为通用标准图和重复使用标准图两类。

建筑配件通用标准图主要有钢、木门窗、屋面、顶棚、楼地面、墙身等图集，图集代号用"J"或"建"表示；结构构件通用标准图内容较多，主要有门窗过梁、基础梁、吊车梁、屋面梁、屋架、屋面板、楼板、楼梯、天窗架、沟盖板等。还有一些构筑物，如水池、水塔等也有通用标准图，图集代号用"G"或"结"表示。

重复使用的建筑配件和结构构件图集分别用代号"CJ"和"CG"表示。

标准图根据使用范围的不同又分为：

1. 经国家批准的全国通用构、配件图和经国家有关部门组织审查通过的重复使用图。这些均可在全国范围内使用；

2. 经各省、市、自治区基建主管部门批准的通用图，可在本地区使用；

3. 各设计单位编制的通用图集，可供本单位内部采用。

2.2.1.6 看图的方法、要点和注意事项

1. 看图的方法

土建施工图的看图方法归纳起来是："由外向里看，由大到小看，由粗到细看，图样与说明互相看，建施与结施对着看，设备图纸最后看。"这样能收到较好的效果。

一套图纸拿到后，应先将图纸分类，哪些是建筑施工图、哪些是结构施工图要搞清楚。

看图的具体步骤如下：

(1) 先看图纸目录：了解建筑物的名称、建筑物的性

质、图纸的种类、建筑物的面积、图纸的张数、建设单位、设计单位等。

(2) 看设计总说明：了解建筑物的概况、设计原则和对施工总的技术要求等。

(3) 看总平面图：了解建筑物的地理位置、高程、朝向、周围环境等。

(4) 看建筑施工图：先看各层平面图，了解建筑物的长度、宽度、轴线尺寸、室内布局等。再看立面图和剖面图，了解建筑的层高、总高、各部位的大致做法。平、立、剖面图看懂后，在头脑中要能大致想象出建筑物的规模、轮廓，形成一个立体的图像。

(5) 看建筑详图：了解各部位的详细尺寸、所用材料、具体做法，进一步加深对建筑物的印象，同时还可以考虑怎样进行施工操作。

(6) 看结构施工图：头脑中形成了房屋的形象后，可以从基础平面图开始，按看建筑施工图的步骤，逐项看结构平面图和详图。了解基础的形式、埋置深度、柱和梁的位置和构造、墙和板的位置、标高、构造等。

(7) 看水暖电通和设备图：这些图纸由专业工种细看。作为砖瓦工，也要了解各种管线的走向、设备安装的大致情况，以便于配合留设各种孔洞和预埋件。

(8) 看完全部图纸后，头脑中形成了建筑物的总体形象，然后再有针对性地细看本工种的图纸内容。对于砖瓦工来说，要重点了解基础的深度，大放脚是几皮几收的，墙有多厚、用什么砖、什么砂浆，是清水墙还是混水墙，每一层要砌多高，圈梁、过梁的位置，门窗洞口的位置和尺寸，楼梯与砖墙的关系，烟囱、垃圾井的位置和做法，厨房、卫生间有什么特殊要求，有没有梁垫、梁洞，以及管道设备的留孔预埋等等。

2. 看图要点

每一张图纸只表达建筑物的一部分内容，而一套图才能形成一个建筑物。所以，各种图纸之间是相互联系的，看图不能孤立地看，需要综合地看。在看各类图纸时应注意的要点是：

（1）平面图

1）房屋的平面图要从最底层开始看起，逐层向上直到顶层。特别要详细看首层平面图，这是平面图中最主要的一层。

2）看平面图中的尺寸，应先看控制轴线间的尺寸。把轴线关系搞清楚，记住开间、进深的尺寸和墙体的厚度尺寸，再看建筑物的外形总尺寸，并逐间、逐段校核有无差错。

3）核对门窗的尺寸、编号、数量和各门窗的过梁型号。

4）看清楚各部位的标高，同时应复核各层的标高与立面、剖面是否吻合。

5）记住各房间的使用功能。

6）对比各楼层的功能布置，看有无增减墙体、门窗等情形。

7）对照详图看墙体、柱的轴线关系，如有不居中或偏心的轴线，一定要记住。

（2）立面图

1）对照平面图的轴线编号，看各个立面的表示是否正确。特别要注意有些立面图图名用朝向书写，即东立面、南立面、西立面、北立面等，有的用轴线标写，因此必须对照平面图来看立面图。

2）在看清每个立面后，再将四个立面对照起来看，看有无不交圈的地方。

3）记住外墙装修所用的各种材料和使用范围。

（3）剖面图

1）对照平面图校核相应剖面图的标高是否正确，垂直方向的尺寸与标高尺寸是否吻合，门窗洞口尺寸与门窗表的尺寸是否吻合。

2）对照平面图校核轴线的编号是否正确，剖切面的位置与平面图剖切符号是否符合。

3）校对各层楼、地、屋面的做法与设计说明是否吻合。

4）与立面图对照校核看有无矛盾。

（4）详图

1）首先查对索引标志，明确相应使用的详图，防止"张冠李戴"。

2）查明平、立、剖面图上的详图部位，对照轴线仔细核对尺寸、标高，防止差错。

3）认真研究细部的构造和做法，选用的材料与做法有无矛盾等。

3. 看图注意事项

（1）要掌握投影的基本原理和熟悉房屋建筑的基本构造。

（2）要熟悉和了解图纸采用的图例和符号。

（3）要特别注意在图纸图例上无法表示的内容，如砖和砂浆的强度等级等，要从附注和说明中查找对号。

（4）要注意尺寸的单位。特别是没有标注单位的数字。

一般总平面图和标高以"m"为单位;其他均以"mm"为单位。

(5)看图应仔细耐心,要把图看懂,要对图上的有关内容和数字核对清楚,有疑问处要作记录,并向设计人员核定。

2.2.2 看懂复杂的施工图

1.什么是复杂的施工图

目前对复杂的施工图还没有一个确切的定义。根据目前的情况来看,有以下几种情况的,可以认为是较复杂的施工图。

(1)规模较大的单位工程

如一些等级较高的综合性公共建筑,使用功能比较多,有主体建筑及裙房,底层有大厅、商店、餐厅、厨房、舞厅、咖啡厅等,楼层设有各种娱乐厅、会议室、办公室、客房等等。还有一些生产上要求高的工业厂房,如多层车间、仓库、办公室和工具间相结合的层高不同、室内平面不在同一个标高上的厂房建筑。这类房屋建筑的图纸(包括装饰图纸)一般比较复杂。

(2)造型比较复杂的房屋建筑

如平面布置不规则,有圆弧形、三角形或凸凹形状,立面参差不齐、屋顶标高不在同一标高上,内外装饰比较复杂,甚至有工艺雕塑等的建筑。

(3)比较复杂的构筑物

构筑物具有自身的独立性,可以单独成为一个结构体系,用来为工业生产或民用生活服务。常见的构筑物有烟囱、水塔、料仓、水池、油罐、挡土墙、管架及电厂的冷却塔等。

(4) 古典及园林建筑

如古建筑的楼、台、亭、阁、馆、廊、榭等,这些施工图纸更复杂。

某些建筑物局部处理成仿古的廊心墙、角、脊、吻头等,或者整幢建筑物就是栋古建筑。由于古建筑的各部构造形态各异,而且有专门的名称、规格,有些节点只用图纸也无法表达清楚,必须有一定的实践知识才能看懂。

以上这些图纸,一般都不能从一张施工图中就可以直观地看懂和了解设计图意,而要将几张图纸联系起来看才能看懂。

所以,要看懂复杂的施工图,一是要多看图、看懂图,不能似懂非懂;二是要学习房屋构造知识和结构知识;再是多实践,在实践中多参加复杂建筑的施工操作,总结经验,了解房屋的内在关系。

抹灰工要看懂与本工种有关的施工图,如墙体、砖石基础、挡土墙、砖石构筑物和砖砌体的细部构造,以及看懂与之相关的其他构造的图,如砖混结构中的阳台、圈梁、过梁等,工业厂房中与砖墙相连的柱子、地梁等图纸。

2. 如何看懂复杂施工图

由于复杂施工图所表达的建筑物不够规则,所以仅通过一两个面的投影图是不易交待清楚的,有时还要通过三视图另加详图来补充说明。

(1) 看图方法

与看一般施工图一样,看复杂的施工图也应"由外向里看,由粗到细看,图样与说明结合看,相关联的图纸交叉看,建施与结施图对照看。"同时要有足够的耐心、细心。此外,还要采取眼看、脑想、手算相结合的方法。眼看就是从几个方向看清施工图所反映建筑物的形状、尺寸；脑想就是通过眼看，想像该物体的立体形状；手算就是通过已知尺寸、互相关系进行计算，进一步确定建筑物的细部尺寸。

（2）看图的步骤

1）先看目录及说明，了解建筑概况、技术要求等等，然后阅图。要了解是工业还是民用建筑，建筑面积有多大，建设单位是哪个，设计单位是哪个，图纸总共有多少张等。这样对这份图纸的建筑类型有了初步的了解。

2）按照图纸目录检查各类图纸是否齐全，图纸编号与图名是否符合。标准图要查找全并准备在手边，以便看图时随时对照查看。图纸齐全了就可以顺序看图。

3）一般按目录往下看，先看总平面图，了解建筑物的地理位置、高程、朝向，以及有关建筑总的情况。

4）看完总平面图之后，再看建筑平面图，了解房屋的长度、宽度、轴线尺寸、开间大小和一般布局等。如为复杂的平面，往往轴线尺寸不是垂直于方格坐标，所以必须弄清。然后再看立面图和剖面图，了解层高、门窗位置，从而达到对这栋建筑物有一个总体的了解。通过看这三种图之后，能在脑子中形成房屋的立体形象，能想象出它的规模和轮廓。

5）在对建筑施工图有了总体了解之后，就可以从基础施工图开始一步步地深入看图。从基础的类型、挖土的深度、基础尺寸、构造、轴线位置等，开始仔细地阅读，按基础、结构、建筑（包括详图）的顺序看图，遇到问题还要记下来，以便在继续看图时得到解决，或在设计交底时提出来解决。

6）在图纸全部看完之后，可以按不同工种有关施工的部分，将图纸再仔细阅读。如砌砖工序要了解墙多厚、多高，门、窗口多大，清水墙还是混水墙，窗口有没有出檐，用什么过梁等等。细读时，对异形平、立面要看清各部分与轴线及相互间的尺寸，凹凸或曲面的起止点，以便于施工。有时还要进行计算，把通过计算得出的一些数据用铅笔标在蓝图上，或者通过对照其他图纸而查得的数据，标在一张图上。对于异形节点，要看清它所在点与轴线、标高的关系，本身的各个面的细部尺寸。必要时，应作记录。

7）随着生产实践经验的增长和看图的知识积累，在看图中还应该对照建筑施工图与结构施工图看看有无矛盾，构造上能否施工，支模时标高与砌砖高度能不能对口（俗称能不能交圈）等等。

在看图中如能把一张平面上的图形看成为一栋带有立体感的建筑形象，就具有了一定的看图水平。这中间需要经验，也需要具有一定的空间概念和想象力。当然这不是一朝一夕所能具备的，而是要通过积累、实践、总结才能取得。

（3）多看实物，积累感性知识

为了提高自己的识图能力，多看实物是一个行之有效的方法，特别是古建筑，各个部位都有专用名称，可对照图纸一一观察。观察实物应掌握以下几个要领：

1）实物与图纸对照看：看实物时，尽量把该实物的图纸找出来看，或者看了图纸再看已建好的实物。在对照看的时候，要注意实物各个面反映在图纸上的节点图，看不懂的地方可请教有经验的工程技术人员和老师傅，直到全部弄明白为止。这样往往能起到事半功倍的效果。

2) 边看边记、积累资料：在看实物的时候，切忌走马观花，必须细心观察实物所在位置与周围的结构关系、各部位的比例、构造等等，并动笔描一下草图。描草图要多画几个面，并绘出平、立、剖面图，有条件的话可用照相机拍下来，再仔细研究。通过看图、绘图及分析研究，既积累了资料，又得到了锻炼。

3. 看古式建筑屋面结构图

某古建住宅的平、立、剖面图及屋面详图分别见图 2-65、图 2-66、图 2-67 和图 2-68。屋面为四落水仿古式桁条木基层。

看图步骤如下：

(1) 了解结构总体情况

从图 2-65 可知，平面结构为横墙承重体系，大部分屋面荷载由①~④轴线的横墙承担。将图 2-66、图 2-67 和图 2-68 结合起来看，可以看出，屋面流水主坡向是南北向。

①轴线向东 1.2m、④轴线向西 1.2m、③轴线向西 1.2m 及Ⓐ轴线向北 1.2m 分别为四个歇山。按古建筑结构，歇山处均有架梁，按进深不同可分为三架~七架梁不等。仿古结构，现在一般用钢筋混凝土梁代替。

(2) 了解屋面的细部构造

1) ①轴线处东歇山：歇山位置距①轴线 1.2m，从图 2-68 可以看出，下面有梁 WSL-1 支承于 WL-3 上。WL-3 的一端搁在①轴线的山墙上，另一端搁在前后檐墙上，角度为 45°。WSL-1 上面再砌部分山墙，以搁置预应力混凝土桁条 YYL-27。④轴线的西歇山则与东歇山处结构相同，仅方向相反。

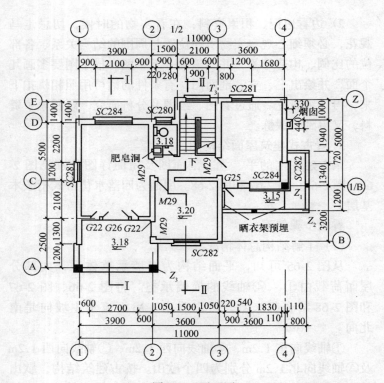

图 2-65 平面图

2) ③轴线西面的歇山：从图 2-68 看出，其位置也距③轴线 1.2m，与西面歇山、中间山墙组成一个较大的南北坡屋面。该歇山侧面的南边一大半向东，北端小部分朝西，下面有梁 WSL-2，梁的北端搁置于 WL-2 上，南端搁置于 WL-3 上。WSL-2 上再砌部分山墙，可以搁置预应力混凝土桁条 YYL-24。在屋面结构布置图上，还可以看到中间有条东西向的梁 WL-1，从梁的详图上可以看出 WSL-2 在 WL-1 的上面，作为 WSL-2 的中间支承点。

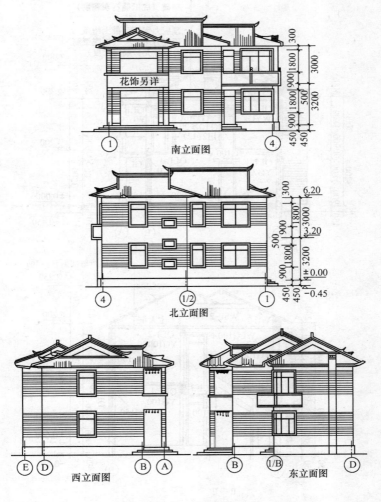

图 2-66 立面图

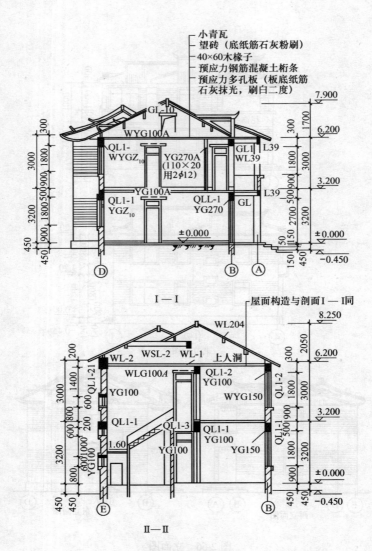

图 2-67 剖面图

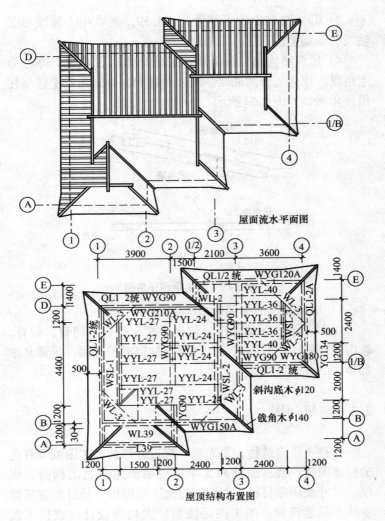

图 2-68 屋面结构图

3）Ⓑ轴线歇山的下部梁为 WL-39，支承在①轴线和②轴线的横墙上。

4）屋面结构布置图上所注的戗角木，古建筑上亦称为老角梁，作为戗脊的底梁，若戗角翘起，则老角梁上还要加做仔角梁，如图 2-69 所示。

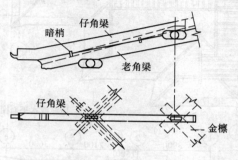

图 2-69　老角梁和仔角梁

5）屋面瓦作的细部做法

屋面瓦作的细部做法，包括正脊、垂脊、博脊、戗脊、歇山墙等做法。看图时，均须逐项加以对照查阅，看懂其细部做法。

2.3　建筑制图

建造一座建筑物，要先有一套设计好的施工图纸及有关的标准图集，通过图形和文字来说明该建筑物的构造、规模、尺寸及所需材料，然后通过施工将图纸上设计的建筑物变成实际建筑物。施工图是按照扩大初步设计（或技术设计）中所确定的设计方案，采用国家颁布的有关制图标准，以统一规定的绘图方法绘制而成。

2.3.1 常用的制图工具和使用方法

1. 图板和丁字尺

(1) 图板

图板是用来固定图纸的。一般分三种，大号（0号）1200mm×900mm，中号（1号）900mm×600mm，小号（2号）600mm×450mm。要求必须平整，两条边必须垂直。

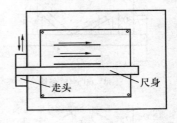

图 2-70 丁字尺用法

(2) 丁字尺

丁字尺是用来画水平线的。在使用时要注意以下几点：

1) 丁字尺必须沿图板的左边滑动（图2-70），不得在图板的其他边轮换滑动；

2) 只能沿尺身上侧画线，因此要注意保护好尺身上侧的平直。

2. 三角板和曲线板

(1) 三角板

三角板主要是用来画垂直线的（图2-71），有45°和60°两种。三角板和丁字尺配合使用可画出15°、30°、45°、60°、70°的斜线（图2-72）。如果用两个三角板配合使用时，可以画出各种角度的互相平行或垂直的线（图2-73）。

(2) 曲线板

曲线板是用来绘制非圆曲线的工具。绘制时，先按相应的作图方法定出曲线上足够数量的点，然后

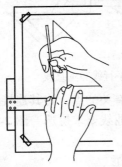

图 2-71 三角板用法

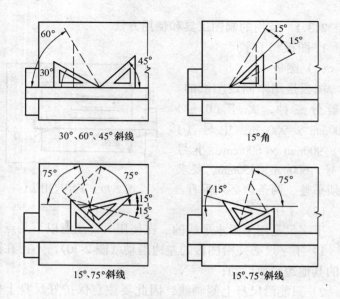

图 2-72 丁字尺和三角板配合使用

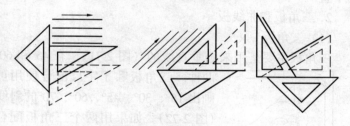

图 2-73 用三角板画各种角度的平行线和垂直线

用曲线板上适当的部位,凑合曲线上有关的点,将其连接成曲线。曲线板种类很多,选用时要按曲线要求挑选。图 2-74 为用曲线板绘制曲线情况。

3. 绘图铅笔、直线笔和绘图墨水笔

(1) 绘图铅笔

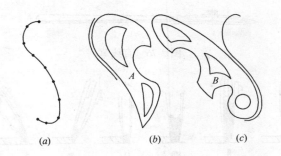

图 2-74 用曲线板绘制曲线

（a）拟绘制的曲线；（b）用曲线板 A 绘制完成上部曲线；
（c）用曲线板 B 绘制完成下部曲线

绘图铅笔根据粗细、软硬和颜色深浅共分 13 种，即 6H～H，HB 和 B～6B。H 代表硬性，B 代表软性，HB 代表中性（也有用 F 代表中性的）。一般在打草稿时用 2H、3H 等，加深时用 HB。绘图时，用笔轻重要均匀。画长线时，要适当转动铅笔，使线条均匀。

铅笔尖要削成圆锥形（图 2-75）。

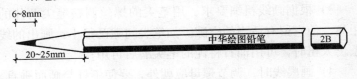

图 2-75 绘图铅笔

（2）直线笔

直线笔又称鸭嘴笔（图 2-76）。使用时应注意下列几点：

1）加墨水时，要用墨水瓶盖上的吸管蘸上墨水，送入笔尖两叶片之间，笔尖含墨不宜太多，一般 6～8mm 为宜，不要让笔尖外侧有墨，以免沾污图纸（图 2-77）。

图 2-76 直线笔

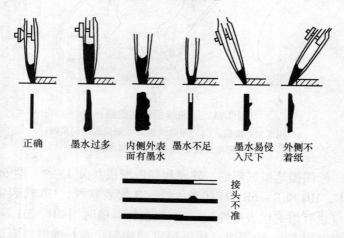

图 2-77 直线笔用法

2)画墨线前,应先有清楚、准确的铅笔图稿;

3)根据画线粗细要求,用笔尖的螺丝调整笔尖两片的距离,使它留有适当的空隙。如笔尖间隙已很小,画出的线条仍太粗时,可用油石将钝的笔尖磨后再用;

4)画墨线时,调节螺母应朝外,要使笔杆与画面垂直,切忌笔杆外倾或内倾,要使两片笔尖同时触及纸面;

5)笔的移动速度要均匀,太快线条细,太慢则线条会变粗;

6)一条线最好一次画完,如必须分几次画完(如直线太长或画曲线),应注意使接头准确,圆滑;

7)如有画错地方,应等墨线干透后用硬橡皮擦去或用刀片轻轻刮去。

（3）绘图墨水笔

绘图墨水笔是近年来发展的一种新产品（图2-78），它与自来水钢笔一样，具有一次灌足墨水，可以使用较长时间的特点。目前生产的笔头按粗细分为0.3、0.45、0.6、0.8、0.9、1.0及1.2mm几种规格。使用这种笔时，必须使用碳素墨水，绘图时笔尖应倾斜80°~85°为宜（图2-79）。

图2-78 绘图墨水笔

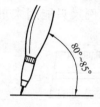

图2-79 绘图墨水笔用法

4．圆规和分规

（1）圆规

圆规是用来画圆和圆弧的工具。画圆时，应使笔尖与纸面接近垂直，针尖固定在圆心上，并不使圆心扩大。如圆半径较大，可将圆规两插杆弯曲，使它们保持与纸面垂直（图2-80）。

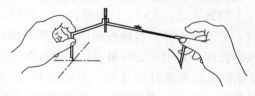

图2-80 圆规用法

（2）分规

分规是截量长度和等分线的工具（图2-81）。

5．比例尺

比例尺（又称三棱尺）是用来缩小线段长度的尺子（图

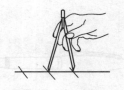

图 2-81　分规用法

2-82)。在它三个棱面上刻有六种不同的比例尺,即 1:100、1:200、1:300、1:400、1:500 和 1:600。比例尺只能用来量取尺寸,不可用来画线。

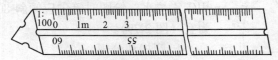

图 2-82　三棱尺

另一种比例尺造成直尺形状,叫比例直尺。它只有一行刻度三个数字,表示三种比例,即 1:100、1:200、1:500 (图 2-83)。

比例尺上的数字是以米(m)为单位。当使用比例尺上某一比例时,可不用计算,直接按照该尺面所刻的数值截取或读出该线段长度。如用 1:200 量 AB 线段长(见图 2-83),可用 1:200 比例尺将刻度对准 A 点,B 点恰好在 13.2m 处,则该线段长度为 13.2m,即 13200mm。1:200 的刻度还可用于 1:2、1:20 或 1:2000 的比例。上例如改为 1:2 则读数为 $13.2m \times \dfrac{2}{200} = 0.132m$;上例如改为 1:2000 时,则为 $13.2m \times \dfrac{2000}{200} = 132m$。

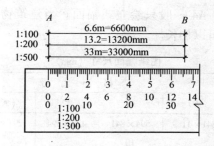

图 2-83 比例直尺

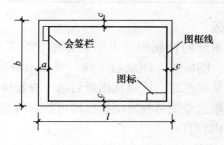

图 2-84 图幅

2.3.2 施工图画法

为了使建筑制图达到基本统一，国家颁布了标准，现行的国家标准为《房屋建筑制图统一标准》（GBJ 1—86）。现将一些主要规定介绍如下：

1. 图幅、图标和会签栏

（1）图幅

图幅是指图纸的大小尺寸。图幅的长、宽尺寸和边框尺寸，见图 2-84 和表 2-4。

为使一套施工图的图纸整齐统一，图纸幅面应选用一种规格为主，尽量避免大小幅面掺杂使用。A0～A3 也可以绘成立式幅面，A4一般只绘立式幅面。当建筑物平面尺寸特殊时，图纸可以加长。

图纸幅面尺寸（mm）　　　　表2-4

幅面代号	幅 面 代 号				
	A0	A1	A2	A3	A4
$b \times l$	841×1189	594×841	420×594	297×420	210×297
c	10			5	
a	25				

（2）图标

图标是图纸的标题栏，说明设计单位、工程名称、图名、图号等。图标放在图纸右下角，常见的格式见图2-85。当需要查阅某张图时，可以从图纸目录中查到该图的工程图号，然后根据这个图号查对图标，即可找到所需的图纸。图标栏中主要内容有：

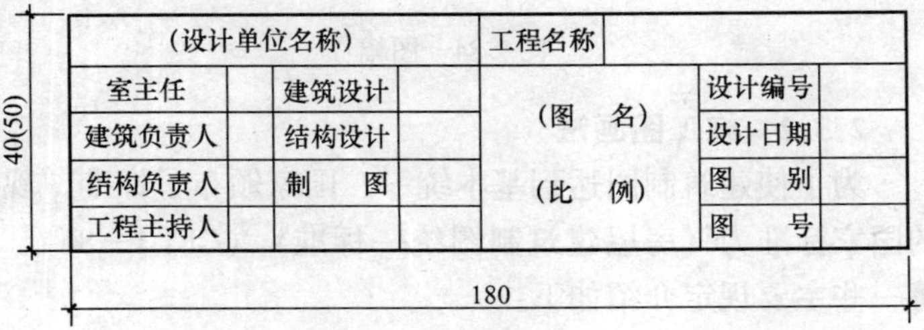

图2-85　图标格式

1）工程名称：是指某个工程的名称。如"翠湖新村12号住宅"，"向阳化工厂制硫车间"等；

2）图名：是指本张图纸的主要内容。如"首层平面图"；设计编号：是指设计部门对该工程的编号。如"79住

—1";

3）图别：表明本图所属的工种和设计阶段。如"建施"（即建筑施工图）；

4）图号：表明本工种图纸的编号顺序。如"结1"。

(3) 会签栏

又称图签，是由各工种（如水暖、电气等）负责人签字用的表格，见图2-86。

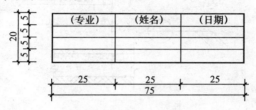

图 2-86 会签栏

2．线型

为了表示图中的不同内容，一般要用线的粗细、虚实来表示所画部位的含义。常用的线型见图2-87。

图 2-87 常用线型

(1) 粗实线

1）表示建筑施工图中的主要可见的轮廓线。如平面图中的墙体、柱子的断面轮廓；立面图中的外形轮廓等。

2) 表示剖切线。

(2) 中实线和细实线

中实线表示可见的轮廓线；细实线表示次要的可见轮廓线以及尺寸线，引出线和图例线等（图2-88）。

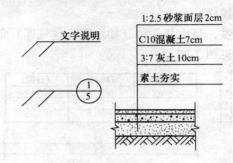

图 2-88 各种引出线

(3) 虚线和折断线

1) 虚线，表示建筑物的不可见轮廓线、图例线等，如图2-89所示。

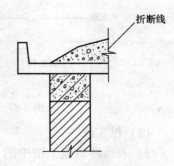

图 2-89 虚线表示法　　　　图 2-90 折断线用法

2）折断线，用细实线绘制，用于省略不必要的部分，如图2-90所示。

（4）点划线

1）表示定位轴线。指建筑物的主要结构或墙体的位置，如图2-91所示。

2）利用轴线可作为尺寸的界线。

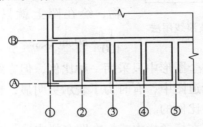

图2-91 点划线用法（一）

3）表示中心线。指建筑物、构件或墙身等的中心位置（图2-92）。

4）表示对称线（图2-92）。

（5）波浪线

用细实线绘制，用于表示构件等局部构造的内部结构，如图2-93所示。

3．比例、尺寸标注、标高、轴线、符号和字体

（1）比例

施工图一般是按

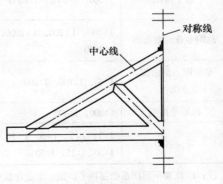

图2-92 点划线用法（二）

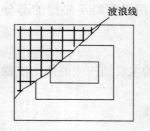

图 2-93 波浪线用法

建筑物或结构构件的实际尺寸缩小到一定的比例绘制的。图中缩小的尺寸与实际尺寸之比,称为该图的比例。一般用 1:100、1:200 等来表示。如用 1:100 比例绘制出的一栋长度为 60m 的建筑物,绘在图上就只有 $6000cm \times \frac{1}{100} = 60cm$ 长。

一般在一个图形中只采用一种比例,但在结构图以及给排水、暖气管道图中,有时为了表示更明显,也有在一个图形中使用两种比例的。

比例可写在标题栏内或标在图名栏内。

各种常用的比例,见表 2-5。

常用比例表　　　　　　　表 2-5

图　名	常　用　比　例	必要时可增加的比例
总平面图	1:500,1:1000,1:2000	1:5000,1:10000,1:20000
总图专业的断面图	1:100,1:200,1:1000,1:2000	1:500,1:5000
平面图、剖面图、立面图	1:50,1:100,1:200	1:150,1:300
次要平面图	1:300,1:400	1:500
详　图	1:1;1:2,1:5,1:10,1:20,1:25,1:50	1:3,1:4,1:30,1:40

注:1. 次要平面图系指屋顶平面图、工业建筑中的地面平面图等;
    2. 1:25 仅适用于结构详图。

(2) 尺寸标准

施工图上的图形按比例缩小了,但是,在施工图上所注的尺寸,必须是建筑物或结构构件的实际尺寸。按照国家标准,图纸上除标高和总平面图的尺寸以米(m)为单位外,其余尺寸一律以毫米(mm)为单位。除有附加说明以外,图纸上一般不再注明单位名称。

1) 水平垂直方向的尺寸线:水平尺寸线上的尺寸数字应写在尺寸线上方中间;垂直尺寸线上的尺寸数字应从下到上写在尺寸线左方。字体大小要一致。当尺寸线较窄时,尺寸数字可写在尺寸线外侧(指外边的尺寸数字),或上下错开写(指中部相邻的尺寸数字),或用引出线引出标注(图 2-94)。

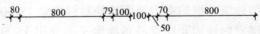

图 2-94　尺寸数字标注方法

2) 圆和圆弧的尺寸线:圆和圆弧的半径或直径,一般标在圆和圆弧内,采用箭头表示,尺寸前加注半径"R"或直径符号"ϕ"。较小的半径或直径可标注在圆弧的外部(图 2-95)。

3) 角度及坡度:角度的尺寸用箭头表示。当角度较小时,箭头可标注在角度轮廓线的外侧(图 2-96)。

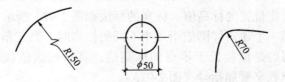

图 2-95　圆与圆弧的尺寸线

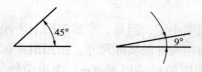

标注坡度时，在坡度数字下，应加注坡度符号箭头，一般应指向下坡方向。如：20%，1:5，0.2。

图 2-96 角度尺寸注法

(3) 标高

标高是表示建筑物某一部位或地面、楼层的高度。标高以米（m）为单位，精确到小数点后三位数。在总平面图上，标高只标注到小数点后二位数。标高又分为两种：

1) 绝对标高：以平均海水面作为大地水准面，将其高程作为零点（我国以青岛黄海平面为基准），计算地面地物高度的基准点。地面地物与基准点的高度差称为绝对标高。如某一房屋建筑首层的室内地面的绝对标高是 15.500，则该建筑物首层室内地面要比青岛黄海海平面高出 15.500m。绝对标高一般只用于建筑总平面图上，根据国家标准，建筑总平面图上的室外绝对标高用黑色三角形表示，如▼35.30。

2) 相对标高：亦称为建筑标高，是以所建房屋的首层室内地面的高度作为零点（±0.000），来计算该房屋与它的相对高差。高差的多少称为标高。比零点高的部位称为正标高，但数字前一般不写"+"（正）号。比零点低的部位称为负标高，要在数字前写"-"（负）号。标高符号用 ▽ 表示，并在平线上写上数字，表明该符号三角形下尖处所指位置的标高值。标高的标法如图 2-97a 所示。

当一个建筑详图使用几个不同的标高时，则三角形横线上注写的是最接近于零点的标高值，其余标高依次顺序写出，但数字要加括号（图 2-97b）。

(4) 轴线

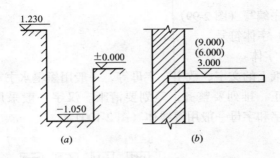

图 2-97 标高的标示方法

轴线亦称定位轴线,它是表示建筑物的主要结构或墙体位置的线,也是建筑物定位的基准线。每条轴线要编号,编号写在轴线端部的圆圈内。平面图上定位轴线的编号,一般注在图形的下方和左方。水平方向的编号用阿拉伯数字,从左至右顺序编写;竖直方向的编号用大写拉丁字母,

图 2-98 轴线标示方法

从下至上顺序编写。但拉丁字母中的 I、O、Z 三个字母不能用作轴线编号(图 2-98)。

当有附加轴线时,即在两根轴线之间需要临时增加一个轴线,则编号以分数形式表示。分母表示前一轴线的编号,分子表示附加的第几根轴线的编号。附加轴线的编号,宜用阿拉伯

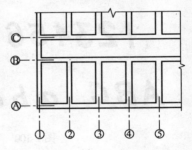

图 2-99 附加轴线编号

数字顺序编写（图 2-99）。

(5) 字体符号

1) 字体

图纸上的文字、数字、字母等，一般用黑墨水书写。书写要端正，排列要整齐，笔划要清晰。汉字一般采用仿宋体，数字和字母一般用等线体（图 2-100）。

1234567890

ABC abc aβγ

图 2-100　字体

2) 符号

图纸上的符号是表示图纸内容和含义的标志。符号一般用图例和文字来表示。

图例——图纸上用图形来表示一定含义的符号（图 2-101）。

构件代号——为了书写简便，用拉丁字母代替构件名称。如用 LC 表示铝合金门窗、GM 表示钢门等。常用的建筑构件代号，见表 1-7。

索引符号——用来表示图中该部分另有详图或标准图，见图 2-102。

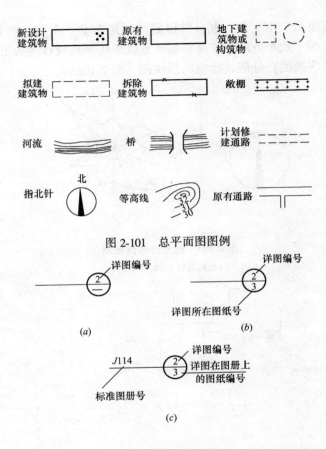

图 2-101 总平面图图例

图 2-102 详图索引符号
(a) 索引的详图在本张图纸上；(b) 索引的详图不在本张图纸上；(c) 索引的详图在标准图上

指北针和风玫瑰——指北针主要表示朝向，一般绘制在总平面图和建筑物首层平面图上，其尖头为所指北面（图 2-103a）。风玫瑰用来表示该地区每年风向频率，它以十字坐标定出东、南、西、北，并以斜线标定东北、东南、西北、西南等十六个方向。它是根据该地区多年平均统计的各方向刮风次数的百分值，绘制的折线图（图2-103b）。

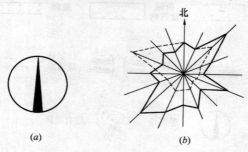

图 2-103 指北针和风玫瑰
（a）指北针；（b）风玫瑰

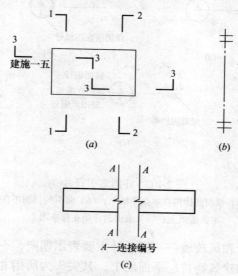

图 2-104 剖切、对称和连接符号

108

剖切、对称和连接符号——剖切符号是反映物体被剖切面的位置的符号，如图 2-104a 中的粗线；对称符号，是用于绘制完全对称的物体，以绘制其一半来节省图幅的一种符号，见图 3-104b；连接符号，是用于因绘制的物体太大，受图幅所限，并可以分开绘制的一种符号。连接符号用折断线表示（图 2-104c）。

3 抹灰材料

3.1 胶凝材料

3.1.1 水泥
1. 品种

（1）硅酸盐水泥、普通水泥

凡由硅酸盐水泥熟料、0~5%石灰石或粒化高炉矿渣、适量石膏磨细制成的水硬性胶凝材料，称为硅酸盐水泥。硅酸盐水泥分为两种类型，不掺混合材料的称为Ⅰ型硅酸盐水泥；在硅酸盐水泥熟料粉磨时掺加不超过水泥重量5%石灰石或粒化高炉矿渣混合材料的称为Ⅱ型硅酸盐水泥。

凡由硅酸盐水泥熟料、6%~15%混合材料、适量石膏磨细制成的水硬性胶凝材料，称为普通硅酸盐水泥（简称普通水泥）。掺活性混合材料时，最大掺量不得超过15%；掺非活性混合材料时，最大掺量不得超过水泥重量的10%。

（2）矿渣水泥、火山灰水泥、粉煤灰水泥

凡由硅酸盐水泥熟料和粒化高炉矿渣、适量石膏磨细制成的水硬性胶凝材料称为矿渣硅酸盐水泥（简称矿渣水泥）。水泥中粒化高炉矿渣掺加量按重量百分比计为20%~70%。

凡由硅酸盐水泥熟料和火山灰质混合材料、适量石膏磨细制成的水硬性胶凝材料称为火山灰质硅酸盐水泥（简称火山灰水泥）。水泥中火山灰质混合材料掺加量按重量百分比计为20%~50%。

凡由硅酸盐水泥熟料和粉煤灰、适量石膏磨细制成的水硬性胶凝材料称为粉煤灰硅酸盐水泥（简称粉煤灰水泥）。水泥中粉煤灰掺加量按重量百分比计为20%~40%。

(3) 白色硅酸盐水泥

凡以适当成分的生料，烧至部分熔融，所得以硅酸钙为主要成分及含铁质的熟料，加入适量的石膏，磨成细粉，制成的白色水硬性胶结材料，称为白色硅酸盐水泥，简称白水泥。

(4) 彩色硅酸盐水泥

凡以白色硅酸盐水泥熟料和优质白色石膏在粉磨过程中掺入颜料、外加剂（防水剂、保水剂、增塑剂、促硬剂等）共同粉磨而成的一种水硬性彩色胶结材料，称为彩色硅酸盐水泥，简称彩色水泥。

抹灰常用的水泥应不小于32.5级的普通硅酸盐水泥（简称普通水泥）、矿渣硅酸盐水泥（简称矿渣水泥）以及白水泥、彩色硅酸盐水泥（简称彩色水泥）。白水泥和彩色水泥主要用于制作各种颜色的水磨石、水刷石、斩假石以及花饰等。

2. 水泥贮存保管

(1) 水泥可以袋装或散装。袋装水泥每袋净重50kg，且不得少于标志重量的98%。

(2) 水泥在运输与贮存时不得受潮和混入杂物，不同品种和强度等级的水泥应分别贮存，不得混杂。

(3) 水泥进场必须有出厂合格证或进场试验报告，并应对其品种、强度等级、包装或散装仓号、出厂日期等检查验收。

(4) 当对水泥质量有怀疑或水泥出厂超过三个月,应复查试验,并按试验结果使用,不得擅自降低强度等级使用。

3.1.2 石灰、石膏、粉煤灰

1. 石灰

(1) 建筑生石灰

建筑生石灰是以碳酸钙为主要成分的原料(如石灰岩、白云岩等),在低于烧结温度下煅烧而成的。

建筑生石灰按其化学成分分为钙质生石灰(氧化镁含量小于或等于5%)、镁质生石灰(氧化镁含量大于5%)。

建筑生石灰应分类、分等,贮存在干燥的仓库内,不宜长期贮存。

(2) 建筑生石灰粉

建筑生石灰粉是以建筑生石灰为原料,经研磨制成的。

建筑生石灰粉按其化学成分分为钙质生石灰粉(氧化镁含量小于或等于5%)、镁质生石灰粉(氧化镁含量大于5%)。

用磨细生石灰粉代替石灰膏浆,可节约石灰20%～30%,并具有适于冬季施工的优点。由于磨细生石灰粉颗粒很细(通过4900孔/cm^2筛),所以用它粉饰不易出现膨胀、脱皮等现象。罩面用的磨细石生灰粉的熟化期不应少于3d。

建筑生石灰粉为袋装,每袋净重分40kg、50kg两种,每袋重量偏差值不大于1kg。

建筑生石灰粉应分类、分等,贮存在干燥的仓库内,不宜长期贮存。

(3) 石灰膏

块状生石灰经熟化成石灰膏后使用。熟化时宜用不大于

3mm筛孔的筛子过滤,并贮存在沉淀池中,熟化时间一般不少于15d,用于罩面时,不应少于30d。石灰膏应细腻洁白,不得含有未熟化颗粒,已冻结风化的石灰膏不得使用。

每立方米石灰膏用灰量见表3-1。

每立方米石灰膏用灰量表　　　　表3-1

块:末	10:0	9:1	8:2	7:3	6:4	5:5	4:6	3:7	2:8	1:9	0:10
用灰量（kg）	554.6	572.4	589.9	608.0	625.8	643.6	661.4	679.2	697.1	714.9	732.7
系数	0.88	0.91	0.94	0.97	1.00	1.02	1.05	1.08	1.11	1.14	1.17

2. 建筑石膏

建筑石膏是由天然二水石膏经150~170℃温度下煅烧分解而成的半水石膏,亦称熟石膏。建筑石膏色白,相对密度为2.60~2.75,疏松体积质量为800~1000kg/m³。

建筑用石膏应磨成细粉无杂质,宜用乙级建筑石膏,细度通过0.15mm筛孔,筛余量不大于10%。

抹灰用石膏,一般用于高级抹灰或抹灰龟裂的补平。

施工中如需要石膏加速凝结,可加入食盐或掺入少量未经煅烧的石膏;如需缓凝,可掺入石灰浆,必要时也可掺入水重量0.1%~0.2%的明胶或骨胶。

建筑石膏的初凝时间应不小于6min;终凝时间应不大于30min。

建筑石膏一段采用袋装。

建筑石膏应按不同等级分别贮存,不得混杂,贮存时不得受潮和混入杂物。

建筑石膏自生产之日算起,贮存期为三个月。三个月后应重新进行质量检验,以确定其等级。

3．粉刷石膏

是以建筑石膏粉为基料，加入多种添加剂和填充料等配制而成的一种白色粉料，是一种新型装饰材料，其质量应符合现行标准《粉刷石膏》JC/T 517 规定。

（1）分类

粉刷石膏 3 大类 9 个品种的性能见表 3-2。

粉刷石膏分类及性能　　　　表 3-2

分类		用途	强度（MPa）			初凝时间（min）	保水率（%）		热导率 [W/(m²·K)]
			$R_压$	$R_折$	$R_粘$		10min	60min	
Ⅰ	半水石膏型	面层	3.0	1.5	—	90	>85	>70	0.1052
		底层	2.8	1.5	—	90	>80	>70	
		保温层	2.5	1.2	—	60	>80	>70	
Ⅱ	无水石膏型	面层	14	6.4	0.5	120	>80	>65	0.1137
		底层	6.1	3.2	0.3	140	>80	>65	
		保温层	3.0	1.5	0.2	120	>80	>65	
Ⅲ	半水、无水石膏混合型	面层	5.9	1.7	0.3	90	>80	>65	0.1087
		底层	2.8	1.5	0.2	100	>80	>65	
		保温层	2.5	1.2	—	60	>80	>65	

注：底层均以石膏∶砂 = 1∶2 混合料为准。

（2）几种粉刷石膏的不同用途

1）面层粉刷石膏（代号 M）：用于室内墙体和顶棚的抹灰，代替传统的抹灰及罩面。

2）基底粉刷石膏（代号 D）：用于室内各种墙体找平抹灰，可用在砖、加气混凝土、钢筋混凝土等各种基底上。如果墙面很平整，可省去基底粉刷石膏，是最为理想的方案。

3）保温粉刷石膏（代号 W）：用于外墙的内保温，在

37cm 砖墙上抹厚 3cm 保温粉刷石膏，可达到 49cm 砖墙的保温效果，即热导率为 0.11W/（m²·K），热阻值 $R = 0.632 m^2 \cdot K/W$。

（3）技术要求

1）细度：粉刷石膏的细度以 2.5mm 和 0.2mm 筛的筛余百分数计，其值应不大于下述规定：

2.5mm 方孔筛筛余面层粉刷石膏为 0。

0.2mm 方孔筛筛余为 40。

2）粉刷石膏的强度不能小于表 3-3 规定的值。

粉刷石膏的强度 表 3-3

产品类别	面层粉刷石膏			底层粉刷石膏			保温层粉刷石膏		备注
等级	优等品	一等品	合格品	优等品	一等品	合格品	优等品	一等品、合格品	保温层粉刷石膏的体积质量应不大于 600kg/m³
抗折强度 (MPa)	3.0	2.0	1.0	2.5	1.5	0.8	1.5	0.6	
抗压强度 (MPa)	5.0	3.5	2.5	4.0	3.0	2.0	2.5	10	

（4）运输、贮存

1）粉刷石膏在运输与贮存时不得受潮和混入杂物，不同型号和等级的粉刷石膏应分别贮运，不得混杂。

2）粉刷石膏自生产之日算起，贮存期为三个月。三个月后应重新进行质量检验，以确定其等级。

4．粉煤灰

作抹灰掺合料，可节约水泥，提高和易性。要求烧失量不大于 8%，吸水量比不大于 105%，过 0.15mm 筛，筛余不大于 8%。

3.2 骨料

3.2.1 砂

1. 天然砂

由自然条件作用而形成的，粒径在5mm以下的岩石颗粒，称为天然砂。

天然砂按其产源可分为河砂、海砂和山砂。

天然砂按其细度模数或平均粒径分为粗砂、中砂和细砂，见表3-4。

天然砂分类　　　　　　　　表3-4

粗 细 程 度	细 度 模 数	平均粒径（mm）
粗 砂	3.7～3.1	0.5～5
中 砂	3.0～2.3	0.35～0.5
细 砂	2.2～1.6	0.25～0.35

天然砂的含泥量（砂中所含粒径小于0.08mm的尘屑、淤泥和黏土的总量）应不大于3%。

2. 石英砂

石英砂有天然石英砂、人造石英砂和机制石英砂三种。石英砂按其二氧化硅含量多少分为4类，见表3-5。

石英砂按其颗粒大小分为粗砂、中砂、细砂。

石英砂的分类　　　　　　　　表3-5

代号	二氧化硅含量（%）	黏土含量（%）	杂质含量（%）
1S	≥97	≤2	约1
2S	≥96	≤2	约2
3S	≥94	≤2	约4
4S	≥90	≤2	约8

石英砂主要用于配制耐腐蚀砂浆。

3.2.2 石

1. 彩色石粒

彩色石粒是由天然大理石破碎而成,具有多种色泽,多用作水磨石、水刷石及斩假石的骨料,其品种规格见表3-6。

彩色石粒的规格、品种及质量要求　　表 3-6

规格与粒径的关系		常 用 品 种	质量要求
规格俗称	粒径（mm）		
大二分	≈20	东北红、东北绿、丹东绿、盖平红、粉黄绿、玉泉灰、旺青、晚霞、白云石、云彩绿、红王花、奶油白、竹根霞、苏州黑、黄花玉、南京红、雪浪、松香石、墨玉等	颗粒坚韧、有棱角、洁净,不得含有风化的石粒、粘土、碱质及其他有机物等有害杂质 使用时应冲洗干净
一分半	≈15		
大八厘	≈8		
中八厘	≈6		
小八厘	≈4		
米粒石	0.3~1.2		

2. 砾石

砾石又称卵石,是由岩石在自然条件作用而形成的,粒径大于5mm。

砾石的含泥量（石中所含粒径小于0.08mm的尘屑、淤泥和粘土的总量）应不大于2%。

抹灰工程中所用砾石的粒径为5~10mm,主要用于水刷石面层及楼地面细石混凝土面层等。

3. 石粉

石粉有石英石粉、滑石粉、白云石粉、方解石、重晶石粉等。

石英石粉主要成分是二氧化硅,其规格有70~140目、100~200目、200~300目等。

滑石粉主要成分是二氧化硅和氧化镁，其规格有100目、150目、200目、325目等。

4. 石屑

石屑是粒径比石粒更小的细骨料。主要用来配制外墙喷涂饰面用聚合物砂浆。常用的有松香石屑、白云石屑等。

3.2.3 其他骨料

1. 膨胀珍珠岩

膨胀珍珠岩是珍珠岩矿石经过破碎、筛分、预热，在高温（1260℃左右）中悬浮瞬间焙烧，体积骤然膨胀而形成的一种白色或灰白色的中性无机砂状材料。颗粒结构呈蜂窝泡沫状，质量特轻，风吹可扬，有保温、吸音、无毒、不燃、无臭等特性。

膨胀珍珠岩在抹灰饰面中主要配制膨胀珍珠岩砂浆，用于混凝土墙板表面和混凝土顶棚抹灰，不仅易涂性好，便于操作，而且吸湿性小，保暖和隔音。

膨胀珍珠岩有多种粗细粒径级配，其密度由 $40kg/m^3$ ~ $300kg/m^3$ 不等。抹灰用膨胀珍珠岩，宜采用中级粗细粒径混合级配，容重为 $80 \sim 150kg/m^3$。

膨胀珍珠岩按容重分为三类，其技术指标应符合表3-7的规定。

膨胀珍珠岩分类　　　　表3-7

指标名称	单位	产品分类		
		Ⅰ	Ⅱ	Ⅲ
密度	kg/m^2	小于80	80~150	150~250
粒度	重量百分比	粒径大于2.5mm的不超过5%；粒径小于0.15mm的不大于8%	粒径小于0.15mm的不大于8%	粒径小于0.15mm的不大于8%

续表

指标名称	单位	产品分类		
		Ⅰ	Ⅱ	Ⅲ
常压热导率	W/(m·k)($t=25℃$)	小于0.0523	0.0523~0.064	0.064~0.076
含水率	重量百分比	小于2%	小于2%	小于2%

2．膨胀蛭石

蛭石是一种复杂的铁、镁含水硅酸铝酸盐类矿物，是水铝云母类矿物中的一种矿石。

膨胀蛭石由蛭石经过晾干、破碎、筛选、煅烧、膨胀而成。蛭石在850~1000℃温度下煅烧时，其颗粒单片体积能膨胀20倍以上，许多颗粒的总体积膨胀约为5~7倍。膨胀后的蛭石，形成许多薄片组成的层状碎片（也可叫做颗粒），在碎片内部具有无数细小的薄层空隙，其中充满空气，因此容重极轻，导热系数很小，且耐水防腐，是一种很好的无机保温隔热、吸声材料。

膨胀蛭石通常用来配制膨胀蛭石砂浆，用作一般建筑内墙、顶棚等部位抹灰饰面。

在抹灰工程中主要用于配制保温砂浆（水泥蛭石浆）。膨胀蛭石按其颗粒粒径及容重分为五级，其技术性能见表3-8。

膨胀蛭石分级　　　　表3-8

级别	粒径（mm）	密度（kg/m³）
1	12~25	80~90
2	7~12	100~140
3	3.5~7	140~170
4	1~3.5	170~200
5	<1	200~280

3.3 化工材料

3.3.1 颜料

为了增加房屋建筑物装饰抹灰的美观，通常在装饰砂浆中掺配颜料。为保证装饰抹灰的光泽耐久，掺入装饰砂浆中的颜料，必须用耐碱、耐光的矿物颜料及无机颜料。装饰砂浆常用颜料见表3-9。

装饰砂浆常用颜料的名称及说明　　　　表 3-9

色系	颜色说明	说　　　明	备　注
白色素	钛白粉 学名：二氧化钛	钛白粉的遮盖力及着色率都很强。折射率很高。纯净的钛白粉无毒，能溶于硫酸、不溶于水，也不溶于稀酸，是一种惰性物质。商品有两种：一种是金红石型二氧化钛，密度为 4.26kg/cm³，耐光性非常强，适用于外抹灰；一种是锐钛矿型二氧化钛，密度为 3.84kg/cm³，耐光性较差，适用于室内抹灰	
	立德粉 学名：锌钡白	立德粉是硫化锌和硫酸钡的混合白色颜料。硫化锌含量越高，遮盖力越强，质量越高。一般商品含硫化锌 29.4%，密度为 4.136~4.34kg/cm³。遮盖力比锌白强，但次于钛白粉。能耐热，不溶于水。与硫化氢和碱溶液不起作用。遇酸溶液分解而产生硫化氢气体。经日光长久曝晒能变色，故不宜用于外饰面	

续表

色系	颜色说明	说 明	备 注
白色素	锌氧粉 俗称：锌白 学名：氧化锌	是一种色白六角晶体无臭极细粉末。密度为 5.61kg/cm³，是一种两性氧化物。溶于酸、氢氧化钠和氯化铵溶液，不溶于水或乙醇。高温下或储存日久时色即变黄，因此不宜用于外饰面	
	滑石粉	为白色、淡灰白色或淡黄色、有滑腻感的极软粉料。化学性质不活泼。由于多数产品为淡灰白色，故不宜用于白色抹灰彩度要求较高的抹灰之中	建筑用滑石粉的细度为 140～325 目，白度为 90%
	铅白 俗称：白铅粉 学名：碱式碳酸铅	为白色粉末，有毒，密度 6.14kg/cm³。不溶于水和乙醇，有良好的耐气候性。但与含有少量硫化氢的空气接触，即逐渐变黑	不得用于有硫化氢气之处的内外抹灰中
	锑白 俗称：锑华 学名：三氧化二锑	又称"亚锑酐"。为白色无臭结晶粉末。密度为 5.67kg/cm³。加热变黄，冷后又变白色。不溶于水、乙醇，溶于浓盐酸、浓硫酸、浓碱、草酸等，是一种两性氧化物。天然产物为锑华	
	大白粉 又名：白垩	由方解石质点与有孔虫、软骨动物和球菌类的方解石质碎屑组成的沉积岩。色白或灰白。松软易粉碎。有不同的成分和性质。粉碎过筛加工后即为大白粉	各地大白粉的白度不同，且遇二氧化硫白色即褪，故适用于内抹灰

续表

色系	颜色说明	说　　明	备　注
白色素	老粉 又名：方解石粉	由方解石及其它方解石含量高的石灰岩石粉碎加工而成，一般规格为320目，含碳酸钙98%以上。如无老粉，亦可用三飞粉或双飞粉代替。老粉只宜作内抹灰	方解石遇二氧化硫及水分即生成硫酸与石膏。石膏浮于抹灰表面，逐渐被雨水冲掉，因此白色逐渐变色。由于城市空气中常含二氧化硫，故外抹灰不宜使用
	银粉子	是北京地区土产。呈微云母颗粒闪光，白色，与大白粉同	
黄色系	氧化铁黄 俗称：铁黄、茄门黄 学名：含水三氧化二铁	为黄色粉末。遮盖力比任何其他黄色颜料都高。着色力几乎与铅铬黄相等。耐光性、耐大气影响、耐污浊气体以及耐碱性等都非常强。产品密度为 $4kg/cm^3$，吸油量在35%以下，遮盖力不大于 $15N/m^2$，颗粒细度 $1\sim8\mu m$，耐光性为 $7\sim8$ 级	氧化铁黄是抹灰中既好又最经济的黄色颜料之一。尤其在外饰面中，应尽量采用该颜料

续表

色系	颜色说明	说　　明	备　注
黄色系	铬黄 俗称：铅铬黄、黄粉、巴黎黄、可龙黄、不褪黄、来比锡黄、柠檬黄 学名：铬酸铅	铬黄系含有铬酸铅的黄色颜料。着色力高，遮盖力强。不溶于水和油，遮盖力和耐光性随着柠檬色到红色相继增加。其铬酸铅含量（≥%）及遮盖力（N/m²）分别为：柠檬黄 5.5，8.0～9.0；浅铬黄 6.5，6.0～7.0；中铬黄 9.0，6.0；深铬黄 9.0，5.5；桔铬黄 9.0，5.0	铬黄色较氧化铁黄鲜艳，深浅均有。但不耐强碱，可用于内外抹灰
红色系	氧化铁红 俗称：铁红、铁丹、铁朱、锈红、西红、西粉红、印度红、红土、土红 学名：三氧化二铁	有天然的和人造的两种。遮盖力和着色力都很大。密度为 5～5.25kg/cm³。有优越的耐光、耐高温、耐大气影响、耐污浊气体及耐碱性能，并能抵抗紫外线的侵蚀。粉粒粒径为 0.5～2μm。耐光性为 7～8 级	氧化铁红是饰面中较好及最经济的红色颜料之一。尤其在外饰面中，应尽量采用
蓝色系	群青 俗称：云青、佛青、石头青、深蓝系、洋蓝、优蓝	为一种半透明鲜艳的蓝色颜料。颗粒平均约为 0.5～3μm，密度约 2.1～2.35kg/cm³。不畏日光、风雨。能耐高热及碱，但不耐酸。耐光性很强	本颜料耐光、耐碱较强，故适用于外抹灰
	钴蓝 学名：铝酸钴	为一种带绿光的蓝色颜料。主要是铝酸钴。耐热、耐光、耐碱、耐酸性能均好。系由氧化钴、磷酸钴等与氢氧化铝或氧化铝混合焙烧加工而成	本颜料耐光、耐碱较强，故适用于外抹灰

续表

色系	颜色说明	说　　明	备　注
绿色系	铬绿	是铅铬黄和普鲁士蓝的混合物。颜色变动相当大，决定于两种组份的比例。有些品种还含有一定填充料。遮盖力强，耐气候性、耐光性、耐热性均好，但不耐酸碱	铬绿不耐碱，因此最好不要用于以水泥及石灰为胶结材料的抹灰中
绿色系	群青及氧化铁黄配用	分别详见上述"群青"及"氧化铁黄"栏	由于群青及氧化铁黄均能耐碱，故在绿色抹灰中多用此两种颜料配用
棕色系	氧化铁棕 俗称：铁棕	系以氧化铁红和氧化铁黑的机械混合物。有的产品还掺有少量氧化铁黄。这些组分具有大致相同的分散度，可以混和得非常均匀。该颜料为棕色粉末，不溶于水、醇及醚，仅溶于热强酸中。三氧化二铁含量约在85%以上	
紫色系	氧化铁紫 俗称：铁紫	系以氧化铁黑经高温煅烧而得的一种紫红色粉末颜料。不溶于水、醇及醚，仅溶于热强酸中。三氧化二铁含量 > 96%	

续表

色系	颜色说明	说 明	备 注
黑色素	氧化铁黑 俗称：铁黑 学名：四氧化三铁	系氧化亚铁及三氧化二铁加工而得的黑色粉末颜料。遮盖力非常高，着色力很大，但不及炭黑。对阳光和大气的作用都很稳定。耐一切碱类，但能溶于酸，并具有强烈的磁性	氧化铁黑为抹灰中既好又经济的黑色颜料之一，尤其在外抹灰中应尽量采用该颜料
	炭黑 俗称：墨灰、乌烟	系由有机物质经不完全燃烧或经热分解而成的不纯产品。为轻松而轻细的无定形炭黑色粉末。密度为 $1.8\sim2.1kg/cm^3$。不溶于水及各种溶剂。根据制造方法不同，分为用槽式法制成的槽黑（俗称硬质炭黑）及用炉式法制成的炉黑（俗称软质炭黑）两种。抹灰中常用者为炉黑一类	价格与铁黑基本相同，也是抹灰中较好、较经济的黑色颜料之一。惟比重稍轻，不易操作
	锰黑 俗称：二氧化锰	锰黑系黑色或黑棕色晶体或无定形粉末。密度为 $5.026kg/cm^3$。不溶于水和硝酸。遮盖力颇强	
	松烟	松烟系用松材、松根。松枝等在室内进行不完全燃烧而熏得的黑色烟炭，遮盖力及着色力均好	

续表

色系	颜色说明	说 明	备 注
金属颜料系	金粉 俗称：黄铜粉 又名：铜粉	金粉为铜和锌合金的细粉，按铜和锌的不同比例，而制出青金色、黄金色、红金色等各种不同色调的颜料。颜色美丽鲜艳，与一般颜料不同。颗粒为平滑的鳞片状。遮盖力非常高，反光性很强。可见光线及紫外线、红外线均不能透过。质量愈高，漂浮能力也愈大。为了使金粉能不受氧化、硫化和水汽浸蚀，保持一定时期的鲜艳光泽，所以一般在金粉涂层以上，另加清漆或其他油漆覆盖。金粉规格以细度表示。一般为 170～400 目，有的产品达到 1000 目以上	代替"贴金"或作装饰涂料（涂金）用

3.3.2 添加剂

1. 聚醋酸乙烯乳液

聚醋酸乙烯乳液俗称白乳胶，是由 44% 的醋酸乙烯和 4% 的乙烯醇（分散剂），以及增韧剂、消泡剂、乳化剂等聚合而成，为乳白色稠厚液体，其含固量为 $50±2\%$，pH 值为 4～6。可用水对稀，但稀释不宜超过 100%，不能用 10℃ 以下的水对稀。乳液有效期为 3～6 个月。

2. 二元乳液

白色水溶液胶粘剂，性能和耐久性较好，用于高级装饰工程。

3. 木质素磺酸钙

木质素磺酸钙为棕色粉末，是造纸工业的副产品。它是混凝土常用的减水剂之一，在抹灰工程中掺入聚合物水泥砂浆中可减少用水量10%左右，并起到分散剂作用。木质素磺酸钙能使水泥水化时产生的氢氧化钙均匀分散，并有减轻氢氧化钙析出表面的趋势，在常温下施工时能有效地克服面层颜色不匀的现象。掺量为水泥用量的0.3%左右。

4. 邦家108胶

是一种新型胶粘剂，属于不含甲醛的乳液，其作用如下：

(1) 提高面层的强度，不致粉酥掉面；

(2) 增加涂层的柔韧性，减少开裂的倾向；

(3) 加强涂层与基层之间的粘结性能，不易爆皮剥落。

5. HB型高效砂浆增稠粉

为浅灰色粉体，中性偏碱，pH值8~10。使用它能全部取代混合砂浆中的石灰膏，改善和提高砂浆的和易性，提高砂浆保水性，使砂浆不泌水、不分层、不沉淀。

本产品（南宁盈溢环保建材科技有限公司生产）为解决砂浆稠度的一种掺合料，其参考掺量（按用砂分类）为：粗砂 $0.3 \sim 0.4 kg/m^3$、中砂 $0.4 \sim 0.5 kg/m^3$、细砂 $0.5 \sim 0.6 kg/m$、特细砂 $0.6 \sim 0.8 kg/m^3$。

3.3.3 草酸（乙二酸）

草酸为无色透明晶体。有块状或粉末状。通常成二水物，比重1.653，熔点101~120℃。无水物体积密度1.9，熔点189.5℃（分解），在约157℃时升华。溶于水、乙醇和乙醚。在100g水中的溶解度为：水温20℃时，能溶解10g；水温为100℃时，能溶解120g。草酸是有毒化工原料，不能接触食物，对皮肤有一定腐蚀性，应注意保管。

草酸在抹灰工程中，主要用于水磨石地面的酸洗。

3.4 其他材料

主要有麻刀、纸筋、稻草、玻璃丝等，用在抹灰层中起拉结和骨架作用，提高抹灰层的抗拉强度，增加抹灰层的弹性和耐久性，使抹灰层不易裂缝脱落。

1. 麻刀

以均匀、坚韧、干燥不含杂质为宜，使用时将麻丝剪成2～3cm长，随用随敲打松散，每100kg石灰膏约掺1kg，即成麻刀灰。

2. 纸筋（草纸）

在淋石灰时，先将纸筋撕碎，除去尘土，用清水浸透，然后按100kg石灰膏掺纸筋2.75kg的比例掺入淋灰池。使用时需用小钢磨搅拌打细，并用3mm孔径筛过滤成纸筋灰。

3. 稻草

切成不长于3cm并经石灰水浸泡15d后使用较好。也可用石灰（或火碱）浸泡软化后轧磨成纤维质当纸筋使用。

4. 玻璃纤维

将玻璃丝切成1cm长左右，每100kg石灰膏掺入200～300g，搅拌均匀成玻璃丝灰。玻璃丝耐热、耐腐蚀，抹出墙面洁白光滑，而且价格便宜，但操作时需防止玻璃丝刺激皮肤，应注意劳动保护。

4 常用机具

4.1 手工工具

1. 抹子

常用抹子见表4-1。

常用抹子参考表　　　　表4-1

序号	名称	构造	用途	示意图
1	铁抹子	方头或圆头两种	抹底层灰或水刷石、水磨石面层	
2	钢皮抹子	外形与铁抹子相似，但比较薄，弹性大	用于抹水泥砂浆面层等	
3	压子		水泥砂浆面层压光和纸筋石灰、麻刀石灰罩面等	
4	铁皮	用弹性好的钢皮制成	小面积或铁抹子伸不进去的地方抹灰或修理，以及门窗框嵌缝等	
5	塑料抹子	用聚乙烯硬质塑料制成，有方头和圆头	纸筋石灰、麻刀石灰面层压光	

续表

序号	名称	构造	用途	示意图
6	木抹子（木蟹）	方头和圆头两种	砂浆的搓平和压实	
7	阴角抹子（阴角抽角器、阴角铁板）	尖角或小圆角两种	阴角抹灰压实压光	
8	圆阴角抹子（明沟铁板）		水池等阴角抹灰及明沟压光	
9	塑料阴角抹子	用聚乙烯硬质塑料制成	纸筋石灰、麻刀石灰面层阴角压光	
10	阴角抹子（阳角抽角器、阳角铁板）	有尖角和小圆角两种	阳角抹灰压光、做护角线等	
11	圆阳角抹子		防滑条捋光压实	
12	捋角器		捋水泥抱角的素水泥浆，做护角等	
13	小压子（抿子）		细部抹灰压光	
14	大、小鸭嘴		细部抹灰修理及局部处理等	

2. 木制手工工具

见表 4-2。

常用木制手工工具参考表　　　表 4-2

序号	名称	规格	构造	用途	示意图
1	托灰板			抹灰操作时承托砂浆	
2	木杠（大杠）	250～350 200～250 150 左右 （cm）	长杠 中杠 短杠	刮平地面和墙面的抹灰层	
3	软刮尺	80～100 （cm）		抹灰层找平	
4	八字靠尺（引条）	长度按需截取		做棱角的依据	
5	靠尺板	厚板 3～3.5（m）	厚板和薄板两种	抹灰线、做棱角	
6	钢筋卡子	直径 8mm		卡紧靠尺板和八字靠尺用	
7	方尺（兜尺）			测量阴阳角方正	
8	托线板（吊担尺、担子板）	长 1.2m	配以小线铜线锤	靠尺垂直	

续表

序号	名称	规格	构造	用途	示意图
9	分格条（米厘条）		断面及尺寸视需要而定	墙面分格及做滴水槽	
10	量尺		木制折尺和钢卷尺	丈量尺寸	
11	木水平尺			用于找平	
12	阴角器			墙面抹灰阴角刮平找直用	

3. 刷子和盛水工具

见表 4-3。

刷子和盛水工具　　　　表 4-3

序号	名称	构造	用途	示意图
1	长毛刷（软毛刷子）		室内外抹灰、洒水用	
2	猪鬃刷		刷洗水刷石、拉毛灰	
3	鸡腿刷		用于长毛刷刷不到的地方，如阴角等	
4	钢丝刷		用于清刷基层	

续表

序号	名称	构造	用途	示意图
5	茅草帚	茅草扎成	用于木抹子搓平时洒水	
6	小水桶	铁皮制或油漆空桶代用	作业场地盛水用	
7	喷壶	塑料或白铁皮制	洒水用	
8	水壶	塑料或白铁皮制	浇水用	

4. 砂浆拌制、运输、存放工具

见表 4-4。

砂浆拌制、运输、存放工具　　　表 4-4

序号	名称	规格	构造	用途	示意图
1	铁锹（铁锨）		分尖头和平头两种		
2	灰镐			手工拌和砂浆用	

续表

序号	名称	规格	构造	用途	示意图
3	灰耙（拉耙）		有三齿和四齿	手工拌和砂浆用	
4	灰叉			手工拌和砂浆及装砂浆用	
5	筛子	筛孔10、8、5、3、1.5、1（mm）		筛分砂子用	
6	灰勺		长把和短把两种	舀砂浆用	
7	灰槽		铁制和木制两种	储存砂浆	
8	磅秤	1000kg级		称量砂子、石灰膏	
9	运砂浆小车		铁制胶轮	运砂浆用	
10	运砂手推车		铁制胶轮	运砂等材料用	

续表

序号	名称	规格	构造	用途	示意图
11	料斗	0.3~0.5m³	铁制	起重机运输抹灰砂浆时的转运工具	

5. 其他手工工具

见表 4-5。

抹 灰 工 具　　　　表 4-5

序号	名称	构造	用途	示意图
1	粉线包		弹水平线和分格线	
2	墨斗		弹线用	
3	分格器（劈缝溜子或抽筋铁板）		抹灰面层分格	
4	滚子（滚筒）	$\phi 200$~300 钢管、内灌混凝土	地面压实	
5	錾子、手锤		清理基层，剔凿孔眼用	
6	溜子	按缝宽用不同直径钢筋砸扁制成	用于抹灰分格缝	

4.2 施工机具

4.2.1 拌制机具

拌制机具主要包括砂浆搅拌机、纤维-白灰混合磨碎机、粉碎淋灰机等。

1. 砂浆搅拌机

砂浆搅拌机的主要技术性能，见表 4-6。

砂浆搅拌机的技术性能　　表 4-6

技 术 规 格		固定式 C-076-1 型	类 型		
			HJ_1-200	HJ_1-200B	HJ_1-325
工作容量（L）		200	200	200	325
拌叶转数（r/min）		25~30	25~30	34	32
搅拌时间（min/次）		1.5~2	1.5~2	2	1.5~2.5
电动机	功率（kW）	2.8/3	3	2.8	8/2.8
	转速（r/min）	1450	1430	1440	1430/1450
外形尺寸（长×宽×高）（mm）		2280×1095(1100)×1000(1170)	2280×1100×1170	1620×850×1050	2700×1700×1350
重量（kg）		600	600	560	760
生产率（m^3/h）		3	3	3	6

2. 纤维-白灰混合磨碎机

由搅拌筒和小钢磨两部分组成，前者起粗拌作用，后者起细磨作用（图 4-1），台班产量为 $6m^3$。

3. 粉碎淋灰机

是淋制抹灰、粉刷及砌筑砂浆用的石灰膏的机具（图 4-2），其技术性能见表 4-7。

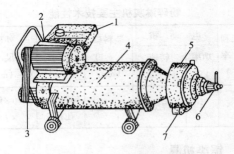

图 4-1 纤维-白灰混合磨碎机

1—进料口；2—电动机；3—V 带；4—搅拌筒；
5—小钢磨；6—调节螺栓；7—出料口

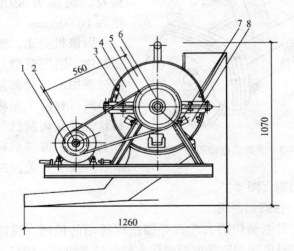

图 4-2 FL-16 粉碎淋灰机示意图

1—小皮带轮；2—钩头楔键；3—胶垫；4—筒体上部；
5—大皮带轮；6—挡圈；7—支承板；8—筒体下部

粉碎淋灰机主要技术性能　　　表 4-7

产量 (t/班)	石灰利用率 (%)	电动机 功率 kW	电动机 转速 (r/min)	装料口尺寸 (mm)	筛板尺寸 (mm)	外形尺寸 (m)	自重 (kg)
16	>95	4	720	380×280	405×405 孔径5	1.26×0.613×1.07	310

4.2.2 锯类机具

1. 手提式电动石材切割机

用于安装地面、墙面石材时切割花岗岩等石料板材。功率为 850W，转速为 11000r/min。

因该机分干、湿两种切割片，因用湿型刀片切割时需用水作冷却液，故在切割石材前，先将小塑料软管接在切割机的给水口上，双手握住机柄，通水后再按下开关，并匀速推进切割（图 4-3）。

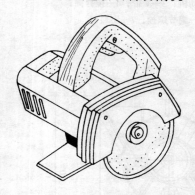

图 4-3　手提式电动石材切割机

2. 台式切割机

它是电动切割大理石等饰面板所用的机械，见图 4-4。采用此机电动切割饰面板操作方便，速度快捷，但移动不方便。

3. 瓷片切割机

瓷片切割机用于瓷片切割、瓷板嵌件及小型水磨石、大

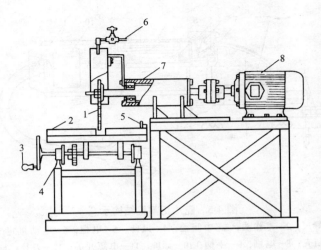

图 4-4 台式切割机
1—锯片；2—可移动台板；3—摇手柄；4—导轨；
5—靠尺；6—进水阀；7—轴承；8—电动机

理石、玻璃等预制嵌件的装修切割。换上砂轮，还可进行小型型材的切割，广泛用于建筑装饰工程。见图 4-5。

操作要求如下：

（1）使用前，应先空转片刻，检查有无异常振动、气味和响声，确认正常后方可作业，否则停机检查。

（2）使用过程要防止杂物、泥尘混入电动机；并随时注意机壳温度和碳刷火花等情况。

（3）切割过程用力要均匀适当，推进刀片时不可施力过猛。如发生刀片卡死时，应立即停机，慢慢退出刀片，重新对正后再切割。

（4）停机时，必须等刀片停止旋转后方可放下；严禁未切断电源时将机器放在地上。

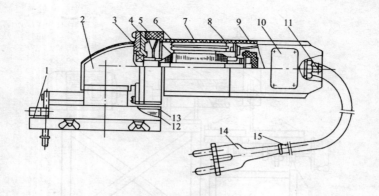

图 4-5 瓷片切割机结构示意

1—导尺；2—工作头；3—中间盖；4—风叶；5—电枢；6—电动机定子；7—机壳；8—电刷；9—手柄；10—标牌；11—电源开关；12—刀片；13—护罩；14—插头；15—电缆线

（5）每使用二、三个月之后，应清洗一次机体内部，更换轴承内润滑脂。

4．手动式墙地砖切割机

手动式墙地砖切割机（图 4-6）是电动工具类的补充工具，适用于薄形瓷砖的切割。使用要点如下：

（1）将标尺蝶形螺母拧松，移动可调标尺，让箭头所指标尺的刻度与被切落材料尺度一样，再拧紧此螺母。也可以不用可调标尺，直接由标尺上量出要切落材的尺寸。注意被切落的尺寸，不宜小于 15mm，否则压脚压开困难（图 4-7 和图 4-8）。

（2）将被切材料正反面部都擦净，一般情况是正面朝上，平放在底板上，让材料的一边靠紧标尺的靠山。左边顶紧塑料凸台的边缘，还要用左手按住材料。在操作时底板左

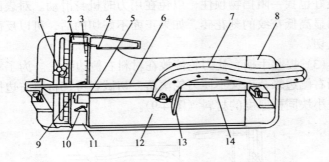

图 4-6　手动式墙地砖切割机

1—标尺蝶形调节螺母；2—可调标尺；3—凸台固定标尺；4—标尺靠山；5—塑料凹坑；6—导轨；7—手柄；8—底板；9—箭头；10—档块；11—塑料凸台；12—橡胶板；13—手柄压脚；14—铁衬条

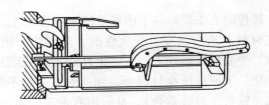

图 4-7　操作使用之一

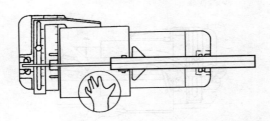

图 4-8　操作使用之二

141

端最好也找一阻挡物顶住,以免在用力时机身滑动。对表面有明显高低花纹的刻花砖,如果正面不好切的话,可以反面朝上切。

(3)提起手柄,让刀轮停放在材料右侧边缘上。为了不漏划右侧边缘,而又不使刀轮滚落,初试者可在材料右边拼放一小块同样厚度的材料(图4-9)。

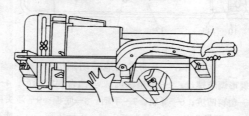

图4-9 操作使用之三

(4)操作时右手要略向下压着平稳地向前推进。一定要让刀轮在材料上从右到左、一次性的、全部滚压出一条完整、连续、平直的压痕线来。然后让刀轮悬空,而让两压脚既紧靠挡块,又原地压在材料上(到此时左手仍不能松动,使压痕线与铁衬条继续重合)。最后用右手四指勾住导轨下沿缓缓握紧,直到压脚把材料压断(图4-10)。

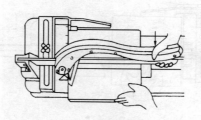

图4-10 操作使用之四

4.2.3 钻类和磨类机具

1. 手电钻。

用于在金属、塑料、木板、砖墙等各种材料上钻孔、扩孔,如果配上不同的钻头可完成打磨、抛光、拆装螺钉螺母等。见图 4-11。

钻头夹装在钻头或圆锥套筒内,13mm 以下的采用钻头夹,13mm 以上的采用莫氏锥套筒。为适应不同钻削特性,有单速、双速、四速和无级调速电钻。

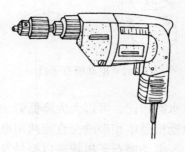

图 4-11 手电钻

电钻的规格以钻孔直径表示,见表 4-8。

交直流两用电钻规格　　　　　表 4-8

电钻规格[①] (mm)	额定转速 (r/min)	额定转矩 (N·m)	电钻规格[①] (mm)	额定转速 (r/min)	额定转矩 (N·m)
4	≥2200	0.4	16	≥400	7.5
6	≥1200	0.9	19	≥330	3.0
10	≥700	2.5	23	≥250	7.0
13	≥500	4.5			

注:①钻削 45 钢时,电钻允许使用的钻头直径。

电钻用的钻夹头(钻库)应符合标准,开关的额定电压和额定电流不能低于电钻的额定电压和额定电流。

2. 电动磨石子机

电动磨石子机是一种手持式电动工具,如图 4-12 所示。

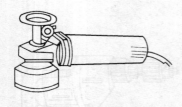

图4-12 电动磨石子机

它适用于建筑部门对各种以水泥、大理石、石子为基体的建筑物表面进行磨光。特别是对那些场地狭小、形状复杂的建筑物表面进行磨光,如盥洗设备、晒台、商店标牌等。与人工水磨相比,可以大大降低劳动强度,提高工作效率。所用电动机是单相串励交直流两用电动机,使用碗形砂轮。

电动磨石子机规格以型号及适用碗形砂轮规格表示,见表4-9。

电动磨石子机规格 表4-9

型号	适用碗形砂轮规格(mm)	电压(V)	电流(A)	输入功率(W)	砂轮空载转速(r/min)
回SIMJ-125	BW125×15×32	220	1.75	370	1800

3. 水磨石机

水磨石机由电动机、变速机构、工作装置及行走操纵机构等部分组成,每个磨盘下呈120°装上三块砂轮。

水磨石机按磨盘设置的数量分为:单盘旋转式(图4-13)、双盘旋转式(图4-14)及三盘旋转式。

为了提高磨光作业的机械化程度,目前我国又设计和生产了小型侧卧式水磨石机(图4-15)。

单盘旋转式和双盘对转式,主要用于大面积水磨石地面的磨平、磨光作业;小型侧卧式主要用于墙裙、踢脚、楼梯踏步、浴池等小面积地面的磨平、磨光作业:

各型水磨石机主要技术性能,见表4-10~表4-12。

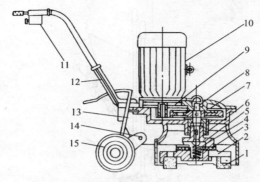

图 4-13 单盘旋转式水磨石机外形机构

1—磨石;2—砂轮座;3—夹胶帆布垫;4—弹簧;5—连接盘;6—橡胶密封;7—大齿轮;8—传动主轴;9—电动机齿轮;10—电动机;11—开关;12—扶手;13—升降齿条;14—调节架;15—走轮

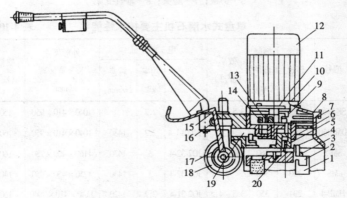

图 4-14 双盘式磨石机

1—三角砂轮;2—磨石座;3—连接橡皮;4—连接盘;5—组合密封圈;6—油封;7—主轴隔圈;8—大齿轮;9—主轴;10—闷头盖;11—电动机齿轮;12—电动机;13—中间齿轮轴;14—中间齿轮;15—升降齿条;16—棘齿轴;17—调节架;18—行走轮;19—轴销;20—弹簧

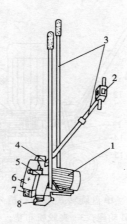

图 4-15 小型侧卧式水磨石机外形结构

1—电动机；2—手柄开关；3—操纵杆；4—水平支架；5—减速器；
6—护板；7—磨头；8—垂直支架

单盘式水磨石机主要技术性能　　　表 4-10

型号	磨盘转速 (r/min)	磨削直径 (mm)	效率 (m^2/h)	电动机 型号	功率 (kW)	转速 (r/min)	外形尺寸 长×宽×高 (mm)	质量 (kg)
SF-D-A	282	350	3.5~4.5		2.2		1040×410×950	150
DMS350	294	350	4.5	Y100L1-4	2.2	1430	1040×410×950	160
SM-5	340	360	6~7.5	JQ2-32-4	3	1430	1160×400×980	160
MS	330	350	6	JO2-32-4	3	1430	1250×450×950	140
HMP-4	294	350	3.5~4.5	JO2-31-4	2.2	1420	1140×410×1040	160
HMP-8		400	6~8	Y100L2-4	3	1420	1062×430×950	180
HM4	294	350	3.5~4.5	JO2-31-4	2.2	1450	1040×410×950	155
MD-350	295	350	3.5~4.5	JO2-32-4	3	1430	1040×410×950	160

双盘式水磨石机主要技术性能　　　　表 4-11

型号	磨盘直径 (mm)	磨盘转速 (r/min)	磨削宽度 (mm)	效率 (m²/h)	电动机 电压 (V)	电动机 功率 (kW)	电动机 转速 (r/min)	外形尺寸 长×宽×高 (mm)	质量 (kg)
2MD350	345	285	600	14~15	380	2.2	940	700×900×1000	115
650-A		325	650	60	380	3	1430	850×700×900	
SF×S		345		10	380	4		1400×690×1000	210
DMS350		340		14~15	380	3			210
SM2-2	360	340		14~15	380	4		1160×690×980	200
HMP-16	360	340	680	14~16	380		1420	1160×660×980	210
2MD300	360	392	680	10~15	380		1430	1200×563×715	180

小型侧卧式水磨石机主要技术性能　　　　表 4-12

型号	单盘回转直径 (mm)	磨盘个数	磨盘转速 (r/min)	最大磨高 (m)	效率 (m²/h)	功率 (kW)	电压 (V)	外形尺寸 长×宽×高 (mm)	质量 (kg)
SWM2-310	180	2	415	1.2	2~3	0.55	380	390×330×1050	36
DSM2-2A	180	2	370	1.2	2~3	0.55	380	470×340×1410	60

4. 地面抹光机

地面抹光机适用于水泥砂浆和混凝土路面、楼板、屋面板等表面的抹平压光。按动力源划分，有电动、内燃两种；按抹光装置划分，有单头、双头两种。后者适用范围广、抹光效率较高，见图 4-16。

各型抹光机主要技术性能见表 4-13。

地面抹光机主要技术性能　　　　表 4-13

型式	型号	抹刀数	抹板倾角 (°)	转速 (r/min)	抹头直径 (mm)	功率 (kW)	电压 (V)	外形尺寸 (mm) (长×宽×高)	质量 (kg)
单头	DM60	4	0~10	90	600	0.4	380	620×620×900	40
	DM69	4	0~10	90	600	0.4		750×460×900	40
	DM85	4	0~10	45/90	850	1.1~1.5		1920×880×1050	75

续表

型式	型号	抹刀数	抹板倾角(°)	转速(r/min)	抹头直径(mm)	功率(kW)	电压(V)	外形尺寸(mm)(长×宽×高)	质量(kg)
双头	ZDM650	6	120	370	0.37			670×645×900	40
	SDM1	2×3	6~8	120	370	0.37	380	670×645×900	40
	SDM68	2×3		100/200	370	0.55		990×980×800	40
内燃	JK-1	4	5~10	45/60	888	2.9		1480×936×1020	80

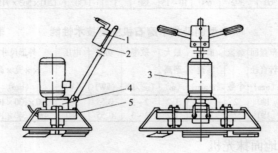

图 4-16 双头地面抹光机外形结构示意
1—转换开关；2—操纵杆；3—电动机；
4—减速器；5—安全罩

4.2.4 喷涂类机具

1. 手提式涂料搅拌器

手提式涂料搅拌器，如图 4-17 所示。

（1）用途　手提式涂料搅拌器，用来搅拌涂料。

（2）规格　手提式涂料搅拌器有气动和电动两种。

2. 电动弹涂器

电动弹涂器，如图 4-18 所示。

电动弹涂器是装饰工程涂料弹涂施工工具。

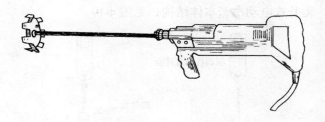

图 4-17 手提式涂料搅拌器

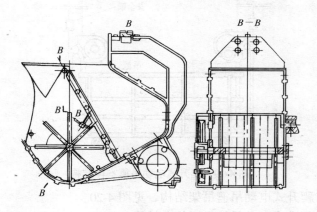

图 4-18 电动弹涂器

4.2.5 电动吊篮

电动吊篮是高层建筑进行外装修的一种载人起重设备。按其卷扬方式的不同，可分为卷扬式和爬升式两类。卷扬式是在屋顶上安装卷扬机，下垂钢丝绳悬挂吊篮，但是钢丝绳长度常受卷筒限制。爬升式卷扬机构装在吊篮上，屋顶上装有外伸支架，垂下钢丝绳的长度不受限制，吊篮的升降高度可以自由确定，并可由操作人员在吊篮里随时检查钢丝绳磨损情况，实现安全使用。

爬升式电动吊篮本体结构,见图 4-19。

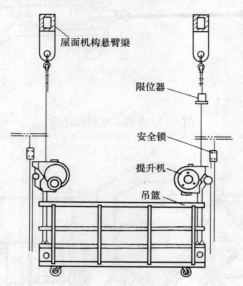

图 4-19 爬升式电动吊篮本体结构

爬升式电动吊篮吊架结构,见图 4-20。

爬升式电动吊篮主要技术性能,见表 4-14。

爬升式电动吊篮主要技术性能　　表 4-14

项　目	ZLD500	WD350	LGZ300-3.6A
提升机起重能力(kg)		350	450
工作平台额定载荷(kN)	5	2.15	3
吊篮升降速度(m/min)	8.8	6	5
吊篮提升高度(m)	100	100	100
安全锁限制速度(m/min)	20	10	5~7
吊篮外形尺寸 (长×宽×高)(m)	3×0.7×1.2 6×0.7×1.2	2.4×0.7×1.2	2.4×0.7×1.2 3.6×0.7×1.2

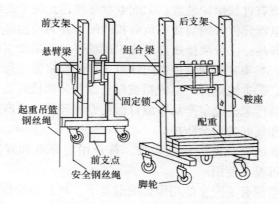

图 4-20 爬升式电动吊篮吊架结构

4.2.6 机具使用安全注意事项

1. 电源选择

首先要了解施工现场提供的电源：是直流还是交流；交流电源的频率是 50Hz 还是 60Hz；供电电压多大；电源线及电源控制元器件容许的最大电流。了解这些内容的目的是要考虑是否与现场准备使用的电力驱动机具所要求的各项参数相符，现场电源线及控制元器件的容量能否满足用电量的负荷。如果与机具要求的电源不符或容量不够，就要请有关部门采取措施，满足使用要求后才能投入使用。

2. 了解机具电源标牌

凡电动装置机具，必在电动机部分贴有标牌，标牌上一般标注有，机具型号：TYPE；所使用的交流电源电压：V；电动机的功率：W；电动机转速：r/min；电流：A；频率：Hz；相等主要参数以供选择电源和控制元器件及线径大小。

3. 检查电源控制系统

在使用前要检查电源控制系统是否正规，即；①总电源控制系统有过载保护装置；②配电盘必须达到规定的绝缘标准；③电器元件必须与使用负荷相匹配，并为质检部门批准的合格产品；④分项接线盒是施工现场移动使用较多的电源接插处，必须有劳动管理部门认可生产的合格漏电保护器控制线路；⑤进线电源的电闸箱或配电盘及分项接线盒，要用正规电器厂家的鉴定产品，或订做的专用产品，并有明显用电标志和良好的安全防护。

电源的控制需经检查验收，符合用电标准和规定的产品，方可投入使用。

在电源有了安全使用保证的前提下，机具的操作者必须做到以下几点：

（1）不得私自改动电源插头或插座：因为电动机具在标牌或说明书上注明其绝缘标准"□"符号为单绝缘保护，也就是说明220V电压的电源时必须用单项三线插头、插座，即：一线带电火线，其余二线：一线为回路零线，另一线为接地保护零线。也就是说，一旦机具发生漏电故障，接地保护零线可部分起到人身安全的保护作用。如"回"符号为双绝缘保护，机具电动机漏电，不直接漏至外壳，还有一层绝缘保护，不易电伤操作者，此种符号的机具用的是单项两线插头插座接通电源。如果将"□"单绝缘插头接地线去掉，插入两孔插座，机具漏电可能发生伤人事故。

（2）电源线在现场使用，应用橡胶套线，不可用塑料套线，不要拖地，要将电源线架起挂线，不然易损坏电源线外绝缘层，发生漏电事故。

（3）电动机具不可浸水或在潮湿的地方存放、作业，电动机浸水受潮易发生漏电伤人或烧坏电动机等事故。

（4）电动机具接通电源前一定要检查所用电源是否符合

机具标牌规定的电源要求，不符合不得使用。

（5）电动机具用完后，必须切断电源，存放好，以免误伤人或引起其他事故。

（6）机具接通电源时，要检查外壳是否漏电。

（7）配电盘、接线盒等在室外作业应有防雨装置。

（8）电器部分出现故障，必须请电工专业人员处置。

5 抹灰砂浆

5.1 抹灰砂浆品种

砂浆是由胶结料、细骨料、水和其他辅料组成的，在建筑工程中起着粘结、衬垫和传递应力的作用。

用于墙柱面、顶棚面和地面上抹平表面的砂浆称为抹灰砂浆，无细骨料者则称为抹灰灰浆。抹于墙柱面、顶棚面上的砂浆只起粘结、衬垫作用。抹于地面上的砂浆则起着粘结、衬垫和传递应力的作用。

抹灰砂浆的名称是以胶结料和细骨料的名称而定。例如：水泥砂浆是由水泥、砂和水配制而成；水泥石灰砂浆是由水泥、石灰膏、砂和水配制而成。无骨料的砂浆则以胶结料和辅料的名称而定。例如：麻刀石灰是由麻刀、石灰膏和水配制而定。

抹灰砂浆不能一次性涂抹于物面上，应分层抹灰，各层抹灰砂浆品种可有所不同。抹灰层一般分为底层、中层、面层，在中层与面层之间还可以增加结合层。

抹灰砂浆按其组成材料不同，可分为石灰砂浆、水泥砂浆、水泥石灰砂浆、聚合物水泥砂浆、膨胀珍珠岩水泥浆、水泥蛭石浆、水泥石子浆、麻刀石灰砂浆、水泥石英砂浆、麻刀石灰、纸筋石灰、石膏灰、水泥浆等。

石灰砂浆是由石灰膏、砂和水配成,可用于墙面抹灰的底层。

水泥砂浆是由水泥、砂和水配成,可用于墙面、地面抹灰的底层、中层或面层。

水泥石灰砂浆是由水泥、石灰膏、砂和水配成,可用于墙面、顶棚面抹灰的底层、中层或面层。

聚合物水泥砂浆是由聚乙烯醇缩甲醛胶、水泥、砂和水等配成,可用于墙面、顶棚面喷涂或弹涂抹灰的面层。

膨胀珍珠岩水泥浆是由膨胀珍珠岩颗粒、水泥和水配成,可用于墙面、顶棚面抹灰的面层。

水泥蛭石浆是由水泥、膨胀蛭石和水配成,可用于墙面、顶棚面抹灰的面层。

水泥石子浆是由水泥、色石碴(或砾石)和水配成,可用于墙面做水磨石、水刷石等面层,地面做水磨石面层。

麻刀石灰砂浆是由麻刀、石灰膏、砂和水配成,宜用于顶棚面抹灰的底层、中层。

水泥石英砂浆是由水泥、石英砂和水配成,可用于墙面抹灰的面层。

麻刀石灰是由麻刀、石灰膏和水配成,可用于墙面、顶棚面抹灰的面层。

纸筋石灰是由纸筋、石灰膏和水配成,可用于墙面、顶棚面抹灰的面层。

水泥浆是由水泥和水配成,仅用于结合层。在水泥浆中可酌量加入胶粘剂,如108胶,即成聚合物水泥浆。

5.2 抹灰砂浆配合比

抹灰砂浆配合比是指各组成材料的体积比,个别情况下也有用重量比。实际施工中,由于水泥、色石碴、石膏等体积不易测量,将其体积折算成重量计算。

抹灰砂浆的配合比由设计而定,多为经验配合比,不必进行换算,其中实际采用的水泥的强度等级必须与设计水泥强度等级相符,不得低于设计强度等级,如高于设计水泥强度等级则造成水泥浪费。水泥强度等级不宜高于 32.5 级。

表 5-1 ~ 表 5-5 列出各种抹灰砂浆不同配合比时,每立方米抹灰砂浆中各种材料用量,可作预算用。

1m³ 水泥砂浆不同配合比的材料用量　　表 5-1

材料	单位	水 泥 砂 浆				
		1:1	1:1.5	1:2	1:2.5	1:3
32.5 级水泥	kg	765	644	557	490	408
粗 砂	m³	0.64	0.81	0.94	1.03	1.03
水	m³	0.30	0.30	0.30	0.30	0.30

1m³ 石灰砂浆不同配合比的材料用量　　表 5-2

材料	单位	石灰砂浆		纸筋石灰	麻刀石灰	麻刀石灰砂浆
		1:2.5	1:3			1:3
石灰膏	m³	0.40	0.36	1.01	1.01	0.34
粗 砂	m³	1.03	1.03			1.03
纸 筋	kg			48.60		
麻 刀	kg				12.12	16.60
水	m³	0.60	0.60	0.50	0.50	0.60

1m³ 水泥石灰砂浆不同配合比的材料用量　　表 5-3

材　料	单位	水 泥 石 灰 砂 浆				
		0.5:1:3	1:3:9	1:2:1	1:0.5:4	1:1:2
32.5 级水泥	kg	185	130	340	306	382
石灰膏	m³	0.31	0.32	0.56	0.13	0.32
粗 砂	m³	0.94	0.99	0.29	1.03	0.64
水	m³	0.60	0.60	0.60	0.60	0.60

1m³ 水泥石灰砂浆不同配合比的材料用量　　表 5-4

材料	单位	水泥石灰砂浆				
		1:1:6	1:0.5:1	1:0.5:3	1:1:4	1:0.5:2
32.5级水泥	kg	204	583	371	278	453
石灰膏	m³	0.17	0.24	0.15	0.23	0.19
粗砂	m³	1.03	0.49	0.94	0.94	0.76
水	m³	0.60	0.60	0.60	0.60	0.60

1m³ 水泥石子浆不同配合比的材料用量　　表 5-5

材料	单位	水泥石子浆			
		1:1.5	1:2	1:2.5	1:3
32.5级水泥	kg	945	709	567	473
色石碴	kg	1189	1376	1519	1600
水	m³	0.30	0.30	0.30	0.30

5.3 抹灰砂浆制备

5.3.1 砂浆制备机械

参见本手册 4.2.1 拌制机具。

5.3.2 砂浆机械搅拌

抹灰砂浆应采用砂浆搅拌机进行搅拌，也可用出料容量为 150L 或 200L 的锥形反转出料混凝土搅拌机进行搅拌。

砂浆搅拌机所需台数，可根据每班砂浆需用量及砂浆搅拌机生产率进行计算：

$$N = \frac{Q}{\eta \cdot T} \tag{5-1}$$

式中　N——每工作班所需砂浆搅拌机台数；

　　　Q——每工作班所需砂浆量（m³）；

　　　η——砂浆搅拌机生产率（m³/h）；

T——每工作班时间（h）。

砂浆搅拌机应安置在适当位置，使砂浆运送到各抹灰地点都比较方便。固定式搅拌机应有可靠的基础；移动式搅拌机应用方木或撑架固定，并保持水平。

砂浆搅拌机使用前，应检查传动机构、工作装置、防护装置等均应牢固可靠，操作灵活。启动后先空运转，检查搅拌叶片旋转方向正确。一切无误后方可加料进行搅拌。

加料顺序应注意：掺有水泥的砂浆，必须先将水泥与砂干拌均匀后，才可加其他材料和水。掺有胶料的砂浆，必须事先将胶料溶于水，再逐渐加入拌筒中；掺有分散剂的砂浆，必须事先将分散剂溶于水，待砂浆基本拌匀时，再逐渐均匀地加入拌筒中，继续搅拌到均匀为止。

砂浆搅拌机的铭牌上面都有每次搅拌时间，这仅仅是参考。实际操作中，应根据砂浆的组成材料多少及其颜色差别而定，以搅拌到砂浆组成材料分布均匀，砂浆颜色一致，砂浆稠度合适为止。每盘砂浆搅拌时间不得少于1.5min。

砂浆搅拌机在运转中，不得用手或棍棒等伸进搅拌筒内或在筒口清理杂物。

每盘砂浆搅拌好后应立即卸出，把砂浆卸尽后，才能进行下一盘加料及搅拌。

砂浆搅拌机如发生故障不能继续运转时，应立即切断电源，将拌筒内的砂浆卸出，进行检修或排除故障。砂浆搅拌机常见故障及排除方法见表5-6。

砂浆搅拌机使用完毕，应立即用水冲洗拌筒的内外，清除筒内的砂浆积料，并对各润滑点加注润滑油。

砂浆拌成后和使用时，均应盛入贮灰斗内，如砂浆出现泌水现象，应在抹灰前再次拌合。

砂浆搅拌机常见故障及排除方法 表 5-6

故　障	原　因	排　除　方　法
主轴转速不够或皮带打滑	超载或皮带松弛	减少装料、张紧皮带
运转不平衡	传动键松动 轴承磨损 安装间隙过大	换新键 换新轴承 调整间隙
搅拌叶片与筒壁碰	螺栓松动	紧固螺栓
齿轮箱过热或有杂音	齿轮磨损或润滑油不足	修换齿轮添加润滑油

砂浆应随拌随用。水泥砂浆和水泥石灰砂浆必须分别在拌成后 3h 和 4h 内使用完毕；如施工期间最高温度超过 30℃，必须分别在拌成后 2h 和 3h 内使用完毕。

5.4 抹灰砂浆技术性能

抹灰砂浆要求有合适的稠度和良好的保水性。地面面层的抹灰砂浆还要求有足够的抗压强度。

砂浆的稠度是指砂浆使用时的稀稠程度，太稀的砂浆在涂抹时容易产生流淌现象；太稠的砂浆不易涂抹，难于摊铺均匀。砂浆的合适稠度是根据砂浆品种及施工方法而定。

砂浆稠度测定使用稠度测定仪（图 5-1）。

用砂浆稠度测定仪测定砂浆稠度时，先将拌合均匀的砂浆一次装入圆锥

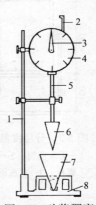

图 5-1　砂浆稠度测定仪

1—支架；2—齿条测杆；
3—指针；4—刻度盘；
5—滑杆；6—圆锥体；
7—圆锥筒；8—底座

159

筒内，至距上口1cm，用捣棒插捣及轻轻振动至表面平整，然后将圆锥筒置于固定在支架上的圆锥体下方。放松固定螺丝，使圆锥体的尖端与砂浆表面接触。拧紧固定螺丝后，读出标尺读数。随后突然松开固定螺丝，使圆锥体自由沉入砂浆中，10s后，读出下沉的深度（以cm计），即为砂浆的稠度值。取两次测定结果算术平均值作为砂浆稠度的测定结果。如两次测定值之差大于3cm，则应配料重新测定。

工地上可采用砂浆稠度简易测定法，即将单个圆锥体的尖端与砂浆表面相接触，然后放手让其自由地落入砂浆中，取出圆锥体用尺直接量出圆锥体沉入的垂直深度（以cm计），即为砂浆稠度。

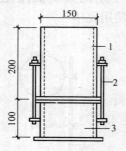

图5-2 分层度测定仪
1—无底圆筒；2—连接螺栓；3—有底圆筒

砂浆的保水性是指保全水分的能力。砂浆保水性不良，则砂浆在运输、贮存过程中容易发生泌水现象，即骨料下沉、水浮在上面、骨料与水离析。

砂浆的保水性用分层度表示，分层度测定采用分层度测定仪（图5-2）。

测定砂浆分层度时，先将拌合好的砂浆，一次装入分层度测定仪中，测定其沉入度 K_1，静置30min后，去掉上面的20cm厚砂浆，剩余的10cm砂浆重新拌合后，再测定其沉入度 K_2。两次测得的沉入度之差（$K_1 - K_2$），即为砂浆的分层数，取两次试验的算术平均值。分层度小于30cm表示砂浆保水性良好。

抹灰砂浆强度等级是用尺寸为 7.07cm × 7.07cm ×

7.07cm立方体试块，经20±5℃及正常湿度条件下的室内不通风处养护28d的平均抗压极限强度（MPa）而确定的。抹灰砂浆强度等级有M15、M10、M7.5、M5、M2.5、M1、M0.4。如M10砂浆，其抗压极限强度为10MPa。1:3水泥砂浆相当于M10；1:2水泥砂浆相当于M15；1:1:6水泥石灰砂浆相当于M5；1:3石灰砂浆相当于M1。1:2.5水泥石子浆相当于M15。

用普通硅酸盐水泥拌制的砂浆强度增长关系，见表5-7。

用32.5级普通硅酸盐水泥拌制的砂浆强度增长关系 表5-7

龄期(d)	不同温度下砂浆强度百分率（以在20℃时养护28d的强度为100%）							
	1℃	5℃	10℃	15℃	20℃	25℃	30℃	35℃
1	4	6	8	11	15	19	23	25
3	18	25	30	36	43	48	54	60
7	38	46	54	62	69	73	78	82
10	46	55	64	71	78	84	88	92
14	50	61	71	78	85	90	94	98
21	55	67	76	85	93	98	102	104
28	59	71	81	92	100	104		

用矿渣硅酸盐水泥拌制的砂浆强度增长关系，见表5-8。

用32.5级矿渣硅酸盐水泥拌制的砂浆强度增长关系 表5-8

龄期(d)	不同温度下砂浆强度百分率（以在20℃时养护28d的强度为100%）							
	1℃	5℃	10℃	15℃	20℃	25℃	30℃	35℃
1	3	4	6	8	11	15	19	22
3	12	18	24	31	39	45	50	56
7	28	37	45	54	61	68	73	77
10	39	47	54	63	72	77	82	88
14	46	55	62	72	82	87	91	95
21	51	61	70	82	92	96	100	104
28	55	66	75	89	100	104		

6 抹 灰 工 程

6.1 抹灰工程的分类和组成

6.1.1 抹灰工程分类

抹灰工程分为一般抹灰和装饰抹灰。

一般抹灰——石灰砂浆、水泥混合砂浆、水泥砂浆、聚合物水泥砂浆、麻刀灰、纸筋石灰、粉刷石膏等。

装饰抹灰——水刷石、斩假石、干粘石、假面砖等。

一般抹灰又按建筑物的标准可分为二级，见表6-1。

	一般抹灰的分类	表6-1
级 别	适 用 范 围	做 法 要 求
高级抹灰	适用于大型公共建筑物、纪念性建筑物（如剧院、礼堂、宾馆、展览馆等和高级住宅）以及有特殊要求的高级建筑等	一层底灰，数层中层和一层面层。阴阳角找方，设置标筋，分层赶平、修整，表面压光。要求表面应光滑、洁净，颜色均匀，线角平直，清晰美观无抹纹
普通抹灰	适用于一般居住、公用和工业建筑（如住宅、宿舍、教学楼、办公楼）以及建筑物中的附属用房，如汽车库、仓库、锅炉房、地下室、储藏室等	一层底灰，一层中层和一层面层（或一层底层，一层面层）。阳角找方，设置标筋，分层赶平、修整，表面压光。要求表面洁净、线角顺直，清晰，接槎平整

6.1.2 抹灰的组成

1. 抹灰分层要求　通常抹灰分为底层、中层及面层，各层厚度和使用砂浆品种应视基层材料、部位、质量标准以及各地气候情况决定,见表 6-2。

抹灰的组成　　　　　　表 6-2

层次	作用	基层材料	一　般　做　法
底层	主要起与基层粘结作用,兼起初步找平作用。砂浆稠度 10～12cm	砖墙基层	1. 室内墙面一般采用石灰砂浆或水泥混合砂浆打底 2. 室外墙面、门窗洞口外侧壁、屋檐、勒脚、压檐墙等及湿度较大的房间和车间宜采用水泥砂浆或水泥混合砂浆
		混凝土基层	1. 宜先刷素水泥浆一道,采用水泥砂浆或混合砂浆打底 2. 高级装修顶板宜用乳胶水泥砂浆打底
		加气混凝土基层	宜用水泥混合砂浆、聚合物水泥砂浆或掺增稠粉的水泥砂浆打底。打底前先刷一遍胶水溶液
		硅酸盐砌块基层	宜用水泥混合砂浆或掺增稠粉水泥砂浆打底
		木板条、苇箔、金属网基层	宜用麻刀灰、纸筋灰或玻璃丝灰打底,并将灰浆挤入基层缝隙内,以加强拉结
		平整光滑的混凝土基层,如顶棚、墙体基层	可不抹灰,采用刮粉刷石膏或刮腻子处理
中层	主要起找平作用。砂浆稠度 7～8cm		1. 基本与底层相同。砖墙则采用麻刀灰、纸筋灰或粉刷石膏 2. 根据施工质量要求可以一次抹成,亦可分遍进行
面层	主要起装饰作用。砂浆稠度 10cm		1. 要求平整、无裂纹,颜色均匀 2. 室内一般采用麻刀灰、纸筋灰、玻璃丝灰或粉刷石膏;高级墙面用石膏灰。保温、隔热墙面应按设计要求 3. 室外常用水泥砂浆、水刷石、干粘石等

2．抹灰层的平均总厚度 要求应小于下列数值：

（1）顶棚：板条、现浇混凝土和空心砖为 15mm；预制混凝土为 18mm；金属网为 20mm；

（2）内墙：普通抹灰为 18mm；中级抹灰为 20mm；高级抹灰为 25mm；

（3）外墙为 20mm；勒脚及突出墙面部分为 25mm；

（4）石墙为 35mm。

3．抹灰工程一般应分遍进行，以使粘结牢固，并能起到找平和保证质量的作用。如果一次抹得太厚，由于内外收水快慢不同，易产生开裂，甚至起鼓脱落，每遍抹灰厚度一般控制如下：

（1）抹水泥砂浆每遍厚度为 5~7mm；

（2）抹石灰砂浆或混合砂浆每遍厚度为 7~9mm；

（3）抹灰面层用麻刀灰、纸筋灰、石膏灰、粉刷石膏等罩面时，经赶平、压实后，其厚度麻刀灰不大于 3mm；纸筋灰、石膏灰不大于 2mm；粉刷石膏不受限制；

（4）混凝土内墙面和楼板平整光滑的底面，可采用腻子刮平；

（5）板条、金属网用麻刀灰、纸筋灰抹灰的每遍厚度为 3~6mm。

水泥砂浆和水泥混合砂浆的抹灰层，应待前一层抹灰层凝结后，方可涂抹后一层；石灰砂浆抹灰层，应待前一层 7~8 成干后，方可涂抹后一层。

6.2 材料质量要求

抹灰砂浆所用材料质量应达到以下要求：

1. 水泥：宜用硅酸盐水泥、普通硅酸盐水泥，也可采用矿渣硅酸盐水泥、火山灰质硅酸盐水泥或粉煤灰硅酸盐水泥；彩色抹灰宜用白色硅酸盐水泥。水泥强度等级不宜高于32.5级。不得使用过期水泥和受潮水泥。

2. 石灰膏：石灰膏应用块状生石灰淋制。淋制时必须用孔径不大于 3mm×3mm 的筛过筛，并贮存在沉淀池中。石灰膏熟化时间：常温下一般不少于 15d；用于罩面时，不应少于 30d。使用时，石灰膏内不得含有未熟化的颗粒和其他杂质。在沉淀池中的石灰膏应加以保护，防止其干燥、冻结和污染。石灰膏可用磨细生石灰粉代替，其细度应通过 4900 孔/cm^2 的筛。用于罩面时，熟化时间不应小于 3d。

3. 砂：砂应过筛，不得含有杂物。

4. 石粒：石粒应耐光、坚硬，使用前必须冲洗干净。干粘石用的石粒应干燥。

5. 膨胀珍珠岩：膨胀珍珠岩宜采用中级粗细粒径混合级配，堆积密度宜为 80~150kg/m^3。

6. 黏土、炉渣：黏土应选用洁净、不含杂质的亚黏土，并加水浸透。炉渣应过筛除去杂质，粒径不应大于 3mm。

7. 纸筋、麻刀：纸筋应浸透、捣烂、洁净，罩面纸筋宜机碾磨细。麻刀应坚韧、干燥、不含杂质，其长度不得大于 30mm。

8. 颜料：应采用耐碱、耐光的矿物颜料。

6.3 施工准备及基层处理要求

6.3.1 施工准备

1. 材料准备

根据施工图纸计算抹灰所需材料数量，提出材料进场的日期，按照供料计划分期分批组织材料进场。

2．机具准备

根据工程特点和抹灰工程类别准备机械设备和抹灰工具，搭设垂直运输设备及室内外脚手架，接通水源、电源。

通常，当抹灰工操作高度在3.6m以下时，由抹灰工自己搭设抹灰操作用脚手架。

抹灰工操作用脚手架，要求构造简单，搬运、转移，搭拆方便，其负荷一般不超过$2700N/m^2$。

外墙抹灰脚手架要求自上而下能连续使用，保证墙面能一次成活，不得等二次补抹，脚手架每步高度都应保证施工缝于分格缝处。

室内抹灰，如抹顶棚时抹灰工用架子高度从脚手板面至顶棚，以1人高加10cm为宜。

3．技术准备

(1) 审查图纸和制定施工方案，确定施工顺序和施工方法。

抹灰工程的施工顺序一般采取先室外后室内，先上面后下面，先地面后顶墙。当采取立体交叉流水作业时，也可以采取从下往上施工的方法，但必须采取相应的成品保护措施。先地面后顶墙的对于高级装修工程要根据具体情况确定。

室内抹灰通常应在屋面防水工程完工后进行。如果要在屋面防水工程完工前抹灰，应采取可靠的防护措施，以免使抹灰成品遭到水冲雨淋。

(2) 材料试验和试配工作。

(3) 确定花饰和复杂线脚的模型及预制项目。对于高级装饰工程，应预先做出样板（样品或标准间），并经有关单位鉴定后，方可进行。

(4) 组织结构工程验收和工序交接检查工作。

抹灰前对结构工程以及其他配合工种项目进行检查是确保抹灰质量和进度的关键，抹灰前应对以下主要项目进行检查：

①门窗框及其他木制品是否安装齐全，门口高低是否符合室内水平线标高；

②板条、苇箔或钢丝网吊顶是否牢固，标高是否正确；

③顶棚、墙面预留木砖或铁件以及窗帘钩、阳台栏杆、楼梯栏杆等预埋件有否遗漏，位置是否正确；

④水、电管线、配电箱是否安装完毕，是否漏项，水暖管道是否做好压力试验等等。

(5) 对已安装好的门窗框，采用铁板或板条进行保护。

(6) 组织队组进行技术交底。

6.3.2 基层处理

抹灰前应根据具体情况对基体表面进行必要处理：

1. 墙上的脚手眼、各种管道穿越过的墙洞和楼板洞、剔槽等应用1:3水泥砂浆填嵌密实或堵砌好。散热器和密集管道等背后的墙面抹灰，应在散热器和管道安装前进行，抹灰面接槎应顺平。

2. 门窗框与立墙交接处应用水泥砂浆或水泥混合砂浆（加少量麻刀）分层嵌塞密实。

3. 基体表面的灰尘、污垢、油渍、碱膜、沥青渍、粘结砂浆等均应清除干净，并用水喷洒湿润。

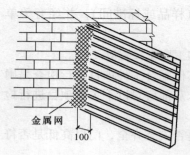

图 6-1 砖结构与木结构相交处基体处理示意

4. 混凝土墙、混凝土梁头、砖墙或加气混凝土墙等基体表面的凸凹处，要剔平或用 1:3 水泥砂浆分层补齐。

5. 板条墙或板条顶棚，板条留缝间过窄处，应予处理，一般要求达到 7~10mm（单层板条）。

6. 金属网应铺钉牢固、平整，不得有翘曲、松动现象。

7. 在木结构与砖石结构，木结构与钢筋混凝土结构相接处的基体表面抹灰，应先铺设金属网，并绷紧牢固。金属网与各基体的搭接宽度从缝边起每边不小于 100mm，并应铺钉牢固，不翘曲，如图 6-1 所示。

6.4 一般抹灰施工

6.4.1 一般要求

1. 一般抹灰分等级做法

（1）普通抹灰　阳角找方，设置标筋，分层赶平、修整，表面压光。

（2）高级抹灰　阴阳角找方，设置标筋，分层赶平、修整，表面压光。

2. 抹灰层平均总厚度

（1）抹灰层厚度要求　抹灰层的平均厚度，根据基体材料不同，抹灰等级不同等要求，应符合表 6-3 的规定。

抹灰层厚度的要求　　　　　　　　　　　　表 6-3

部　位	抹灰层的类型	平均总厚度 (mm)
顶　棚	板条、现浇混凝土	15
	预制混凝土顶棚	18
内　墙	普通抹灰	18
	中级抹灰	20
	高级抹灰	25
室　外	外墙	20
	勒脚及突出墙面部分	25
	石墙	35

根据使用砂浆品种不同，各层抹灰在赶平压实后，每遍厚度应符合表 6-4 规定。

抹灰层每遍抹灰的厚度　　　　　　　　　　　表 6-4

采用砂浆品种	每遍厚度 (mm)
水泥砂浆	5~7
石灰砂浆和水泥混合砂浆	7~9
麻刀石灰	≤3
纸筋石灰和石灰膏	≤2
装饰抹灰用砂浆	应符合设计要求

平整光滑的混凝土内墙面和楼板底面（指预制整间大楼板），可不抹灰，宜用腻子分遍刮平，总厚度为 2~3mm。

(2) 各抹灰层砂浆品种　抹灰工程所采用的砂浆品种，一般应按设计要求选用，如设计无要求，应符合表 6-5 的规定。

各抹灰层砂浆的品种　　　　　　　　　　　　表 6-5

序号	建筑装饰部位	适用砂浆品种
1	外墙门窗洞口的外侧壁、屋檐、压檐墙等	水泥砂浆或水泥混合砂浆
2	湿度较大的房间和工厂车间	水泥砂浆或水泥混合砂浆
3	混凝土板和墙的底层抹灰	水泥砂浆或水泥混合砂浆
4	硅酸盐砌块的底层抹灰	水泥混合砂浆
5	板条、金属网顶棚和墙	麻刀石灰或纸筋石灰
6	加气混凝土砌块和板的底层抹灰	水泥混合砂浆或聚合物水泥砂浆

6.4.2 墙面抹灰要点

1. 基层表面浇水

为了保证抹灰砂浆与基体表面牢固的粘结,防止抹灰层空鼓、脱落,在抹灰前,除必须对抹灰基体表面进行处理外,还应在基体表面浇水。

内墙抹灰前必须首先把外门窗封闭(安装一层玻璃或满钉一层塑料薄膜)。对12cm以上砖墙,应在抹灰前1d浇水,12cm砖墙浇一遍,24cm砖墙浇两遍,浇水方法是将水管对着砖墙上部缓缓左右移动,使水缓慢从上部沿墙面流下,待自然流至墙脚为止,一个墙面浇完为一遍,第二遍是从头再浇1次,使渗水深度达到8~10mm。如为6cm厚的立砖墙抹灰浇水,应用喷壶喷水1次即可,但切勿使砖墙处于饱水状态。

2. 找规矩

抹灰前必须先找好规矩,即四角规方、横线找平、立线吊直、弹出准线和墙裙、踢脚板线。

(1) 普通抹灰 先用托线板检查墙面平整垂直程度,大致决定抹灰厚度(最薄处一般不小于7mm),再在墙的上角各做一个标准灰饼(用打底砂浆或1:3水泥砂浆,也可用水泥:石灰膏:砂=1:3:9混合砂浆,遇有门窗口垛角处要补做灰饼),大小5cm见方,厚度以墙面平整垂直决定,见图6-2;然后根据这两个灰

图6-2 做灰饼

饼用托线板或线坠挂垂直做墙面下角两个标准灰饼（高低位置一般在踢脚线上口），厚度以垂直为准，再用钉子钉在左右灰饼附近墙缝里，拴上小线挂好通线，并根据小线位置每隔1.2~1.5m上下加做若干标准灰饼（图6-3a），待灰饼稍干后，在上下灰饼之间抹上宽约10cm的砂浆冲筋，用木杠刮平，厚度与灰饼相平，待稍干后可进行底层抹灰。

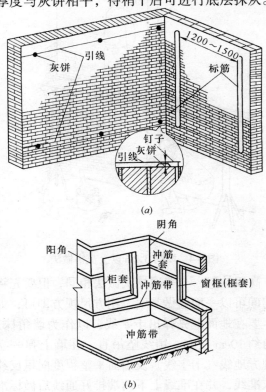

图6-3 挂线做标准灰饼及冲筋
（a）灰饼、标筋位置示意；（b）水平横向标筋示意

凡在门窗口、垛角处必须做灰饼（图6-3b）。

当层高大于3.2m时，应从顶到底做灰饼标筋，在架子上可由两人同时操作，使一个墙面的灰饼标筋出进保持一致，见图6-4。

图6-4 墙高3.2m以上灰饼做法

（2）高级抹灰　与普通抹灰做法相同，但要先将房间规方，小房间可以一面墙做基线，用方尺规方即可，如房间面积较大，要在地面上先弹出十字线，以作为墙角抹灰准线，在离墙角约10cm左右，用线坠吊直，在墙上弹一立线，再按房间规方地线（十字线）及墙面平整程度向里反线，弹出墙角抹灰准线，并在准线上下两端排好通线后做标准灰饼及冲筋。

3. 阴、阳角找方

普通抹灰要求阴角找方。对于除门窗口外，还有阳角的房间，则首先要将房间大致规方。方法是先在阳角一侧墙做基线，用方尺将阳角先规方，然后在墙角弹出抹灰准线，并在准线上下两端挂通线做标志块。

高级抹灰要求阴阳角都要找方，阴阳角两边都要弹基线，为了便于做角和保证阴阳角方正垂直，必须在阴阳角两边都做标志块和标筋。

4．做护角

室内墙面、柱面的阳角和门洞口的阳角，如设计对护角线无规定时，一般可用1:2水泥砂浆抹出护角，护角高度不应低于2m，每侧宽度不小于50mm。其做法是：根据灰饼厚度抹灰，然后粘好八字靠尺，并找方吊直，用1:2水泥砂浆分层抹平，待砂浆稍干后，再用捋角器和水泥浆捋出小圆角，见图6-5。

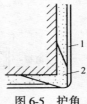

图6-5 护角
1—墙面抹灰；
2—水泥护角

5．墙面抹灰

(1) 基层为混凝土时，抹灰前应先刮素水泥浆一道；在加气混凝土或粉煤灰砌块基层抹石灰砂浆时，宜先洒水湿润，浇水量以水分渗入砌块深度8~10mm为宜，且浇水宜在抹灰前一天进行，但抹灰时墙面不显浮水。浇水后立即刷108胶：水＝1:5溶液一道，抹混合砂浆时，应先刷108胶（掺量为水泥重量的10%~15%）水泥浆一道。

(2) 在加气混凝土基层上抹底灰的强度宜与加气混凝土强度接近，中层灰的配合比亦宜与底灰基本相同。底灰宜用粗砂，中层灰和面灰宜用中砂。

(3) 采用水泥砂浆面层时，须将底子灰表面扫毛或划出纹道，面层应注意接搓，表面压光不得少于两遍，罩面后次日进行洒水养护。抹灰层在凝结前，应防止快干、水冲、撞击和振动。

（4）纸筋灰或麻刀灰罩面，宜在底子灰5~6成干时进行，底子灰如过于干燥应先浇水润湿，罩面分两遍压实赶光。

（5）墙面阳角抹灰时，先将靠尺在墙角的一面用线坠找直，然后在墙角的另一面顺靠尺抹上砂浆。

（6）室内墙裙、踢脚板一般要比罩面灰墙面凸出3~

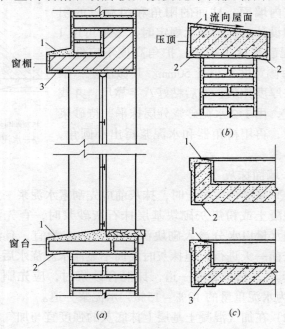

图6-6 流水坡度、滴水线（槽）示意图
(a)窗洞；(b)女儿墙；(c)雨篷、阳台、檐口
1—流水坡度；2—滴水线；3—滴水槽

5mm,根据高度尺寸弹上线,把八字靠尺靠在线上用铁抹子切齐,修边清理。

(7)踢脚板、门窗贴脸板、挂镜线、散热器和密集管道等背后的墙面抹灰,宜在它们安装前进行,抹灰面接搓应顺平。

(8)外墙窗台、窗楣、雨篷、阳台、压顶和突出腰线等,上面应做流水坡度,下面应做滴水线或滴水槽(图6-6)。滴水槽的深度和宽度均不应小于10mm,并整齐一致。

(9)两墙面相交的阴角、阳角抹灰方法,一般按下述步骤进行(图6-7)。

1)用阴角方尺检查阴角的直角度;用阳角方尺检查阳角的直角度。用线锤检查阴角或阳角的垂直度。根据直角度及垂直度的误差,确定抹灰层多少厚薄。阴、阳角处洒水湿润。

2)将底层灰抹于阴角处,用木阴角器压住抹灰层并上下搓动,使阴角处

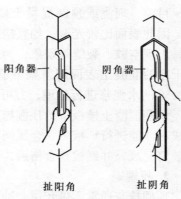

图6-7 阴角、阳角抹灰

抹灰基本上达到直角。如靠近阴角处有已结硬的标筋,则木阴角器应沿着标筋上下搓动,基本搓平后,再用阴角抹上下抹压,使阴角线垂直。

3)将底层灰抹于阳角处,用木阳角器压住抹灰层并上下搓动,使阳角处抹灰基本上达到直角。再用阳角抹上下抹压,使阳角线垂直。

4) 在阴角、阳角处底层灰凝结后，洒水湿润，将中层灰抹于阴角、阳角处，分别用阴角抹、阳角抹上下抹压，使中层灰达到平整。

5) 待阴角、阳角处中层灰凝结后，洒水湿润，将面层灰抹于阴角、阳角处，分别用阴角抹、阳角抹上下抹压，使面层灰达到平整光滑。

阴阳角找方应与墙面抹灰相配合进行，即墙面抹底层灰时，阴、阳角抹底层灰找方。

6.4.3 顶棚抹灰要点

1. 基层处理

目前，现浇或预制混凝土楼板，都大量采用钢模板浇筑，因此表面比较光滑，如直接抹灰，砂浆粘结不牢，抹灰层易出现空鼓、裂缝等现象，为此在手工抹灰时，应先在清理干净的混凝土表面用茅柴帚刷水后刮一遍水灰比为 0.40~0.50 的水泥浆进行处理，方可抹灰。

钢筋混凝土楼板下的顶棚抹灰，应待上层楼板地面面层完成后才能进行。板条、金属网顶棚抹灰，应待板条、金属网装钉完成，并经检查合格后，方可进行。

2. 找规矩

顶棚抹灰通常不做灰饼和冲筋，用目测的方法控制其平整度，以无明显高低不平及接槎痕迹为度。先根据顶棚的水平面，确定抹灰的厚度，然后在墙面的四周与顶棚交接处弹出水平线，作为抹灰的水平标准。此标高线必须从地面量起，不可从顶棚底向下量。

3. 抹灰

(1) 顶棚抹灰宜从房间里面开始，向门口进行，最后从门口退出。

顶棚抹灰应搭设满堂里脚手架。脚手板面至顶棚的距离以操作方便为准。

抹底层灰前，应扫尽钢筋混凝土楼板底的浮灰、砂浆残渣，去除油污及隔离剂剩料。喷水湿润楼板底。

（2）为了使抹灰层与基体粘结牢固，底层抹灰是关键工序。方法是用水灰比为 0.37～0.40 的水泥素浆刮后，紧跟就抹底层砂浆。一般底层砂浆采用配合比为水泥：石灰膏：砂 = 1:0.5:1 的水泥混合砂浆，底层抹灰厚度为 2mm。

在钢筋混凝土楼板底抹底层灰，铁抹抹压方向应与模板纹路或预制板拼缝相垂直；在板条、金属网顶棚上抹底层灰，铁抹抹压方向应与板条长度方向相垂直，在板条缝处要用力压抹，使底层灰压入板条缝或网眼内，形成转脚以使结合牢固。底层灰要抹得平整。

（3）底层抹后紧跟着就抹中层砂浆，其配合比一般采用水泥：石灰膏：砂 = 1:3:9 的水泥混合砂浆，抹灰厚度 6mm 左右，抹后用软刮尺刮平赶匀，随刮随用长毛刷子将抹印顺平，再用木抹子搓平，顶棚管道周围用工具顺平。

抹中层灰时，铁抹抹压方向宜与底层灰抹压方向相垂直。高级的顶棚抹灰，应加钉长 350～450mm 的麻束，间距为 400mm，并交错布置，分遍按放射状梳理抹进中层灰内（图 6-8）。中层灰应抹得平整、光洁。

（4）罩面石膏灰应掺

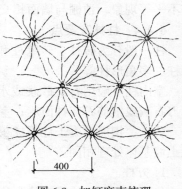

图 6-8 加钉麻束梳理

入缓凝剂，其掺量应由试验确定，一般控制在 15~20min 内凝结。涂抹应分两遍连续进行，第一遍应涂抹在干燥的中层上，但不得涂抹在水泥砂浆层上。

抹面层灰时，铁抹抹压方向宜平行于房间进光方向。面层灰应抹得平整、光滑，不见抹印。

（5）顶棚抹灰应待前一层灰凝结后才能抹一层灰，不可紧接进行。顶棚面积较小时，整个顶棚抹上灰后再进行压平、压光；顶棚面积较大时，可分段分块进行抹灰、压平、压光，但接合处必须理顺；底层灰全部抹压后，才能抹中层灰，中层灰全部抹压后，才能抹面层灰，不可在某一分段内，底层灰、中层灰、面层灰抹好，再到其他段去抹灰。

（6）在顶棚与墙面的交接处，一般是在墙面抹灰层完成后再补做，也可在抹顶棚时先将距顶棚 20~30cm 的墙面抹灰同时完成，这样顶棚与墙面的交接处可同时做完，方法是用铁抹子在墙面与顶棚高角处添上砂浆，然后用木阴角器抽平压直即可。

顶棚表面应顺平，并压光压实，不应有抹纹和气泡、接槎不平等现象，顶棚与墙面相交的阴角，应成一条直线。

6.4.4 柱抹灰要点

柱一般分为砖柱、砖壁柱和钢筋混凝土柱，又分方柱、圆柱、多角形柱等。

室内柱一般用石灰砂浆或水泥混合砂浆抹底层、中层；麻刀石灰或纸筋石灰抹面层；室外一般常用水泥砂浆抹灰。

砖柱、钢筋混凝土柱子抹灰前的基体处理，与砖墙、混凝土墙基体处理相同。

1. 方柱

（1）找规矩　如果方柱为独立柱，应按设计图纸所标志的柱轴线，测量柱子的几何尺寸和位置，在楼地面上弹上相互垂直的两个方向中心线，并放出抹灰后的柱子边线（注意阳角都要规方），然后在柱顶卡固上短靠尺，拴上线锤往下垂吊，并调整线锤对准地面上的四角边线，检查柱子各面的垂直和平整度。如不超差，在柱四角距地坪和顶棚各15cm左右处做标志块，如图6-9所示。如果柱面超差，应进行处理，再找规矩，做标志块。

如果有两根或两根以上的柱子，应先根据柱子的间距找出各柱中心线，并用墨斗在柱子的四个方面上弹上中心线，然后在一排柱子两侧（即最外边的两个）柱子的正面上外边角（距顶棚15cm左右）做标志块，再以此标志块为准，垂直挂线做下外边角的标志块，再上下拉水平通线做所有柱子正面上下两边标志块，每个柱子正面上下左右共做四个。根据正面的标志块用套板套到两端柱子的反面，再做两边上下标志块。根据这个标志块，上下拉水平通线，做各柱反面的标志块。正面、反面标志块做完后，用套板中心对准柱子正面或反面中心线，做柱两侧面的标志块。

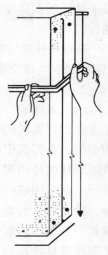

图6-9 独立方柱找规矩

（2）抹灰 柱子四面标志块做好后，应先在侧面卡固八字靠尺，抹正反面，再把八字靠尺板卡固正、反面，抹两侧面，其抹灰分层做法与混凝土顶棚相同。但底、中层抹灰要用短木杠刮平、木抹子搓平，第二天抹面层压光。柱子抹灰要随时检查柱面上下垂直平整，边角方正，外型一致整齐。

柱子抹踢脚线高度要一致。柱子边角可用铁抹子顺线角轻轻抽拉。

砖壁柱抹灰与方柱相同。但找规矩时要注意各个砖壁柱进出要一致,与墙交接的阴角处也要规方。抹灰时阴角要顺直。

2. 圆柱

(1) 找规矩 独立圆柱找规矩,一般也应先找出纵横两个方向设计要求的中心线,并在柱上弹上纵横两个方向四根中心线,按四面中心点,在地面分别弹四个点的切线,就形成了圆柱的外切四边形。这个四边形各边长就是圆柱的实际直径。然后用缺口木板的方法,由上四面中心线往下吊线锤,检查柱子的垂直度,如不超差,先在地面上再弹上圆柱抹灰后外切四边形(每边长就是抹灰后圆柱直径),就按这个制作圆柱抹灰套板。一般直径较小的圆柱,可做半圆套板;如圆柱直径大,应做四分之一圆套板,套板里口可包上铁皮,如图6-10所示。

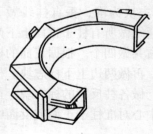

图6-10 套板

圆柱做标志块,可以根据地面上放好的线,在柱四面中心线处,先在下面做四个标志块,然后用缺口板挂线锤做柱子上部四个标志块。在上下标志块挂线,中间每隔1.2m左右再做几个标志块,根据标志块抹标筋。

圆柱为两根以上或成排时,找规矩应与方柱一样。要先找出柱纵、横中心线,并分别都弹到柱上。以各柱进出的误差大小及垂直平整误差,决定抹灰厚度。而后,先按独立圆柱做标志块的方法,做两端头柱子的正侧面四面的标志块,并制作圆形抹灰套板。然后拉通线，做中间各柱正、背面标志块。再用圆柱抹灰套板（柱子直径比较大时，可做一套标准圆形套板，以便做标志块用），卡在柱上，套板中心对准柱中心线，分别做中间各柱侧面上下的标志块，然后都抹标志块。

（2）抹灰 抹灰分层做法与方柱相同，抹灰时用长木杠随抹随找圆，随时用抹灰圆形套板核对，当抹面层灰时，应用圆形套板沿柱上下滑动，将抹灰层扯抹成圆形，最后再由上至下滑磨抽平，如图6-11所示。

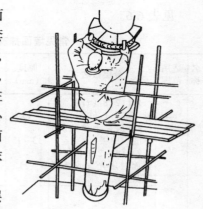

图6-11 圆柱抹灰

6.4.5 冬期施工注意事项

1. 冬期抹灰应采取保温措施。抹灰时，砂浆的温度不宜低于5℃。

气温进入0℃，不宜进行冬期抹灰。

2. 砂浆抹灰层硬化初期不得受冻。

气温低于5℃时，室外不宜抹灰。做油漆或涂料墙面的抹灰层，不得掺入食盐和氯化钙。

3. 用冻结法砌筑的墙体，室外抹灰应待其完全解冻后施工；室内抹灰应待内墙面解冻，方可施工。

不得用热水冲刷冻结的墙面或用热水消除墙面的冰霜。

6.4.6 常见一般抹灰施工要点

1. 墙面抹灰

见表6-6。

常见墙面抹灰做法 表6-6

名称	适用范围	分层做法	厚度(mm)	施工要点	注意事项
石灰砂浆抹灰	砖墙基体	1.1:2:8（石灰膏:砂:黏土）砂浆（或1:3石灰黏土草秸灰）抹底、中层 2.1:2~2.5石灰砂浆面层压光（或纸筋石灰）	13 (13~15) (2)		石灰砂浆的抹灰层，应待前一层7~8成干后，方可涂抹后一层
		1.1:2.5石灰砂浆抹底层 2.1:2.5石灰砂浆抹中层 3.在中层还潮湿时刮石灰膏	7~9 7~9 1	1.中层石灰砂浆木抹子搓平稍干后，立即用铁抹子来回刮石灰膏，达到表面光滑平整，无砂眼、无裂纹，愈薄愈好 2.石灰膏刮后2h，未干前再压实压光一次	
		1.1:3石灰砂浆抹底层 2.1:3石灰砂浆抹中层 3.1:1石灰木屑（或谷壳）抹面	7 7 10	1.锯木屑过5mm孔筛，使用前石灰膏与木屑拌合均匀，经钙化24h，使木屑纤维软化 2.适用于有吸声要求的房间	
		1.1:3石灰砂浆抹底、中层 2.待中层灰稍干，用1:1石灰砂浆随抹随搓平压光	13 6		
	加气混凝土基体	1.1:3石灰砂浆抹底层 2.1:3石灰砂浆抹中层 3.刮石灰膏	7	墙面浇水湿润，刷一道108胶:水=1:3~4溶液，随即抹灰	底层灰一定要达到七、八成干后，再湿润墙抹中层

续表

名称	适用范围	分层做法	厚度(mm)	施工要点	注意事项
水泥混合砂浆抹灰	砖墙基体	1. 1:1:6水泥白灰砂浆抹底层 2. 1:1:6水泥白灰砂浆抹中层 3. 刮白灰膏	7~9 7~9 1		水泥混合砂浆的抹灰层，应待前一层抹灰凝结后，方可涂抹后一层
		1:3:5（水泥:石灰膏:砂子:木屑）分二遍成活，木抹子搓平	15~18	1. 适用于有吸声要求的房间 2. 木屑要求同前	
		1. 1:0.3:3水泥石灰砂浆抹底层 2. 1:0.3:3水泥石灰砂浆抹中层 3. 1:0.3:3水泥石灰砂浆罩面	7 7 5	如为混凝土基体，要先刮水泥浆（水灰比0.37~0.40）或洒水泥砂浆处理，随即抹灰	
		1. 1:0.3:3水泥石灰砂浆抹灰层 2. 1:0.3:3水泥石灰砂浆抹中层 3. 1:0.3:3水泥石灰砂浆罩面	7 7 5	如为混凝土基体，要先刮水泥浆（水灰比0.37~0.40）或洒水泥砂浆处理，随即抹灰	用于做油漆墙面抹灰
		1. 1:3水泥砂浆抹底层 2. 1:3水泥砂浆抹中层 3. 1:2.5或1:2水泥砂浆罩面	5~7 5~7 5	1. 底层灰要压实，找平层（中层）表面要扫毛，待中层5~6成干时抹面层 2. 抹成活后要浇水养护	1. 水泥砂浆抹灰层应待前一层抹灰层凝结后，方可涂抹后一层 2. 水泥砂浆不得涂抹在石灰砂浆层上
		1. 1:2.5水泥砂浆抹底层 2. 1:2.5水泥砂浆抹中层 3. 1:2水泥砂浆罩面	5~7 5~7 5	1. 适用于水地、窗台等部位抹灰 2. 水池抹灰要找出泛水 3. 水池罩面时侧面、底面要同时抹完，阳角要用阳角抹子捋光，阴角要用阴角抹子捋光，形成一个整体	

续表

名称	适用范围	分层做法	厚度(mm)	施工要点	注意事项
水泥混合砂浆抹灰	混凝土基体、石墙基体	1. 1:3 水泥砂浆抹底层 2. 1:3 水泥砂浆抹中层 3. 1:2.5 水泥砂浆罩面	5~7 5~7 5	1. 混凝土表面先刮水泥浆（水灰比 0.37~0.40）或洒水泥砂浆处理 2. 分层抹灰及养护与第11项相同	
聚合物水泥砂浆外墙抹灰	加气混凝土砌块外墙抹灰	1. 1:4 水泥石灰砂浆用含7%108胶或建筑胶水溶液拌制聚合物砂浆抹底层、中层 2. 1:3 水泥砂浆用含7%108胶或建筑胶水溶液拌制聚合物水泥砂浆抹面层	10 10	1. 抹灰前，将加气混凝土表面清扫干净，并涂刷一遍108胶水溶液（胶:水=1:3~4），随即抹灰。涂刷的目的，是封闭基层的毛细孔，使砂浆不早期脱水，同时又增强了砂浆抹灰层与加气混凝土表面的粘结能力 2. 严格控制抹灰分层厚度，底层灰要先抹薄薄一层，表面应"刮糙"底层抹后接着抹中层灰，待五、六成干时，再抹罩面灰，适当干燥后要及时压实压光	加气混凝土基体表面均较干燥且吸水率大，如基体不事先进行处理，不但抹灰操作困难，也会因砂浆抹灰层早期脱水而产生干缩裂缝，因此凡加气混凝土基体，（包括下述加气混凝土条板基体），必须认真涂刷胶水溶液

续表

名称	适用范围	分层做法	厚度(mm)	施工要点	注意事项
纸筋石灰或麻刀石灰抹灰	加气混凝土砌块内墙或加气混凝土条板基体	1. 1:3.9水泥石灰砂浆抹底层	3	1. 基层处理同前 2. 抹灰操作时，分层抹灰厚度应严格按左列数值控制，不要过厚，因为砂浆层越厚，产生空鼓、裂缝的可能性越大	1. 抹灰砂浆稠度要适宜 2. 抹灰后避免风干过快，要将外门窗封闭，加强养护
		2. 1:3石灰砂浆抹中层	7~9		
		3. 纸筋石灰或麻刀石灰罩面	2或3		
		1. 1:0.2:3水泥石灰砂浆喷涂成小拉毛	3~5		
		2. 1:0.5:4水泥石灰砂浆找平（或采用机械喷涂抹灰）	7~9		
		3. 纸筋石灰或麻刀石灰罩面	2或3		
	砖墙基体	1. 1:3石灰砂浆抹底层	4		
		2. 1:3石灰砂浆抹中层	4		
		3. 纸筋石灰或麻刀石灰罩面	2或3		
		1. 1:2.5石灰砂浆抹底层	7~9		
		2. 1:2.5石灰砂浆抹中层	7~9		
		3. 纸筋石灰或麻刀石灰罩面	2或3		
		1. 1:1:6水泥石灰砂浆抹底层	7~9		
		2. 1:1:6水泥石灰砂浆抹中层	7~9		
		3. 纸筋石灰或麻刀石灰罩面	2或3		

续表

名称	适用范围	分层做法	厚度(mm)	施工要点	注意事项
纸筋石灰或麻刀石灰抹灰	混凝土基体	1. 1:0.3:3水泥石灰砂浆抹底层（或用1:3:9，1:0.5:4；1:1:6水泥石灰砂浆视具体情况而定）	7~9	1. 当前混凝土多使用钢模板，尤其大模板混凝土施工时，由于涂刷各种隔离剂，表面光滑而影响抹灰与基体的粘结，因此要对基体进行处理，即用108胶水（胶:水=1:20）处理，方法是将基体表面喷匀不漏喷，使胶水渗入基体表面1~1.5mm 2. 基体处理后再抹灰或用挤压式砂浆泵喷毛打底	
		2. 用上述配合比抹中层	7~9		
		3. 纸筋石灰或麻刀石灰罩面	2或3		
		1. 聚合物水泥砂浆或水泥混合砂浆喷毛打底	1~3		
		2. 纸筋石灰或麻刀石灰罩面	2或3		
膨胀珍珠岩水泥砂浆抹灰	混凝土内墙基体	1. 聚合物水泥砂浆或水泥混合砂浆喷毛打底	1~3		膨胀珍珠岩水泥砂浆要随抹随压，抹灰层要愈薄愈好，且要用铁压子压至平整光滑为止
		2. 水泥:石灰膏:膨胀珍珠岩用中级粗细颗粒经混合级配，容重为80~150kg/m³罩面	2		
大白腻子罩面	混凝土基体	1. 石膏腻子[石膏:聚醋酸乳液:甲基纤维素溶液（浓度为5%）=100:5~6:60（重量比）] 填缝补角	0~1	1. 基体处理如前 2. 施工流程是：基体处理→基层修补→满刮大白腻子→修补打磨→腻子成活	1. 基体处理时胶水比例要根据基体光滑程度灵活掌握用

186

续表

名称	适用范围	分层做法	厚度(mm)	施工要点	注意事项
大白腻子罩面	混凝土、混凝土基体	2.大白腻子（大白粉：滑石粉、乳液：浓度5%的甲基纤维素溶液＝60：40：2～4：75）满刮三遍	2～3	3.基体处理后，找补石膏腻子，方法是用钢片刮板或胶皮刮板将基体表面0.5mm以上的蜂窝凹陷，及高低不平处刮实，再横抹竖起满刮一遍（表面光滑的可以不刮） 4.满刮大白腻子时，要用胶皮刮板，分遍刮平，操作时按同一方向往返刮，刮板要拿稳，吃灰量要一致，注意上下左右接槎时，两刮板间要干净，不允许留浮腻子，甩槎都赶到阴角处，且要找直阴角和阳角，要用直尺和方尺检查，不要有碎弯 5.头道腻子刮后干燥即要用0号砂纸打磨至平整光滑，二遍腻子同样要磨平	1.胶量，即越光滑的基体，胶量越大 2.刮腻子时要防止沾上和混进砂粒等杂物
	墙基体	1.1：2.5石灰砂浆抹底层、中层	10～15	1.底层和中层抹灰同上项3 2.刮大白腻同上项4	
		2.面层刮大白腻子	1		
		1.1：1：6水泥白灰砂浆抹底、中层	10～15		
		2.刮大白腻子	1		

187

续表

名称	适用范围	分层做法	厚度(mm)	施工要点	注意事项
石膏灰抹灰	高级装修的墙面	1. 1:2~3 麻刀石灰抹底层、中层 2. 13:6:4（石膏粉:水:石灰膏）罩面分二遍成活，在第一遍未收水时即进行第二遍抹灰，随即用铁抹子修补压光两遍，最后用铁抹子溜光至表面密实光滑为止	底层6 中层7 2~3	1. 底层、中层抹灰用麻刀石灰，应在20d前化好备用，其中麻刀为白麻丝，石灰宜用2:8块灰，配合比为，麻刀:石灰=7.5:1300（重量比） 2. 石膏一般宜用乙级建筑石膏，结硬时间为5min左右，4900孔筛余量不大于10% 3. 基层不宜用水泥砂浆或混合砂浆打底，亦不得掺用氯盐，以防泛潮面层脱落	罩面石膏灰不得涂抹在水泥砂浆层上
水砂面层抹灰	适用于高级建筑内墙面	1. 1:2~1:3 麻刀石灰砂浆抹底层、中层（要求表面平整垂直） 2. 水砂抹面分二遍抹成，应在第一遍砂浆略有收水时进行第二遍抹灰，第一遍竖向抹，第二遍横向抹，（抹水砂前，底子灰如有缺陷应修补完整，待墙干燥一致方能进行水砂抹面，否则将影响其表面颜色不均。墙面要均匀洒水，充分湿润，门窗玻璃必须装好，防止面层水分蒸发过快而产生龟裂） 3. 水砂抹完后，用钢皮抹子压二遍，最后用钢皮抹子先横向后竖向溜光至表面密实光滑为止	13 2~3	1. 使用材料为水砂，即沿海地区的细砂，其平均粒径0.15mm，容重为1050kg，使用时应用清水淘洗，污泥杂质含泥量应小于2%。石灰必须是洁白块灰，不允许有灰末子，及氧化钙含量不小于75%的二级石灰水应以食用水为佳 2. 水砂砂浆拌制块灰随化随淋浆（用3mm粒径筛子过滤），将淘洗清洁的砂和沥浆过的热灰浆进行拌和，拌和后水砂呈淡灰色为宜，稠度为12.5cm。热灰浆:水砂=1:0.75（重量比）或1:0.815（体积比）每立方米水砂砂浆约用水砂750kg，块	

续表

名称	适用范围	分层做法	厚度(mm)	施工要点	注意事项
水砂面层抹灰	适用于高级建筑内墙面			灰300kg 3.使用热灰浆拌和的目的在于使砂内盐分尽快蒸发,防止墙面产生龟裂,水砂拌和后置于池内进行消化3~7d后方可使用	
	板条、苇箔金属网墙	1.麻刀石灰或纸筋石灰砂浆抹底层、中层 2.1:2.5石灰砂浆(略掺麻刀)找平 3.纸筋石灰或麻刀石灰抹面层	底层、中层各为3~6 2~3 2或3		

2. 顶棚抹灰

见表6-7。

常见顶棚抹灰做法　　表6-7

名称	分层做法	厚度(mm)	施工要点	注意事项
现浇混凝土楼板顶棚抹灰	1.1:0.5:1水泥石灰混合砂浆抹底层 2.1:3:9水泥石灰砂浆抹中层 3.纸筋石灰或麻刀石灰抹面层	2 6 2或3	纸筋石灰配合比是,白灰膏:纸筋=100:1.2;麻刀石灰配合比是,白灰膏:细麻刀=100:1.7(以上均为重量比)	1.现浇混凝土楼板顶棚抹头道灰时,必须与模板木纹的方向垂直,并用钢皮抹子用力抹实,越薄越好,底子灰抹完后,紧跟抹第二遍找平,待六到七成干时,即应罩面
	1.1:2:4水泥纸筋灰砂浆抹底基 2.1:2纸筋灰砂浆找平 3.纸筋灰罩面	2~3 10 2		

续表

名称	分层做法	厚度(mm)	施工要点	注意事项
预制混凝土楼板顶棚抹灰	1. 1:0.5:4 水泥石灰砂浆抹底层 2. 1:0.5:4 水泥石灰砂浆抹中层 3. 纸筋灰罩面	4 4 2	1. 抹前要先将预制板缝勾实勾平 2. 底层与中层抹灰要连续操作	2. 无论现浇或预制楼板顶棚，如用人工抹灰，都应进行基层处理，即混凝土表面先刮水泥浆或洒水泥砂浆
	1. 1:1:6 水泥纸筋灰砂浆抹底层、中层 2. 1:1:6 水泥细纸筋灰罩面压光	7 8	适用机械喷涂抹灰	
	1. 1:1 水泥砂浆（加水泥重量 2% 的聚醋酸乙烯乳液）抹底层 2. 1:3:9 水泥石灰砂浆抹中层 3. 纸筋灰罩面	2 6 2	1. 适用于高级装修工程 2. 底层抹灰需养护 2~3d 后，再做找平层	
板条、苇箔、秫秸或金属网顶棚抹灰	1. 纸筋石灰或麻刀石灰砂浆抹底层 2. 纸筋石灰或麻刀石灰砂浆抹中层 3. 1:2.5 石灰砂浆（略掺麻刀）找平 4. 纸筋石灰或麻刀石灰砂浆罩面	3~6 3~6 2~3 2 或 3	1. 板条顶棚板条间的缝隙应为 7~10mm，板条端面间应有 3~5mm 空隙，板条应钉牢固，不准活动 2. 金属网顶棚的金属网应拉平拉紧钉牢 3. 抹时应用墨斗在靠近顶棚四周墙面上弹出水平线，板条应洒水湿润，抹灰应从墙角顶棚开始，并沿着板条方向抹底层，抹时铁抹子要来回压抹，将砂浆挤入板条缝内，形成转角，紧接着再抹一层并压入底层中去	

续表

名称	分层做法	厚度(mm)	施工要点	注意事项
板条、苇箔、秫秸或金属网顶棚抹灰			4. 底部两层抹好后，稍停一会，再抹石灰砂浆，用软刮尺前后左右刮平，不必压光，只用木抹子搓平，待六到七成干时，方可抹罩面灰，抹时用铁抹子顺板条方向进行，要接搓平整、抹纹顺直，揉实压光，一般分两遍成活，即头遍薄薄抹一层，二遍抹平压光 5. 苇箔、秫秸顶棚抹底灰时也要将砂浆抹压挤入苇箔或秫秸缝隙内形成转脚，抹时先顺着苇箔或秫秸抹，然后横着抹，要较板条抹灰稍用力 6. 金属网顶棚抹灰时，底层灰应使劲挤压到网眼内	
钢板网顶棚抹灰	1. 1:1.5:1.2 石灰砂浆（略掺麻刀）抹底层，灰浆要挤入网眼中 2. 挂麻丁，将小束麻丝每隔 30cm 左右挂在钢板网网眼上，两端纤维垂下，长 5cm 3. 1:2 石灰砂浆抹中层，分两遍成活，每遍将悬挂的麻丁向四周散开 1/2，抹入灰浆中 4. 纸筋石灰罩面	3 3 2	1. 抹灰时分遍将麻丝按放射状梳理抹进中层砂浆中，麻丝要分布均匀 2. 其他分层抹灰方法同前	1. 钢板网吊顶龙骨以 40×40cm 方格为宜 2. 为避免木龙骨收缩变形使抹灰层开裂，可使用间距为 20cm 的 φ6 钢筋，拉直钉在木龙骨上，然后用铅丝把钢板网撑紧，绑扎在钢筋上 3. 适用于大面积厅、室等高级装修工程

3. 墙裙抹灰

见表 6-8。

水泥砂浆墙裙做法　　　　表 6-8

墙裙类别	墙体材料	总厚度(mm)	底层灰	中层灰	面层灰
外墙裙	砖墙	20	15厚1:3水泥砂浆		5厚1:2.5水泥砂浆
		25	12厚1:3水泥砂浆	8厚1:3水泥砂浆	5厚1:2.5水泥砂浆
	混凝土墙	18	13厚1:3水泥砂浆		5厚1:2.5水泥砂浆
		23	10厚1:3水泥砂浆	8厚1:3水泥砂浆	5厚1:2.5水泥砂浆
	加气混凝土墙	12	7厚2:1:8水泥石灰砂浆		5厚1:2.5水泥砂浆
		18	5厚2:1:8水泥石灰砂浆	8厚1:1:6水泥石灰砂浆	5厚1:2.5水泥砂浆
内墙裙	砖墙	18	13厚1:3水泥砂浆		5厚1:2.5水泥砂浆
		23	11厚1:3水泥砂浆	7厚1:3水泥砂浆	5厚1:2.5水泥砂浆
	混凝土墙	16	11厚1:3水泥砂浆		5厚1:2.5水泥砂浆
		21	10厚1:3水泥砂浆	6厚1:3水泥砂浆	5厚1:2.5水泥砂浆
	加气混凝土墙	10	5厚1:3水泥砂浆		5厚1:2.5水泥砂浆
		16	5厚2:1:8水泥石灰砂浆	6厚1:1:6水泥石灰砂浆	5厚1:2.5水泥砂浆

注：内墙墙裙面刷无光油漆或乳胶漆。

6.4.7 粉刷石膏施工

1. 配合比

粉刷石膏料浆配合比应采用重量比并应符合设计要求：当设计无要求时，可按表6-9选用。

粉刷石膏料浆配合比（kg） 表6-9

材料名称 工程部位	面层粉刷石膏		现场配底层粉刷石膏			现场配保温层粉刷石膏			备注
	水	粉	水	粉	砂	水	粉	珍珠岩	
顶棚	0.40	1	0.52	1	1.0				珍珠岩的堆积密度为$100kg/m^3$
混凝土	0.42	1	0.64	1	2.0	0.80	1	0.3	
黏土砖	0.42	1	0.70	1	2.5	0.80	1	0.3	
加气混凝土	0.42	1	0.70	1	2.5	0.80	1	0.3	
石膏板	0.42	1	0.64	1	2.0	0.80	1	0.3	

注：1. 表中配合比仅适用于手工抹灰，料浆性能应满足国家现行行业标准《粉刷石膏》JC/T 517第5节的相关要求。

2. 由于环境温度、湿度不同，基层吸水率不同，现场配底层粉刷石膏加砂量不同，用水量有较大差别，水粉比可由试验确定。

3. 机械喷涂必须采用工厂生产的粉刷石膏：
面层粉刷石膏的水：粉 = 0.45～0.48:1；
底层粉刷石膏的水：粉：砂 = 0.4:1:1；
保温层的粉刷石膏的水粉比则根据不同保温材料试配而定。

2. 料浆搅拌

（1）料浆搅拌应按试验配合比投料，严格计量。一次投料量应按在初凝前能用完的量确定。

（2）搅拌面层粉刷石膏料浆时，应先加水后加粉刷石膏；现场搅拌底层粉刷石膏料浆时，应先浆水和粉刷石膏搅拌均匀后再加砂子搅拌；搅拌保温层料浆时，应先浆粉刷石膏和保温骨料混合均匀再加水搅拌。

(3) 搅拌时间应控制在 2~5min。

3. 工艺要点（手工操作）

(1) 应根据抹灰部位确定顺序和路线。可按先顶棚后墙面，先上后下，从门口一侧开始，另一侧退出，整个墙面连续作业。

(2) 顶棚可用粉刷石膏料浆一次抹灰完成。

(3) 墙面抹灰工艺流程应为：吊垂直→套方→设标志或标筋→做护角→抹底层灰→抹面层灰→压光。

(4) 根据墙面基层平整度、装饰要求，应设置标志或标筋。层高 3m 以下时，横标筋宜设两道；层高 3m 及其以上时，应再增加一道标筋。竖标筋距离宜为 1.2~1.5m。

(5) 抹灰层厚度小于 5mm 的可直接用面层粉刷石膏；抹灰层厚度大于 5mm，小于 20mm 的，可用底层粉刷石膏打底，再用面层粉刷石膏罩面。保温层粉刷石膏抹灰的厚度应根据设计要求确定。

(6) 应按照设计要求厚度将料浆抹在基层上，用 H 型尺或刮板紧贴标筋上下左右刮平面层灰。

(7) 压光应在终凝前进行，用手指压表面时不应出现明显压痕。应用抹子压光，可同时配合用泡沫海绵抹子蘸水搓揉，并应随时用靠尺检查墙面的平整。

(8) 当后做踢脚线、墙裙、地面时，抹灰后应及时清理相关位置。

(9) 抹灰过程中，应及时清理落地灰，并修整预留孔洞、电气槽盒及管道背面等部位。刮、搓下的料浆不得回收使用。

(10) 压光后应保持室内通风良好，不得用水冲刷饰面。

(11) 施工完毕后，应将抹灰工具和机械及时清洗干净。

6.4.8 一般抹灰缺陷预防及治理

一般抹灰的缺陷常见的有墙面抹灰层空鼓或裂缝，抹灰层起泡、开花、有抹纹，抹灰面不平，阴阳角不垂直、不方正，顶棚面抹灰层空鼓、裂缝等。各种缺陷的产生原因及预防措施见表6-10。

一般抹灰缺陷产生原因及预防措施　　　　表 6-10

缺陷现象	产生原因	预防措施
砖墙、混凝土墙抹灰层空鼓、裂缝	1. 基层清理不干净、浇水不透 2. 抹灰砂浆和厚材料质量低劣、使用不当 3. 基层偏差较大，一次抹灰层过厚 4. 门窗框两边填塞不严，木砖距离过大或木砖松动，引起门窗框外裂缝或空鼓	1. 基层必须清理干净；提前浇水湿润基层 2. 选用质量合格的原材料，抹灰砂浆应按配合比进行配制 3. 基层偏差大的地方用水泥砂浆先行补平；抹灰层应分层分遍涂抹，每层抹灰层的厚度不应超过设计规定 4. 门窗两侧墙内预埋木砖应牢固，每侧不少于三块，木砖间距不大于 1.2m。门窗框边缝隙应用砂浆填塞严密
加气混凝土墙抹灰层空鼓、裂缝	1. 未进行表面处理 2. 板缝中粘结砂浆不严 3. 条板上口与顶棚粘结不严 4. 条板下细石混凝土未凝固就拔掉木楔 5. 墙体整体性和刚度较差	1. 抹底层灰前，应在墙面上涂刷108胶水，以增强粘结力 2. 板缝中砂浆一定要填刮严密 3. 条板上口事先要锯平，与顶棚粘牢 4. 条板下细石混凝土强度达到75%以上才能拔去木楔，木楔留下空隙还要填塞细石混凝土 5. 墙体避免受剧烈振动或冲击

续表

缺陷现象	产生原因	预防措施
抹灰层的面层灰起泡、开花、有抹纹	1. 抹完面层灰后、紧接进行压光 2. 中层灰过于干燥、抹面层灰前对中层灰未浇水湿润 3. 面层灰用石灰膏熟化时间不够，未熟化石灰颗粒混入灰内抹灰后继续熟化，体积膨胀，引起面层灰表面炸裂、开花 4. 抹压面层灰操作程序不对，使用工具不当	1. 抹完面层灰后，待其收水后，才能进行面层灰压光 2. 抹面层灰时，中层灰约5~6成干，如太干应洒水湿润 3. 选用合格的石灰淋制石灰膏，并用3mm×3mm筛子过滤，石灰熟化应有足够时间 4. 遵守合理的操作程序，使用合适的抹压工具
抹灰面不平、阴阳角不垂直、不方正	1. 抹底层灰前，做标志、标筋不认真 2. 标筋未结硬，就抹底层灰，依着软的标筋上刮底层灰 3. 阴、阳角处未找方检查就抹灰，用阴、阳角器扯平砂浆时不仔细，有歪斜处不及时修正	1. 做标志、做标筋一定要找平、找直、认真操作 2. 待标筋砂浆有7~8成干时才能抹底层灰，依着标筋刮平底层灰 3. 阴、阳角处应用方尺检查，显著不平处应事先填补，扯阴角器、阳角器时，最好依着标筋或靠尺，扯抹砂浆应随时检查阴、阳角方正，及时修整
混凝土顶棚抹灰层空鼓、裂缝	1. 顶棚底清理不干净，抹灰前浇水不透 2. 预制板板底安装不平 3. 预制板排缝不匀、灌缝不密实 4. 抹灰砂浆配合比不当	1. 抹灰前，顶棚底必须清理干净，喷水湿润 2. 预制板应座浆铺设 3. 预制板排缝应均匀、灌缝应密实 4. 选用合适的砂浆配合比
钢板网顶棚抹灰层空鼓、开裂	1. 底层灰中水泥比例大，抹灰层产生收缩变形，使顶棚受潮或钢板网锈蚀、引起抹灰层脱落 2. 钢板网弹性变形，引起抹灰层开裂、脱壳 3. 顶棚吊筋木材含水率过大，接头不紧密、起拱不准，造成抹灰层厚薄不匀，抹灰层较厚处易发生空鼓、开裂	1. 底层灰中水泥比例应恰当，底层灰与中层灰宜选用相同砂浆 2. 钢板网一定要钉坚实 3. 木吊筋应选用干燥木材，吊筋与木龙骨务必钉牢。木顶棚的起拱值应准确，最大起拱值应在顶棚正中点。抹灰层应厚薄均匀

续表

缺陷现象	产生原因	预防措施
板条顶棚抹灰层空鼓、开裂	1.顶棚所用木龙骨、板条等木材材质不好，含水率大 2.板条钉得不牢，板间缝隙不匀，板条端接头无缝隙，抹灰层与板条粘结不良 3.砂浆配合比不当和操作不妥	1.顶棚所用木龙骨、板条等应选用烘干或风干木材 2.板条应钉牢，板条间应留7~10mm空隙。底层灰应垂直于板条长度方向抹压，使板条缝隙中有灰 3.选用合适的砂浆及操作方法

对于抹灰层空鼓治理，应将其空鼓部分铲去，清理基层后，重新分层抹灰。

对于抹灰层裂缝治理，应沿裂缝方向凿去一定宽度的抹灰层，清理基层后，重新分层抹灰。

对于抹灰层起泡、开花、有抹纹治理，应将其有缺陷面层灰铲去，清理中层灰面后，重新抹面层灰。

对阴阳角不垂直、不方正的治理，要求不高的可不予治理；要求较高的，应用方尺仔细检查一遍，用面层灰修补不平处，再用阴角抹或阳角抹抹压几遍。

6.5 装饰抹灰施工

6.5.1 一般要求

1.装饰抹灰面层的厚度、颜色、图案应符合设计要求。

2.装饰抹灰所用材料的产地、品种、批号（在一个工程范围内）应力求一致。同一墙面所用色调的砂浆，要做到统一配料，以求色泽一致。施工前应一次尽量将材料干拌均匀过筛，并用纸袋储存，用时加水搅拌。

3. 柱子、垛子、墙面、檐口、门窗口、勒脚等处,都要在抹灰前在水平和垂直两个方向拉通线,找好规矩(包括四角挂垂直线,大角找方,拉通线贴灰饼、冲筋等)。

4. 抹底子灰前基层要先浇水湿润,底子灰表面应扫毛或划出纹道,经养护 1~2d 后再罩面,次日浇水养护。夏季应避免在日光暴晒下抹灰。

用于加气混凝土基层的底灰宜采用混合砂浆。一般不宜粘挂较重(如面砖、石料等)的饰面材料,除护角、勒脚等,不宜大面积采用水泥砂浆抹灰。其他见一般抹灰有关要求。

5. 尽量做到同一墙面不接槎,必须接槎时,应注意把接槎位置留在阴阳角或水落管处。室外抹灰为了不显接槎,防止开裂,一般应按设计尺寸粘米厘条(分格条)均匀分格处理。

6. 墙面有分格要求时,底层应分格弹线,粘米厘条(分格条)时要四周交接严密、横平竖直,接岔要齐,不得有扭曲现象。

7. 加气混凝土外墙面不平处,可先刷 20% 108 胶水泥浆,再用 1:1:6 混合砂浆修补。为了保证饰面层与基层粘结牢固,施工前宜先在基层喷刷 1:3(胶:水)108 胶水溶液一遍。

8. 外墙抹灰应由屋檐开始自上而下进行,在檐口、窗台、碴脸、阳台、雨罩等部位,应做好泛水和滴水线槽。

6.5.2 常见装饰抹灰做法

1. 水泥 石灰类装饰抹灰

这种饰面做法的主要优点是材料来源广泛,施工操作简便,造价较低。其缺点是多数做法仍为手工操作,工效低。但这种装饰抹灰,在质量等级、造价不允许采用高级装饰做法的情况下,不失为一种可取的做法。

(1) 分层做法 见表 6-11。

水泥、石灰类装饰抹灰在各种基体上的做法　　表 6-11

种类	基体	分层做法	厚度(mm)	适用范围
拉毛灰	砖墙基体	1. 2:1:8 水泥石灰砂浆抹底层 2. 2:1:8 水泥石灰砂浆抹中层找平 3. 刮水灰比为 0.37~0.40 的素水泥浆 4. 抹纸筋石灰罩面拉毛或抹水泥石灰砂浆罩面拉毛	6~7 6~7 4~20	有音响要求的礼堂、影剧院、会议室等室内墙面，也可用在外墙、阳台栏板或围墙等外饰面
	混凝土墙基体	1. 满刮水灰比为 0.37~0.40 的素水泥浆或甩水泥砂浆 2、3、4 同砖墙基体		
	加气混凝土墙基体	1. 涂刷一遍 1:3~4 的 108 胶水溶液 2、3、4 同砖墙基体		
仿石抹灰	砖墙基体	1. 1:1:6 水泥石灰砂浆抹底层 2. 1:1:6 水泥石灰砂浆抹中层 3. 1:1:6 水泥石灰砂浆罩面扫出毛纹或斑点	7~9 0~6 6~7	影剧院、宾馆内墙面和厅院外墙面等装饰抹灰
	混凝土墙基体	满刮水灰比为 0.37~0.40 的水泥浆或甩水泥砂浆后，各分层做法与砖墙相同		
	加气混凝土墙基体	1. 涂刷 1:3~4 的 108 胶水溶液 2. 2:1:8 水泥石灰砂浆抹底层 3. 1:1:6 水泥石灰砂浆抹中层 4. 1:1:6 水泥石灰砂浆罩面扫出毛纹或斑点	7~9 0~6 6~7	
拉条灰	砖墙基体	1. 1:1:6 水泥石灰砂浆抹底层 2. 1:1:6 水泥石灰砂浆抹中层 3. 1:2:0.5＝水泥:砂:细纸筋石灰打底及罩面拉条（拉细条形） 1:2:0.5＝水泥:砂:细纸筋石灰打底及 1:0.5＝水泥:细纸筋石灰罩面拉条（拉粗条形）	7~9 0~6 10~12 10~12	公共建筑的门厅、会议室、观众厅等墙面装饰抹灰
	混凝土墙基体	涂刮水灰比为 0.37~0.40 的水泥浆或甩水泥砂浆后，各分层做法与砖墙相同		
	加气混凝土墙基体	涂刷 1:3~4 的 108 胶水溶液后，各分层做法与砖墙相同		

续表

种类	基体	分 层 做 法	厚度(mm)	适用范围
假面砖		1. 1:3水泥砂浆打底 2. 1:1 水泥砂浆垫层 3. 饰面砂浆	8~10 3 3~4	

(2) 拉毛灰做法要点　拉毛灰的种类较多，如拉长毛、短毛，拉粗毛和细毛，此外还有条筋拉毛等。特点是具有吸音作用。

拉毛装饰抹灰的基体处理，与一般抹灰相同。中层砂浆涂抹后，先刮平，再用木抹子搓毛，待中层6~7成干时，根据其干湿程度，浇水湿润墙面，然后涂抹面层（罩面）拉毛。

1) 纸筋石灰拉毛，其方法是1人先抹纸筋石灰，另1人紧跟在后用硬毛鬃刷往墙上垂直拍拉，拉出毛头。涂抹厚度应以拉毛长度来决定，一般为4~20mm，涂抹时应保持厚薄一致。

2) 水泥石灰砂浆拉毛有水泥石灰砂浆和水泥石灰加纸筋砂浆拉毛两种。前者多用于外墙饰面，后者多用于内墙饰面。

水泥石灰砂浆罩面拉毛时，待中层砂浆5~6成干，浇水湿润墙面，刮水泥浆，以保证拉毛面层与中层粘结牢固。

当罩面砂浆使用1:0.5:1水泥石灰砂浆拉毛时，一般1人在前刮素水泥浆，另1人在后进行抹面层拉毛。拉毛用白麻缠成的圆形麻刷子（麻刷子的直径依拉毛疙瘩的大小而定），把砂浆向墙面一点一带，带出毛疙瘩来，如图

6-12所示。

当采用水泥石灰另加纸筋拉毛操作时，罩面砂浆配合比是一分水泥按拉毛粗细掺入适量的石灰膏的体积比：拉粗毛时掺石灰膏5%和石灰膏重量3%的纸筋；中等毛头掺10%～20%的石灰膏和石

图6-12　水泥石灰砂浆拉粗毛

灰膏重量的3%的纸筋；拉细毛掺25%～30%石灰膏和适量砂子。

拉粗毛时，在基层上抹4～5mm厚的砂浆，用铁抹子轻触表面用力拉回；拉中等毛头可用铁抹子，也可用硬毛鬃刷拉起，拉细毛时，用鬃刷粘着砂浆拉成花纹。

拉毛时，在一个平面上，应避免中断留槎，以做到色调一致不露底。

有时设计要求拉毛灰掺入颜料。这时应在抹罩面砂浆前，做出色调对比样板，选样后统一配料。

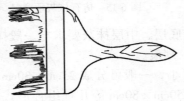

图6-13　刷条筋专用刷子

3）条筋形拉毛做法，是在水泥石灰砂浆拉毛的墙面上，用专用刷子（图6-13），蘸1∶1水泥石灰浆刷出条筋。条筋比拉毛面凸出2～3mm，稍干后用钢皮抹子压一下，最后按设计要求刷色浆。

待中层砂浆6～7成干时，刮水泥浆，然后抹水泥石灰砂浆面层，随即用硬毛鬃刷拉细毛面，刷条筋。刷条筋前，

先在墙上弹垂直线，线与线的距离以 40cm 左右为宜，作为刷筋的依据。条筋的宽度约 20mm，间距约 30mm。刷条筋，宽窄不要太一致，应自然带点毛边（图 6-14）。

（3）仿石抹灰做法要点　仿石抹灰，也称仿假石。是在基层上涂抹面层砂浆，分出大小不等的横平竖直的矩形格块，用竹丝扎成能手握的竹丝帚，用人工扫出横竖毛纹或斑点，有如石面质感的装饰抹灰，如图 6-15 所示。

小拉毛条筋 预先弹线

图 6-14　条筋拉毛示意

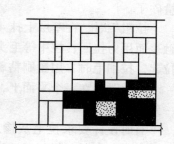

图 6-15　仿石抹灰示意

1）仿石抹灰基层处理及底层、中层抹灰要求与一般抹灰相同。中层要刮平、搓平、划痕。

2）墙面分格尺寸可大可小，一般可分成 25cm×30cm，25cm×50cm，50cm×50cm，50cm×80cm 等几种组合形式。内墙仿石抹灰，可离开顶棚 6cm 左右，下面与踢脚板相连；外墙上口用突出腰线与上面抹灰分开，下面可直接到底。

3）采用隔夜浸水的 6mm×15mm 分格木条，根据墨线用纯水泥浆镶贴木条。

4)抹面层灰以前,先要检查墙面干湿程度,并浇水湿润。

5)面层抹后,用刮尺沿分格条刮平,用木抹子搓平。等稍收水后,用竹丝帚扫出条纹(图6-16)。

6)扫好条纹后,立即起出分格条,随手将分格缝飞边砂粒清净,并用素灰勾好缝。

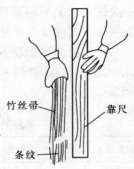

图6-16 扫毛示意

(4)拉条灰 拉条灰是通过采用条形模具的上下拉动,使墙面抹灰呈规则的细条、粗条、半圆条、波形条、梯形和长方形条等形状。

1)拉条抹灰的基体处理及底层、中层抹灰与一般抹灰相同。拉条抹灰前必须根据所弹墨线用纯水泥浆贴10mm×20mm木条子。层高3.5m以上,可从上到下加钉一条18号铁线作滑道用,以免中途模子(图6-17)遇砂粒波动影响质量。

2)拉条时,墙面中层砂浆应达到70%强度,才能涂抹粘结层及罩面砂浆,罩面砂浆须根据所拉条形采用不同的砂浆,粘结层与罩面砂浆干湿适宜,要求达到能拉动的稠度。操作时应按竖格连续作业,

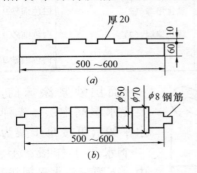

图6-17 木模
(a)带凹凸槽形方木模;(b)带凹凸槽形圆柱模子
注:用杉木 红松或椴木等木板制作,模具口处包上镀锌铁皮。

一次抹完，上下端灰口应齐平。罩面灰应揉平压光。一条拉条灰要一气呵成，不能中途停顿。

(5) 假面砖做法要点 假面砖抹灰用水泥、石灰膏配合一定量的矿物颜料制成彩色砂浆，配合比可参考表 6-12。

彩色砂浆参考配合比（体积比）　　　表 6-12

设计颜色	普通水泥	白水泥	石灰膏	颜料（按水泥量%）	细　砂
土黄色	5		1	氧化铁红 (0.2~0.3)	9
				氧化铁黄 (0.1~0.2)	
咖啡色	5		1	氧化铁红 (0.5)	9
淡　黄		5		铬黄 (0.9)	9
浅桃色		5		铬黄 (0.5)、红珠 (0.4)	白色细砂9
淡绿色		5		氧化铬绿 (2)	白色细砂9
灰绿色	5		1	氧化铬绿 (2)	白色细砂9
白　色		5			白色细砂9

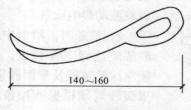

图 6-18　铁钩子

面层砂浆涂抹前，要浇水湿润中层，先弹水平线（可按每步架为一个水平工作段，上、中、下弹三条水平通线，以便控制面层划沟平直度），然后在中层上抹 1:1 水泥垫层砂浆，厚度 3mm，接着抹面层砂浆 3~4mm 厚。面层稍收水后，用靠尺板使铁梳子或铁钩子（图 6-18）由上向下划纹,深度不超过1mm。然后根据面砖的宽度用铁钩子(图6-19)沿靠尺板横向划沟,深度以露出垫层灰为准,划好后将飞边砂粒扫净。

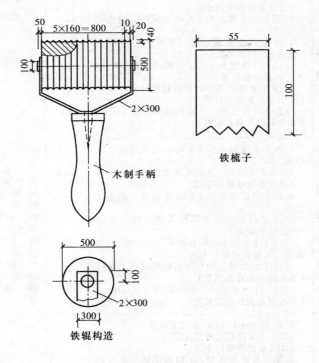

图6-19 铁辊和铁梳子

2. 石粒类装饰抹灰

石粒类装饰抹灰主要用于外墙。有水刷石、干粘石、机喷石、机喷砂、斩假石等。

(1) 分层做法 石粒类装饰抹灰在各种基体上的分层做法见表6-13。

石粒装饰抹灰在各种基体上分层做法　　表 6-13

种类	基体	分层做法（体积比）	厚度（mm）	适用范围
水刷石	砖墙	1. 1:3 水泥砂浆抹底层 2. 1:3 水泥砂浆抹中层 3. 刮水灰比为 0.37~0.40 水泥浆一遍为结合层 4. 水泥石粒浆或水泥石灰膏石粒浆面层（按使用石粒大小）： 　（1）1:1 水泥大八厘石粒浆（或 1:0.5:1.3 水泥石灰膏石粒浆） 　（2）1:1.25 水泥中八厘石粒浆（或 1:0.5:1.5 水泥石灰膏石粒浆） 　（3）1:1.5 水泥小八厘石粒浆（或 1:0.5:2.0 水泥石灰膏石粒浆）	5~7 5~7 20 15 10	一般多用于建筑物墙面、檐口、腰线、窗楣、窗套、碹脸、门套、柱子、壁柱、阳台、雨篷、勒脚、花台等
	混凝土墙	1. 刮水灰比为 0.37~0.40 水泥浆或甩水泥砂浆 2. 1:0.5:3 水泥石灰砂浆抹底层 3. 1:3 水泥砂浆抹中层 4. 刮水灰比为 0.37~0.40 水泥浆一遍为结合层 5. 水泥石粒浆或水泥石灰膏石粒浆面层（按使用石粒大小）： 　（1）1:1 水泥大八厘石粒浆（或 1:0.5:1.3 水泥石灰膏石粒浆） 　（2）1:1.25 水泥中八厘石粒浆（或 1:0.5:1.5 水泥石灰膏石粒浆） 　（3）1:1.5 水泥小八厘石粒浆（或 1:0.5:2.0 水泥石灰膏石粒浆）	0~7 5~6 20 15 10	
	加气混凝土墙	1. 涂刷一遍 1:3~4108 胶水溶液 2. 2:1:8 水泥石灰砂浆抹底层 3. 1:3 水泥砂浆抹中层 4. 刮水灰比为 0.37~0.40 水泥浆一遍为结合层 5. 水泥石粒浆或水泥石灰膏石粒浆面层（按使用石粒大小）： 　（1）1:1 水泥大八厘石粒浆（或 1:0.5:1.3 水泥石灰膏石粒浆） 　（2）1:1.25 水泥中八厘石粒浆（或 1:0.5:1.5 水泥石灰膏石粒浆） 　（3）1:1.5 水泥小八厘石粒浆（或 1:0.5:2.0 水泥石灰膏石粒浆）	7~9 5~7 20 15 10	

续表

种类	基体	分层做法（体积比）	厚度（mm）	适用范围
干粘石	砖墙	1. 1:3 水泥砂浆抹底层 2. 1:3 水泥砂浆抹中层 3. 刷水灰比为 0.40~0.50 水泥浆一遍为结合层 4. 抹水泥:石灰膏:砂子:108胶 = 100:50:200:5~15 聚合物水泥砂浆粘结层 5. 小八厘彩色石粒或中八厘彩色石粒	5~7 5~7 4~5 (5~6,当采用中八厘石粒时)	同水刷石
干粘石	混凝土墙	1. 刮水灰比为 0.37~0.40 水泥或甩水泥砂浆 2. 1:0.5:3 水泥混合砂浆抹底层 3. 1:3 水泥砂浆抹中层 4. 刷水灰比为 0.40~0.50 水泥浆一遍为结合层 5. 抹水泥:石灰膏:砂子:108胶 = 100:50:200:5~15 聚合物水泥砂浆粘结层 6. 小八厘彩色石粒或中八厘彩色石粒	3~7 5~6 4~5 (5~6,当采用中八厘石粒时)	同水刷石
干粘石	加气混凝土墙	1. 涂刷一遍 1:3~4 (108胶:水) 胶水溶液 2. 2:1:8 水泥混合砂浆抹底层 3. 2:1:8 水泥混合砂浆抹中层 4. 刷水灰比为 0.40~0.50 水泥浆一遍为结合层 5. 抹水泥:石灰膏:砂子:108胶 = 100:50:200:5~15 聚合物水泥砂浆粘结层 6. 小八厘彩色石粒或中八厘彩色石粒	7~9 4~5 (5~6,当采用中八厘石粒时)	同水刷石
机喷石、机喷石屑、机喷砂	砖墙基体	1、2、3 同干粘石（砖墙） 4. 抹水泥:石灰膏:砂子:108胶 = 100:50:200:5~15 聚合物水泥砂浆粘结层 5. 机械喷粘小八厘石粒、米粒石或石屑、粗砂	(5~5.5,小八厘石粒),(2.5~3,米粒石),(2~2.5,石屑)	同干粘石
机喷石、机喷石屑、机喷砂	混凝土墙	1、2、3、4 同干粘石（混凝土墙） 5. 抹水泥:石灰膏:砂子:108胶 = 100:50:200:5~15 聚合物水泥砂浆粘结层 6. 机械喷粘小八厘石粒、米粒石或石屑、粗砂	(5~5.5 或 2.5~3, 2~2.5)	同干粘石
机喷石、机喷石屑、机喷砂	加气混凝土墙	1、2、3、4 同干粘石（加气混凝土墙） 5、6 同机喷石（混凝土墙）		同干粘石

续表

种类	基体	分层做法(体积比)	厚度(mm)	适用范围
斩假石	砖墙	1. 1:3 水泥砂浆抹底层	5~7	同水刷石
		2. 1:2 水泥砂浆抹中层	5~7	
		3. 刮水灰比为 0.37~0.40 水泥浆一遍		
		4. 1:1.25 水泥石粒(中八厘中掺30%石屑)浆	10~11	
	混凝土墙	1. 刮水灰比为 0.37~0.40 的水泥浆或甩水泥砂浆		
		2. 1:0.5:3 水泥石灰砂浆抹底层	0~7	
		3. 1:2 水泥砂浆抹中层	5~7	
		4. 刮水灰比为 0.37~0.40 的水泥浆一遍		
		5. 1:1.25 水泥石粒(中八厘中掺30%石屑)浆	10~11	

（2）水刷石做法要点　水刷石底层和中层抹灰操作要点与一般抹灰相同，抹好的中层表面要划毛。

1）待中层灰凝固后，按墙面分格设计，在墙面上弹出分格线；

2）用水湿润墙面，按分格线将木分格条用稠水泥浆粘在墙面上，木分格条应预先浸水，断面呈梯形，小面贴墙；

中层砂浆 6~7 成干时（终凝之后），根据中层抹灰的干燥程度浇水湿润。紧接着在每个分格区内刮水灰比为 0.37~0.40 水泥浆一遍。

为了协调石粒颜色或在气候炎热季节避免面层砂浆凝结太快而便于操作，可在水泥石粒浆中掺加石灰膏，但其掺量应控制在水泥用量的 50% 以内，水泥石粒浆或水泥石灰膏石粒浆稠度应为 5~7cm。石粒用前要认真过筛并用清水洗净。

3）待水泥石子浆稍收水后，用铁抹将露出的石子尖棱轻轻拍平，然后用刷子蘸水刷去表面浮浆，拍平压光一遍，再刷再压，这样做不少于三次，使石子大面朝外，表面排列均匀；

4）待水泥石子浆凝结至手指按上去无痕，或刷子刷石不掉粒时，就可以进行水刷。水刷次序应由上而下。水装在有喷淋头的水壶中，喷头离墙面约 10~20mm，边喷水边用刷水刷面层，一般喷洗到石子露出灰浆面 1~2mm 为宜。喷洗时如发现局部石子颗粒不均匀，应用铁抹轻轻拍压。最后用清水由上而下冲洗一遍，使水刷石面干净；

5）如表面水泥浆已结硬，可使用 5% 稀盐酸溶液洗刷，然后用清水冲洗；

6）待水泥石子浆面层结硬后，起出木分格条，用水泥砂浆（细砂）勾缝，宜勾凹缝。

7）水刷石除采用彩色石粒外，也有用小豆石、石屑或粗砂的。

水刷小豆石根据各地地方材料的不同，可采用河石、海滩白色或浅色豆石，粒径一般在 8~12mm 左右，其操作方法与水刷石粒相同。

水刷砂，一般选用粒径为 1.2~2.5mm 的粗砂，其面层配合比是水泥:石灰膏:砂子 = 1:0.2:1.5。砂子须事先过筛洗净。有的为避免面层过于灰暗，可在粗砂中掺入 30% 的白石砂或石英砂。工艺上的区别是砂子粒径比石粒小很多，刷洗时易于将砂粒刷掉，因此要先用软毛刷蘸水刷洗，操作要比较细致，用水量要少。

水刷石屑，一般选用加工彩色石粒下脚料，其面层砂浆配合比及其施工方法与水刷砂相同。

水刷石是一项传统工艺，由于其操作技术要求较高、洗刷时浪费水泥、墙面污染后清洗不便，故现今不多采用。

（3）干粘石做法要点　干粘石适用于装饰外墙面，但不适用于建筑物底层外墙面以及易触摸部位（如墙裙、门洞、栏板等）。干粘石按其施工方法不同，有手工干粘石和机喷干粘石。

1）手工干粘石：

①干粘石装饰抹灰的基体处理方法与一般外墙抹灰方法相同。

②打底后按设计要求弹线分格，贴分格条（嵌线条）。

粘分格木条的方法与水刷石相同。但粘木条时粘结高度应不超过面层厚度，否则不易使面层平整。

③石粒应过筛，去掉粉末杂质并洗净晾干，盛在木框底部钉有 16 目筛网的托盘内。

④待分格条粘牢后，在各个分格区内抹上 1:3 水泥砂浆（中层灰），紧接着刮抹 108 胶水泥浆（结合层），随即粘石子。

⑤甩石粒操作时，一手拿盛料盘，一手拿木拍（图6-20），用木拍铲石粒，反手往墙上甩。注意甩撒均匀密布，将石料扩散成薄片。

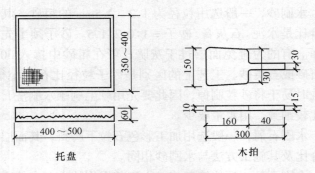

图 6-20　托盘及木拍

⑥甩石料的顺序,以先上部及左右边角处,下部因砂浆水分大,宜最后甩。

⑦甩时要用托盘承接掉下来的石子,粘结上的石子,要随即用铁抹子将石子拍入粘结层1/2深,要求拍实拍平,但不得把灰浆拍出,影响美观,待有一定强度后洒水养护。

2) 机喷干粘石　当中层砂浆刚要收水时(用手轻压有凹痕并表面看不出水印),即可抹粘结层。

①粘结层抹好后随即进行喷石粒,并将石粒拍实拍平。

②喷石粒时,喷头要对准墙面保持距墙面30~40cm,喷石粒时的气压以$0.6~0.8MPa^2$为宜。喷石粒喷枪见图6-21。要做好喷石粒时散落下来的石粒回收工作,可使用帆布、塑料布等做成兜子。

③机喷干粘石的做法,亦可用于机喷石屑和机喷砂。

机喷石屑采用的机具是空气压缩机(排气量$0.6m^3$/min,工作压力$0.4~0.6MPa^2$),挤压式砂浆泵(UBJ2.0型,工作压力$1.5MPa^2$),喷斗(喷嘴口径8mm),小型砂浆搅拌机或携带式砂浆搅拌机。

④抹粘结砂浆前,为降低基层吸水量便于喷粘石屑,先喷或刷胶水溶液作基层处理。处理砂浆底灰或混凝土墙体时,108胶:水 = 1:3。处理加气混凝土条板时,胶:水 = 1:2。根据设计要求弹线,粘或钉分格条。

粘结砂浆,按预先分格逐块喷抹,厚度为2~3mm。

⑤喷抹粘结砂浆后,适时用喷斗从左向右、自下而上喷粘石屑。喷石屑时,喷嘴应与墙面垂直,距离30~50cm。石屑在装斗前应稍加水湿润,以避免粉尘飞扬,保证粘结牢固。

机喷砂操作工艺与前述机喷石屑相同。

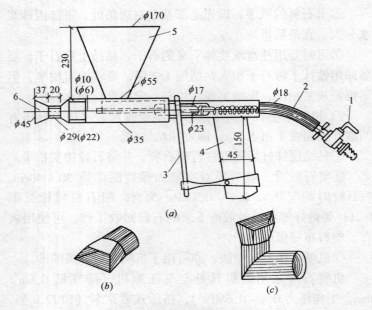

图 6-21 机喷干粘石喷枪
(a) 喷枪；(b) 喷阳角枪嘴；(c) 喷仰面枪嘴
1—转芯阀（调气量）；2—输气管；3—扳手；
4—手柄；5—漏斗；6—喷嘴

(4) 斩假石做法要点 斩假石除一般抹灰常用的手工工具外，还要备有专用工具，如斩斧（剁斧），如图 6-22a；单刃或多刃，如图 6-22b；花锤（棱点锤），如图 6-22c；还有遍凿、齿凿、弧口凿和尖锥等，如图 6-22d、e、f、g 所示。

斩假石墙面在基体处理后，即涂抹底层、中层砂浆。底层与中层表面应划毛。涂抹面层砂浆前，要认真浇水湿润中层抹灰，并满刮水灰比为 0.37～0.40 的纯水泥浆一道，按设计要求弹线分格，粘分格条。

斩假石面层砂浆一般用白石粒和石屑,应统一配料干拌均匀备用。

罩面时一般分两次进行。先薄薄地抹一层砂浆,稍收水后再抹一遍砂浆与分格条平。用刮尺赶平,待收水后再用木抹子打磨压实。

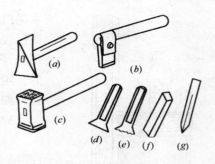

图 6-22 斩假石专用工具

面层抹灰完成后,不能受烈日暴晒或遭冰冻。养护时间常温下一般 2～3d,其强度应控制在 5MPa。

面层斩剁时,应先进行试斩,以石子不脱落为准。

斩剁前,应先弹顺线,相距约 10cm,按线操作,以免剁纹跑斜。斩剁时必须保持墙面湿润,如墙面过于干燥,应予蘸水,但斩剁完部分,不得蘸水。

斩假石其质感分立纹剁斧和花锤剁斧(图 6-23),可以根据设计选用。为便于操作和提高装饰效果,棱角及分格缝周边宜留 15～20mm 镜边。镜边也可以和天然石材处理方式一样,改为横方向剁纹。

图 6-23 斩假石墙面花样

(5)拉假石做法要点

拉假石是斩假石的另一种做法。用 1:2.5 水泥砂浆打底,抹面层灰前先刷水泥浆一道。

面层抹灰使用 1:2.5

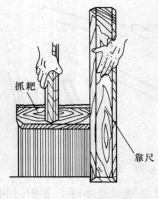

图 6-24 拉假石

水泥白云石屑浆抹 8~10mm 厚，面层收水后用木抹子搓平，然后用压子压实、压光。水泥终凝后，用抓耙依着靠尺按同一方向抓，如图 6-24 所示。

3．喷、滚、弹涂装饰抹灰

（1）喷涂：喷涂是指用喷枪（或喷斗）及压缩空气将聚合物水泥砂浆或聚合物水泥石灰砂浆喷涂于外墙面上。喷涂不宜用于首层外墙面。

喷涂抹灰层由底层灰、结合层及面层灰等组成。各层抹灰所用材料见表 6-14。

喷涂抹灰层做法 表 6-14

墙 体	底 层 灰	结 合 层	面 层 灰
砖墙	12厚1:3水泥砂浆木抹搓平	108 胶水溶液（108胶:水 = 1:4）	喷涂聚合物砂浆三遍；喷憎水剂一遍
混凝土墙	素水泥浆（内掺3%~5%的108胶、10厚1:3水泥砂浆木抹搓平		
加气混凝土墙	108胶水溶液（108胶:水 = 1:4） 12厚1:1:6水泥石灰砂浆木抹搓平		

注：大模板、滑升工艺的混凝土墙不做底层灰。

聚合物砂浆常用配合比见表6-15。

聚合物砂浆配合比　　　　　　　表6-15

饰面做法	水泥	颜料	细骨料	木质素磺酸钠	108胶	石灰膏	砂浆稠度(cm)
波面	100	适量	200	0.3	10~15	—	13~14
波面	100	适量	400	0.3	20	100	13~14
粒状	100	适量	200	0.3	10	—	10~11
粒状	100	适量	400	0.3	20	100	10~11

材料要求：浅色面层用白水泥，深色面层用普通水泥；细骨料用中砂或浅色石屑，含泥量不大于3%，过3mm孔筛。

聚合物砂浆应用砂浆搅拌机进行拌合。先将水泥、颜料、细骨料干拌均匀，再边搅拌边顺序加入木质素磺酸钠（先溶于少量水中）、108胶和水，直至全部拌匀为止。如是水泥石灰砂浆，应先将石灰膏用少量水调稀，再加入水泥与细骨料的干拌料中。拌合好的聚合物砂浆，宜在2h内用完。

喷涂聚合物砂浆的主要机具设备有：空气压缩机（0.6m³/min）、加压罐、灰浆泵、振动筛（5mm筛孔）、喷枪、喷斗、胶管（25mm）、输气胶管等。喷枪的外形见图6-25。喷斗

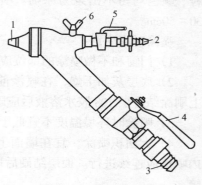

图6-25 喷涂聚合物砂浆用喷枪
1—喷嘴；2—压缩空气接头；3—砂浆胶管接头；4—砂浆控制阀；5—空气控制阀；6—顶丝

的外形见图 6-26。

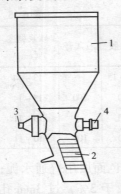

图 6-26 喷涂聚合物砂浆用喷斗
1—砂浆斗；2—手柄；3—喷嘴；4—压缩空气接头

波面喷涂使用喷枪。第一遍喷到底层灰变色即可，第二遍喷至出浆不流为度，第三遍喷至全部出浆，表面均匀呈波状，不挂流，颜色一致。喷涂时枪头应垂直于墙面，相距约 30～50cm，其工作压力，当用挤压式灰浆泵时为 0.1～0.15MPa，空压机压力为 0.4～0.6MPa。喷涂必须连续进行，不显接槎。

粒状喷涂使用喷斗。第一遍满喷盖住底层，收水后开足气门喷布碎点，快速移动喷斗，勿使出浆，第二、三遍应有适当间隔，以表面布满细碎颗粒、颜色均匀不出浆为原则。喷斗应与墙面垂直，相距约 30～50cm。

喷涂时应注意：

1）门窗和不做喷涂的部位应事先遮盖，防止沾污。

2）底层灰如干燥，在喷涂前应洒水湿润。在底层灰面上刷涂结合层 108 胶水溶液后应随即进行喷涂。

3）喷涂时环境温度不宜低于 -5℃。

4）大面积喷涂，宜在墙面上预先粘贴分格条，分格区内喷涂应连续进行。面层结硬后取出分格条，用水泥砂浆勾缝。

5）喷涂面层的厚度宜控制在 3～4mm。面层干燥后应喷涂甲基硅醇钠憎水剂一遍。

（2）滚涂：滚涂是用各式滚压墙面上涂抹的聚合物砂浆

面层，滚压出各种花纹。滚涂适用于装饰外墙面，但不宜用于首层外墙面。

滚涂抹灰层由底层灰、结合层、面层灰等组成。各层抹灰所用材料见表6-16。

滚涂用聚合物水泥砂浆配合比见表6-17。

滚涂抹灰层做法　　　　　　　　　　　表6-16

墙 体	底 层 灰	结 合 层	面 层 灰
砖 墙	12厚1:3水泥砂浆木抹搓平	108胶水溶液（108胶:水=1:4）	滚涂聚合物砂浆喷涂甲基硅醇钠憎水剂
混凝土墙	素水泥浆（内掺3%~5%的108胶、10厚1:3水泥砂浆木抹搓平）		
加气混凝土墙	108胶水溶液（107胶:水=1:4）、12厚1:1:6水泥石灰砂浆		

注：大模板、滑升工艺的混凝土墙不做底层灰。

聚合物水泥砂浆配合比　　　　　　　　表6-17

面层颜色	白水泥	普通水泥	细骨料	108胶	颜料	木质素磺酸钠	砂浆稠度(cm)
灰色	100	10	110	22		0.3	11~12
绿色	100		100	20	2	0.3	11~12
白色	100		100	20		0.3	11~12

注：1. 绿色面层颜料为氧化铬绿。

2. 白色面层细骨料为白石英砂。

滚涂用聚合物水泥石灰砂浆配合比见表6-18。

聚合物水泥石灰砂浆配合比   表6-18

面层颜色	白水泥	普通水泥	石灰膏	细骨料	108胶	稀释20倍六偏磷酸钠	颜料
灰色		100	115	80	20	0.1	
彩色	100		80	55	20	0.1	适量

材料要求：水泥强度宜不低于32.5级；细骨料宜用浅色中砂，含泥量不大于2%，过2mm筛，也可用浅色石屑、膨胀珍珠岩等。

聚合物砂浆应采用砂浆搅拌机进行拌合。先将水泥、颜料、细骨料干拌均匀后，边搅拌边顺序加入108胶和水。如是水泥石灰砂浆，应先将石灰膏用少量水调稀，再加入水泥与细骨料的干拌料中。六偏磷酸钠与水同时加入。

滚涂工具为各种材料制成的辊子，有橡胶辊、多孔聚胺酯辊等（图6-27）。

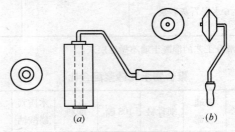

图6-27 滚涂用辊子
（a）橡胶辊；（b）多孔聚胺酯辊

滚涂施工要点：

1）底层灰凝固后，洒水湿润，涂抹108胶水溶液结合层，随即涂抹聚合物砂浆面层。

2）聚合物砂浆涂抹一段后，紧跟着进行滚涂。辊子运行要轻缓平稳，直上直下，以保持花纹一致。

3）滚涂方法分干滚和湿滚两种。干滚法是辊子上下一个来回，再向下走一遍，表面均匀拉毛即可，滚涂遍多易产生翻砂现象。湿滚法是辊子蘸水滚压，一般不会有翻砂现象，但应注意保持整个表面水量一致，否则会造成表面色泽不一致。干滚法花纹较粗，湿滚法花纹较细。

4）最后一遍辊子运行必须自上而下，使滚出的花纹有自然向下坡度，以免日后积尘污染。横向滚涂的花纹易积尘，不宜采用。

5）如发生翻砂现象应薄抹一层聚合物砂浆重新滚涂，不得事后修补。

6）在分格区内应连续滚涂，不得任意接槎。

（3）弹涂：弹涂是指用弹涂器将聚合物水泥浆弹到墙面，形成色浆点。弹涂适用于装饰外墙面。

弹涂抹灰层由底层灰、底色层、面层等组成。各层所用材料见表6-19。

弹涂抹灰层做法　　　　表6-19

墙 体	底 层 灰	底色层	面 层
砖 墙	12厚1:3水泥砂浆木抹搓平	刷底色浆一道	3厚弹色浆点、喷憎水剂
混凝土墙	聚合物水泥砂浆修补平整		
加气混凝土墙	108胶水溶液（108胶:水=1:4）、12厚1:1:6水泥石灰砂浆木抹搓平		

弹涂用聚合物水泥浆的配合比见表 6-20。

弹涂用聚合物水泥浆配合比　　　表 6-20

项目	白水泥	普通水泥	颜料	水	108 胶
刷底色浆		100	适量	90	20
刷底色浆	100		适量	80	13
弹花点		100	适量	55	14
弹花点	100		适量	45	10

注：根据气温情况，加水量可适当调整。

材料要求：水泥强度应不低于 32.5 级；108 胶的含固量为 10%～12%，密度为 1.05，pH 值为 6～7，粘度为 3.5～4.0Pa·s，应能与水泥浆均匀混合。色浆稠度以 13～14cm 为宜。

弹涂主要工具是弹涂器。弹涂器有手动弹涂器和电动弹涂器两种。

手动弹涂器由料筒、中轴、弹棒、摇把、手柄等部分组成。色浆装入料筒中，摇动摇把，色浆就从筒口处弹出（图 6-28）。

电动弹涂器由料斗、电动机、中轴、弹棒、手柄等部分组成。色浆装入料斗中，开动电动机，色浆就从斗口处弹出（图 6-29）。电动弹涂器工效高，适用于大面积墙面弹涂。

弹涂施工要点：

1）底层灰凝固后，洒水湿润，待收水后刷一道底色浆，要求两遍成活，头遍浆应饱满基本盖底，二遍浆应适当稀一些，刷时不带起头遍浆为度。

2）底色浆干后，找一块墙面试弹。试弹时将色浆装入弹

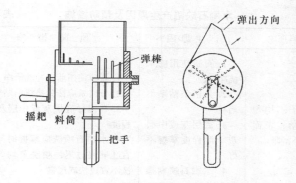

图 6-28 手动弹涂器

涂器内,手摇或电动使色浆弹出,看弹出的色浆点是否合适,色浆点偏小时,弹涂器再近一些墙面;色浆点偏大时,弹涂器再远一些墙面。确定好弹涂器离墙面距离就可正式弹涂。

3)弹涂应自上而下,从左向右进行。先弹深色浆,后弹浅色浆。一种色浆宜分两遍或三遍弹涂,头遍基本弹满,二、三遍则补缺。深色浆干后,才能弹浅色浆,浅色浆不能盖住深色浆,浅色浆宜弹稀点,使墙面上显出不同颜色浆点。

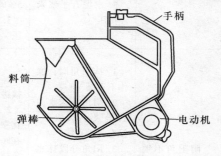

图 6-29 电动弹涂器

4)如做平花色点,可在弹涂色浆点后,用铁抹将色浆点轻轻压平。

5)色浆点干燥后,喷一道憎水剂罩面。

4.装饰抹灰缺陷预防和治理

(1)水刷石常见缺陷产生原因及预防措施见表 6-21。

221

水刷石缺陷产生原因及预防措施　　　　表 6-21

缺陷现象	产生原因	预防措施
石子不均匀或脱落、表面浑浊不清晰	1. 石碴使用前未洗净 2. 分格条粘贴不当 3. 底层灰或中层灰干湿程度掌握不好 4. 水刷石喷刷操作不当	1. 石碴使用前应冲洗干净 2. 分格条应按分格线粘贴牢固 3. 掌握好底层灰或中层灰干湿程度 4. 水刷石喷洗应掌握时间，不宜过早或过迟，喷洗要均匀，冲洗不宜过快或过慢
面层空鼓	1. 底层灰或中层灰上未浇水湿润 2. 素水泥浆结合层刮抹不匀或漏抹 3. 水泥石子浆未经拍压	1. 底层灰或中层灰有六、七成干时就刮抹素水泥浆，如已干燥应浇水湿润 2. 素水泥浆结合层应刮抹均匀，宜在水泥浆中掺加水重的 3%~5% 的 108 胶 3. 抹好水泥石子浆后应轻轻拍压
阴阳角不垂直，有黑边	1. 抹阳角时，操作不正确 2. 阴角处抹水泥石子浆一次成活，没有弹垂直线 3. 阳角分段抹水泥石子浆时，靠尺固定位置不妥 4. 喷洗阴阳角时，喷水角度和时间掌握不当，石子被喷洗掉	1. 抹阳角时，应使水泥石子浆接槎正交在阳角尖角上 2. 阴角处水刷面宜两次完成，在靠近阴角处按水泥石子浆厚度在底层灰上弹上垂直线，作为阴角抹直依据 3. 阳角贴靠尺时，应比上段已抹完的阳角高 1~2mm 4. 阳角应骑角喷洗。正确掌握喷洗时间，注意喷水角度，喷水应均匀

(2) 干粘石常见缺陷产生原因及预防措施见表 6-22。

干粘石缺陷产生原因及预防措施　　　表 6-22

缺陷现象	产 生 原 因	预 防 措 施
空鼓	1. 墙面清理不干净 2. 底层灰抹灰前，墙面未浇水湿润或浇水过多 3. 墙面凹凸超过允许偏差	1. 墙面一定要清理干净 2. 底层灰抹灰前，墙面浇水应适当 3. 凸处剔平、凹处分层修补平整
滑坠	1. 底层灰抹得不平 2. 干粘石拍打过分 3. 底层灰未干就抹中层灰	1. 底层灰平整度不得超过允许偏差 2. 干粘石应轻轻拍打 3. 底层灰凝固后，洒水湿润再抹中层灰
接槎明显	1. 结合层涂抹与干粘石子不衔接 2. 分格较大，不能连续粘完一格	1. 结合层涂抹后应随即粘石子 2. 一分格内干粘石应连续做完
棱角不通顺，表面不平整	1. 底层灰未做标志、标筋，阴阳角未找方 2. 起分格条时将两侧石子碰掉	1. 大面积底层灰应做标志、标筋，阴阳角应找方、找直 2. 起分格条时应轻撬、轻取
抹痕	1. 粘上的石子用铁抹溜抹 2. 结合层灰浆太稀	1. 粘上的石子应用抹子轻轻拍打使石子埋入结合层内 1/2 深 2. 掌握好结合层灰浆的稠度

续表

缺陷现象	产生原因	预防措施
粘石饰面浑浊不洁	1. 石子内混有杂土 2. 石子内掺入石屑过多或含有石粉 3. 用几种色石碴混用时，配合比例不准	1. 石子事先应过筛，除云杂质 2. 石屑掺量不应大于30%，石粉应用窗纱筛去 3. 各色石碴配合比应准确，最好采用重量比

6.5.3 灰线抹灰施工

灰线抹灰，也称扯灰线、线脚、线条。是在一些标准较高的公共建筑和民用建筑的墙面、檐口、顶棚、梁底，方、圆柱上端、门窗口阴角、门头灯座、舞台口周围等部位，适当地设置一些装饰线，给人以舒适和美观的感觉。

灰线抹灰的式样很多，线条有繁有简，形状有大有小。各种灰线使用的材料也根据灰线所在部位的不同而有所区别。如室内常用石灰、石膏抹灰线；室外则常用水刷石或斩假石抹灰线。一般分为简单灰线抹灰和多线条的灰线抹灰。

简单灰线：如出口线角，一般在方、圆柱的上端。即与平顶或与梁的交接处，抹出灰线，以增加线条美观，如图6-30a 所示，又如在室内抹灰中，有的墙面与顶棚交接处，根据设计要求，抹出 1~2 条简单线条，如图 6-30b 所示。

多线条灰线，一般是指有三条以上凹槽较深形状不一定相同的灰线。较复杂的灰线常见于高级装修的房间的顶棚四周，灯光周围，舞台口等处。线条呈多种式样，如图 6-31 所示。

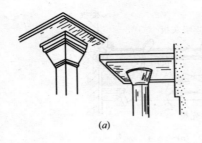
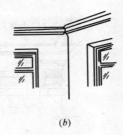

图 6-30 简单灰线

1. 工具

抹灰线须根据灰线尺寸制成的木模施工,木模分死模、活模和圆形灰线活模三种。

(1) 死模(图 6-32a、b、c)适用于顶棚四周灰线和较大的灰线,它是卡在上下两根固定的靠尺上推拉出线条来。

图 6-31 多线条灰线

(2) 活模(图 6-33a、b、c) 适用于梁底及门窗角等灰线,它是靠在 1 根底靠尺(或上靠尺)上,用两手拿模捋出灰线条来。

(3) 圆形灰线活模(图 6-34) 适用于室内顶棚上的圆形灯头灰线和外墙面门窗洞顶部半圆形装饰等灰线。它的一端做成灰线形状的木模,另一端按圆形灰线半径长度钻一钉孔,操作时将有钉孔的一端用钉子固定在圆形灰线的中心点上,另一端木模即可在半径范围内移动,扯制出圆形灰线。现在有采用预制石膏圆形灰线,直接粘贴或用螺钉固定到平

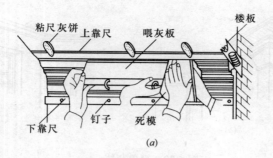

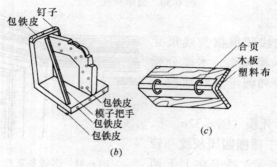

图 6-32 灰线死模

(a) 死模操作示意；(b) 死模；(c) 合叶式喂灰板

顶的做法，可提高质量和工效。另外在顶棚四周阴角处，用木模无法扯到的灰线，需用灰线接角尺（图 6-35），使之在阴角处合拢。

2. 分层做法

(1) 粘结层，1:1:1 水泥石灰砂浆薄薄抹一层。

(2) 垫灰层，1:1:4 水泥石灰砂浆略掺麻刀（厚度根据灰线尺寸来定）。

(3) 出线灰，1:2 石灰砂浆（砂子过 3mm 筛孔）。

(4) 2mm 厚纸筋灰罩面（纸筋灰过窗纱），分二次抹成。

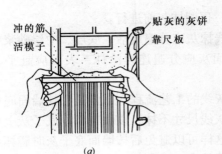

图 6-33 活模

(a) 活模操作示意；(b) 活模；(c) 活模、冲筋、靠尺板的关系

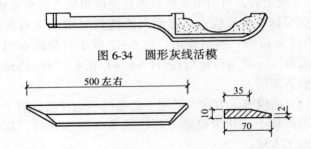

图 6-34 圆形灰线活模

图 6-35 灰线接角尺

3．施工要点

(1) 抹灰线用的模子，其线型、棱角等应符合设计要求，并按墙面、柱面找平后的水平线确定灰线位置。

(2) 简单的灰线抹灰，应待墙面、柱面、顶棚的中层砂浆抹完后进行。多线条的灰线抹灰，应在墙面、柱面的中层

227

砂浆抹完后、顶棚抹灰前进行。

(3) 灰线抹灰应分遍成活,底层、中层砂浆中宜掺入少量麻刀。罩面灰应分遍连续涂抹,表面应赶平、修整、压光。

(4) 抹灰线的工艺流程 通常是先抹墙面底子灰,靠近顶棚处留出灰线尺寸不抹,以便在墙面底子灰上粘贴抹灰线的靠尺板,这样可以避免后抹墙面底子灰时碰坏灰线。顶棚抹灰常在灰线抹完后进行。

(5) 死模施工方法 先薄薄抹一层1:1:1水泥石灰砂浆与混凝土基层粘结牢固,随着用垫层灰一层一层抹,模子要随时推拉找标准,抹到离模子边缘约5mm处。第二天先用出线灰抹一遍,再用普通纸筋灰,1人在前用喂灰板按在模子口处喂灰,1人在后将模子推向前进,等基本推出棱角并有3~4成干后,再用细纸筋灰推到使棱角整齐光滑为止。

如果抹石灰膏线,在形成出线棱角时用1:2石灰砂浆(砂子过3mm筛)推出棱角,在6~7成干时稍洒水用石灰浆掺石膏(一般为石膏:石灰膏=6:4)在6~7min内推抹至棱角整齐光滑。

(6) 活模施工方法 采用一边粘尺一边冲筋,模子一边靠在靠尺板上一边紧贴筋上捋出线条(图6-33a),其他同死模施工方法。

(7) 圆形灰线活模施工方法 应先找出圆中心,钉上钉子,将活模尺板顶端孔套在钉子上,围着中心捋出圆形灰线。罩面时,要一次成活。

(8) 灰线接头的施工方法:

1) 接阴角做法:当房屋四周灰线抹完后,切齐甩槎,先用抹子抹灰线的各层灰,当抹上出线灰及罩面灰后,分别用灰线接角尺一边轻挨已成活的灰线作为基准,一边刮接角的灰使之成形。接头阴角的交线与立墙阴角的交线要在一个平面之内。

2) 接阳角做法:首先要找出垛、柱阳角距离来确定灰线位置,施工时先将两边靠阴角处与垛柱结合齐,再接阳角。

6.5.4 机械喷涂抹灰

1. 喷涂抹灰工艺

机械喷涂抹灰是把已搅拌好的砂浆,经过振动筛后倾入灰浆泵内,通过管道,利用空气压缩机输出的空气压力,使砂浆连续不断、均匀地喷涂到墙面、顶棚或地面上,再经过刮平、搓揉、压光,形成光平的抹灰面。其设备布置如图6-36所示。

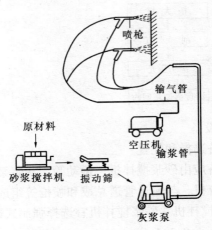

图6-36 机械喷涂设备布置

用灰浆联合机喷涂抹灰施工工艺流程如下:

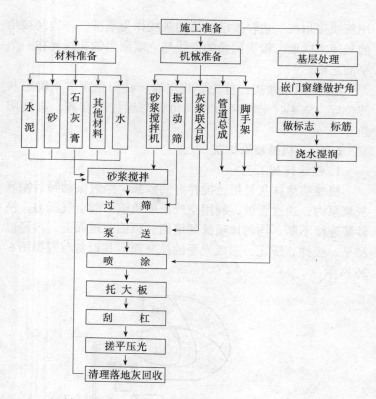

2. 机械设备

(1) 设备选择和配置

喷涂设备应由砂浆搅拌机、振动筛、灰浆泵、空气压缩机或灰浆联合机,与输送管道总成和喷枪等组成。

1) 砂浆搅拌机:砂浆搅拌机宜选择强制式砂浆搅拌机,其容量不宜小于 $0.3m^3$。

2) 振动筛:振动筛宜选择平板振动筛或偏心杆式振动筛,两者亦可并列使用,其筛网孔径宜取 10~12.5mm。

3）灰浆泵：灰浆泵按其结构型式分为柱塞式、隔膜式和挤压式等。

柱塞式灰浆泵又称直接作用式灰浆泵。它是由柱塞的往复运动和吸入阀、排出阀的交替启闭将砂浆吸入或排出。柱塞泵的主要技术性能见表 6-23。

HP-013 型卧式柱塞泵外形结构示意见图 6-37。

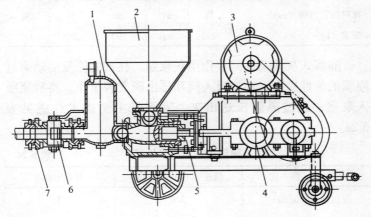

图 6-37 卧式柱塞泵
1—气罐；2—料斗；3—电动机；4—变速箱；
5—泵体；6—三通阀；7—输出口

柱塞泵主要技术性能　　　　　　表 6-23

技 术 性 能	立式	卧式		双 缸	
	HB6-3	HP-013	HK3.5-74	UB3	SP80
泵送排量（m³/h）	3	3	3.5	3	4.8
垂直泵送高度（m）	40	40	25	40	780
水平泵送距离（m）	150	150	150	150	400
工作压力（MPa）	1.5	1.5	2.0	0.5	5.0

续表

技术性能	立式	卧式		双缸	
	HB6-3	HP-013	HK3.5-74	UB3	SP80
电动机功率（kW）	4	7	5.5	4	15
电动机转速（r/min）	1440	1440	1450	1450	2930
进料胶管内径（mm）	64	64	62	64	62
排料胶管内径（mm）	51	51	50	51	50
泵重（kg）	220	260	293	250	337

隔膜式灰浆泵是间接作用灰浆泵。柱塞的往复活动通过隔膜的弹性变形，实现吸入阀和排出阀交替工作，将砂浆吸入泵室，通过隔膜压送出来。隔膜泵主要技术性能见表6-24。

隔膜泵主要技术性能　　表6-24

技术性能	圆柱形 C211A/C 232	片式 HB8-3
泵送排量（m³/h）	3/6	3
泵送垂直高度（m）		40
泵送水平距离（m）		100
工作压力（MPa）	1.5	1.3/1.2
电动机功率（kW）	3.5/5.8	2.8
电动机转速（r/min）		1440
进料胶管内径	50/65	
排料胶管内径	50/65	
外形尺寸（长×宽×高）(mm)	2080×800×1300	1375×445×890
泵重（kg）		200

片式隔膜泵外形结构见图 6-38。

挤压式灰浆泵无柱塞和阀门,是靠挤压滚轮连续挤压胶管,实现泵送砂浆。挤压泵的主要技术性能见表 6-25。

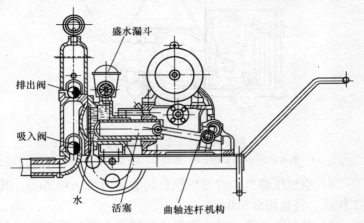

图 6-38 片式隔膜泵

挤压泵主要技术性能 表 6-25

技 术 性 能	UBJ0.8	UBJ1.2	UBJ1.8	UBJ2	SJ-1.8
泵送排量（m^3/h）	0.8	1.2	1.8	2	1.8
垂直泵送高度（m）	25	25	30	20	30
水平泵送距离（m）	80	80	80	80	100
工作压力（MPa）	1.0	1.2	1.5	1.5	1.5
挤压胶管内径（mm）	32	32	38	38	38/50
输送胶管内径（mm）	25	25/32	25/32	32	
电动机功率（kW）	1.5	2.2	2.2	2.2	2.2
电源电压（V）	380	380	380	380	380
泵重（kg）	175	185	300	270	340

UBJ1.2型挤压泵外形结构见图6-39。

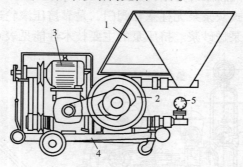

图6-39 挤压泵外形结构
1—料斗；2—挤压鼓筒；3—电动机；4—底盘；5—压力表

4）空气压缩机：空气压缩机的容量宜为300L/min，其工作压力宜选用0.5MPa。

5）灰浆联合机：双缸活塞式灰浆联合机是采用补偿凸轮双活塞泵，集合搅拌、泵送、空气压缩系统、输送管道总成、喷涂于一体。目前国内生产的有UH型灰浆联合机，其主要技术性能见表6-26。

UH4.5型灰浆联合机主要技术性能　　　表6-26

项 目	性能参数	项 目	性能参数
最大排量	4.5m^3/h	空压机排量	300L/min
最大工作压力	6MPa	电动机型号	Y 160M1-2
垂直泵送高度	80m	电动机功率	11kW
水平泵送距离	300～400m	外形尺寸（不包括牵引调节杆）	2255×1620×1580
搅拌器额定进料容量	170L		
搅拌器额定出料容量	120L	整机重量	1100kg
空压机公称排气压力	0.5MPa	生产厂	胜利机械厂

UH4.5型灰浆联合机外形结构见图6-40。

6）输送管道总成：输送管道总成应由输浆管、输气管和自锁快速接头等组成。

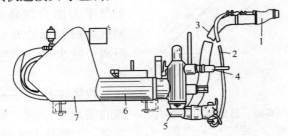

图6-40 灰浆联合机外形结构
1—喷枪；2—压缩空气胶管；3—输浆管；
4—回浆管；5—吸浆口；6—工作缸；7—凸轮室

输浆管的管径应取50mm，其工作压力应取4～6MPa。水平输浆管宜选用耐压耐磨像胶管；垂直输浆管可选用耐压耐磨像胶管或钢管。

输气管的管径应取13mm，可选用软像胶管。

7）喷枪：喷枪应根据工程的部位、材料和装饰要求选择喷枪型式及相匹配的喷嘴类型与口径。对内外墙、顶棚面、砂浆垫层、地面面层喷涂应选择口径18或20mm的标准与角度喷枪；对装饰性喷涂，则应选择口径10、12或14mm的装饰喷枪。

柱塞泵用的喷枪见图6-41。

挤压泵用的喷枪见图

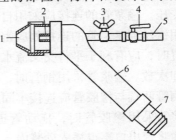

图6-41 柱塞泵用喷枪
1—喷嘴；2—喷气口；3—气管顶丝；
4—气阀；5—气管接头；6—灰浆管；
7—灰浆管接头

235

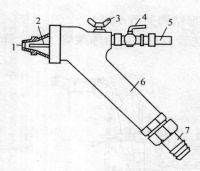

图 6-42 挤压泵用喷枪
1—喷嘴；2—喷气口；3—气管顶丝；
4—气阀；5—气管接头；6—灰浆管；
7—灰浆管接头

6-42。

(2) 设备布置

设备的布置应根据施工总平面图合理确定，应缩短原材料和砂浆的输送距离，减少设备的移动次数。

砂浆搅拌与平板振动筛的安装应牢固，操作应方便，上料与出料应通畅。

安装灰浆泵的场地应坚实平整，并宜置于水泥地面上。车辆应楔牢，安放应平稳。

灰浆泵或灰浆联合机应安装在砂浆搅拌机和振动筛的下部，其进料口应置于砂浆搅拌机卸料口下方，互相衔接。卸料高度宜为 350~400mm。

输浆管的布置与安装应平顺理直，不得有折弯、盘绕和受压。输浆管的连接应采用自锁快速接头锁紧扣牢，锁紧杆用铁丝绑紧。管的连接处应密封，不得漏浆漏水。输浆管布置时，应有利于平行交叉流水作业，减少施工过程中管的拆卸次数。输浆管采用钢管时，其内壁要保持清洁无粘附物；钢管两端与橡胶管应连接牢固，密封可靠，无漏浆现象。输浆管采用橡胶管时，拖动管道的弯曲半径不得小于 1.2m。输浆管出口不得插入砂浆内。

水平输浆管距离过长时，管道铺设宜有一定的上仰坡度。垂直输浆管必须牢固地固定在墙面或脚手架上。水平输浆管与垂直输浆管之间的连接应不小于 90°，弯曲半径不得小于 1.2m。

输气管应畅通,气管上的双气阀密封应良好,无漏气现象。输气管与喷枪的连接位置应正确、密封、不漏气。

当远距离输送砂浆或高处喷涂作业时,应备有无线对讲机等通讯联络设备。

(3) 灰浆泵维护

柱塞泵式灰浆泵润滑部位及周期见表 6-27。

柱塞泵润滑部位及周期　　　　表 6-27

润滑部位	点　数	润滑剂	周期（h）
活　塞 行走轮轴 各部轴销	1 3	机械油 冬 HJ-50 夏 HJ-70	8
齿轮表面	3	钙基脂	8
连杆轴承 曲轴轴承	1 1	钙基脂 冬 ZG-2	8
电动机轴承	2	夏 ZG-4	600
减速器	1	齿轮油 冬 HL-20 夏 HL-30	600

隔膜式灰浆泵润滑部位及周期参照柱塞泵。

挤压式灰浆泵除定期往减速器加油外,应每 20h 变换挤压胶管的受挤压部位一次,每 40～50h 挤压胶管调头一次。方法是:松开管接头和压力表支架夹板,即可前后移动挤压胶管;卸下各部位接头,开机抽出挤压胶管,将它转换一个角度或调头后再装入鼓筒,接好各接头即可。更换挤压胶管方法:卸下管接头,开机抽出胶管,再停机,将泵体内的砂浆从污孔排出,用水冲洗泵体内部。再开机装入新的挤压胶管,接好管接头,即可恢复正常泵送。

灰浆联合机要求双活塞泵油管畅通，两个针阀式油杯注满20号机械油。搅拌装置、料斗两端轴端上的油嘴及回流卸载阀上油嘴均注入锂基润滑脂。空压机油池的油位下降时要加满，夏季加HQ-10号油，冬季加HQ-6号油。每日泵送结束，打开超载安全装置清洗干净。清理搅拌器、料斗、振动筛网上的污垢干结料，用压缩空气吹净喷气嘴和双气阀上残留砂浆，并滴入1~2滴润滑油。每工作100h应拆洗回流卸载阀；每工作500h检查离合器摩擦片的磨损情况，及时更换损坏件。

3. 已完工程防护

（1）喷涂前的防护措施

喷涂抹灰过程中，由于机械喷涂压力大，速度快，一些成品很容易沾污砂浆。一旦沾污，不但清理费工，对有些产品还影响其表面平整、美观和铝合金制品的光洁度。为此，在喷涂抹灰前，对已完成品应采取保护措施。

钢木门窗框应采取遮挡，防止喷粘砂浆。门窗口四周墙面喷涂抹灰时，应分块喷涂，不应往返跨越门窗。当一块墙面喷完后，继喷相邻墙面时，喷枪应绕过门窗口，避免对门窗及护角的污染。

铝合金、塑料、彩色镀锌钢板门窗，宜利用出厂时原有塑料胶纸保护面膜；没有保护包装时，应粘贴塑料胶纸。待喷涂抹灰和装饰工程完工后再撕去，并用无腐蚀性溶剂醋酸乙酯等擦洗干净。

给排水、采暖、煤气等各种管道应用塑料布等材料包裹防护。密集的管道宜在喷涂抹灰后安装，以保证抹灰质量和避免管道沾污。

暗装的防火箱、电气开关箱和线盒、就位的设备等应用塑料布等遮盖严密，防止粘污砂浆。

管道、线管敞口处应临时封闭，防止进入砂浆。

已安装的不锈钢、铜质扶手栏杆，塑料扶手栏板，高级木扶手等，应采用塑料胶纸或塑料布包裹保护，防止粘污。

先做楼地面，后进行顶棚、墙面喷涂抹灰和在屋面防水层上做喷涂保护层时，为防止输浆管道接头铁件损坏楼地面、屋面防水层，应在接头铁件下铺垫木板或厚橡胶垫。在顶棚、墙面喷涂前，先做好的楼地面应用塑料布等遮盖。当楼地面抹灰砂浆强度不高时，不应使用砂子遮盖，宜用塑料布等遮盖。清除落地灰时，不得使用铁质工具冲撞地面，以防损坏地面。

喷涂屋面找平层砂浆时，应对雨水口处采取隔离防护措施，以免砂浆堵塞落水管，影响雨水排泄功能。

地漏及预留孔处应预先封严，防止进入砂浆，并做好标志。

楼地面、墙面、顶棚设有的变形缝，喷涂前应用木板等材料做好变形缝的挡护，防止砂浆喷入缝内。

（2）喷涂中的保护措施

输浆管布置和移动时，应对墙面、柱面和门窗口等阳角处抹灰加以保护，防止损坏。

采热、热水管和其他管道的穿墙和楼板的套管位置，应符合设计要求，并防止砂浆堵塞。如不符合设计要求，在使用中抹灰面会沿管道周围发生开裂、鼓胀，影响外观质量。套管出地面高度不够，地面有水时，会沿套管处下渗。

室内雨水管和下水管，多采用塑料管、铸铁管、陶土管等承插管道，这些管道强度低、接口多，不论垂直安装或水平悬吊安装，在施工中不得用托板、刮杠和其他工具撞击，以免产生移位、损坏或破坏接口的严密，影响使用。楼、地面铺设的暗埋管线应进行保护，防止已铺设好的暗埋管线移位，并防止管线脱节、损坏，造成楼地面竣工后不能使用的隐患。

设备安装预留的埋件，在喷涂施工时，应将预埋件位置留出，并做出明显标志，避免到处找凿。

地面喷涂时，对已做好的水泥踢脚板和墙裙成品应加以保护，可采用遮挡或调整喷枪口与地面喷灰角度、距离等措施，减少其砂浆沾污。对喷粘的砂浆要及时擦洗干净。

在松散保温层上喷灰时，为保证保温层厚薄一致，输浆管下应垫木垫板，避免输浆管直接在保温层上拉动。

为确保屋面防水层质量，在喷涂保护层时，应对已铺贴好的防水层采取保护措施，防止输浆管接头铁件划破防水层，留下屋面渗漏隐患。

在防水层上做排气管，喷涂时应将排气管出口临时封闭，防止进入砂浆，堵塞排气通道。排气管与防水层之间已做好的防水处，施工中不得碰撞、损坏，影响防水功能。

4．砂浆制备

（1）原材料要求

喷涂抹灰砂浆的原材料品质应达到以下要求：

1）水泥：水泥宜用硅酸盐水泥、普通硅酸盐水泥或矿渣硅酸盐水泥，其强度应不低于32.5级。过期或受潮水泥不得使用。

2）砂：宜采用中砂，应清洁无杂质，含泥量应小于3%。使用前必须过筛。砂的最大粒径：当用于底层灰时应不大于2.5mm；用于面层灰时应不大于1.2mm，不得使用特细砂。

3)石灰膏:石灰膏应细腻洁白,不得含未熟化颗粒及杂质,不得使用干燥、风化、冻结的石灰膏。石灰膏使用块状生石灰淋制时,应用孔径不大于 3mm×3mm 筛过滤,石灰熟化时间在常温下不应少于 15d,用于面层抹灰,熟化期不应少于 30d。用磨细石灰粉代替石灰膏时,其细度应通过 4900 孔/cm^2 筛子;熟化时间不应少于 3d。

4)粉煤灰:可采用Ⅲ级粉煤灰,其细度(0.08mm 方孔筛的筛余)不大于 25%;烧失量不大于 15%;需水量比不大于 115%;三氧化硫不大于 3%。

5)外加剂:外加剂应具有产品合格证,并应符合有关现行外加剂标准的规定。

6)水:砂浆拌合水应采用饮用水。

7)麻刀:麻刀应坚韧、干燥、不含杂质。使用前应均匀弹松,其纤维长度不得大于 30mm。

8)纸筋:纸筋应浸透、捣烂、洁净、无腐料;罩面纸筋宜机碾磨细。

(2)配合比要求

喷涂抹灰砂浆的配合比应符合设计要求。当设计无要求时,可按表 6-28 机械喷涂抹灰砂浆配合比(体积比)选用,其用量偏差不得超过 5%。

机械喷涂抹灰砂浆配合比　　表 6-28

结构部位	材料名称 水泥	石灰膏	砂子	粉煤灰	稠度(cm)
顶棚	1.0	1.0	6.0		8~10
	1.0	1.0	6.0	0.5	
	1.0	1.0	4.0	2.0	
	1.0	1.0	7.0	1.0	

续表

结构部位	材料名称	水泥	石灰膏	砂子	粉煤灰	稠度(cm)
地 面		1.0 1.0		3.0 2.5		8~9
墙面	外 墙	1.0 1.0 1.0	0.1 0.25	3.0 3.0 3.0	0.2	9~10
墙面	内 墙	1.0 1.0 1.0 1.0	1.0 0.25 	4.0 2.5 3.0 3.0	 0.5 1.0	10~12

砂浆的稠度，应满足可泵性和抹灰操作的要求宜取 8~12cm；当用于混凝土和混凝土砌块基层时，砂浆的稠度宜取 9~10cm；用于黏土砖墙面时，砂浆的稠度宜取 10~11cm；用于粉煤灰砖墙面时，砂浆的稠度宜取 11~12cm。

为提高砂浆的和易性和可泵性，满足稠度要求，喷涂抹灰砂浆宜掺加外加剂（石灰膏、粉煤灰、微沫剂等），其品种与掺入量应由试验确定。

（3）砂浆搅拌

砂浆搅拌应按照配合比和稠度要求，准确计量，宜一次投料，在搅拌过程中不得再随意增加投料。当进行石灰砂浆搅拌或砂浆中掺外加剂时，宜先搅拌石灰膏或外加剂，而后再加足其他材料。

砂浆搅拌应选用强制式搅拌机，搅拌时间不应少于

2min。

搅拌好的砂浆应进行过筛,剔除混入砂浆中的石子或杂物,以免堵塞管道。

过筛后的砂浆应立即转入输送料斗内进行泵送,以防止砂浆停放时间过长,而产生离析和不均匀现象,影响砂浆稠度及可泵性。

5．喷涂工艺

（1）施工准备

在喷涂抹灰前,应对基层进行下述处理：

1）基层表面的灰尘、污垢、油渍等应清除干净。

2）墙体所有预埋件、门窗及各种管道安装应准确无误。楼板、墙面上孔洞应堵塞密实,凸凹部分应剔补平整。

3）宜先做好踢脚板、墙裙、窗台板、柱和门窗口的水泥砂浆护角线,混凝土过梁的底层灰。

4）有分格缝时,应先装上分格条。

5）根据实际情况提前适量浇水湿润。

6）根据墙面平整度、装饰要求,找出规矩,设置标志（做塌饼）、标筋（出柱头）。层高在3m以上时,宜设二道横标筋,筋距2m左右,下道筋在踢脚板上口,层高3m及其以上时,再增加一道横筋。也可设竖标筋,两端标筋设在阴角,筋距为1.2~1.5m。标筋宽度宜为3~5cm。

7）不同结构材料相接处,应铺钉金属网,并绷紧牢固。金属网与基层的搭接宽度不应小于100mm。

8）对安装的门窗框及预埋件进行位置检查。对门窗框与墙边缝隙应填实。当门窗框为铝合金时,应用泡沫塑料条、泡沫聚氨酯条、矿棉玻璃条或玻璃丝毡条进行填塞;当门窗框为彩色镀锌钢板时,应用建筑密封膏密封;当门窗框为钢或木时，应用水泥砂浆填塞；当门窗框为塑料时，应用泡沫塑料条、泡沫聚氨酯条、卷材条填塞。

(2) 泵送

泵送前应进行空负荷试运转，其连续空运转时间应为5min，并应检查电机旋转方向，各工作系统与安全装置，其运转应正常可靠，正常后才能进行泵送作业。

泵送时，应先压入清水湿润，再压入适宜稠度的纯净石灰膏或水泥浆进行润滑管道，压到工作面后，即可输送砂浆。石灰膏应注意回收利用，避免喷溅地面、墙面。

泵送砂浆应连续进行，避免中间停歇。当需停歇时，每次间歇时间：石灰砂浆不宜超过30min；水泥石灰砂浆不应超过20min；水泥砂浆不应超过10min。若间歇时间超过上述规定时，应每隔4~5min开动一次灰浆泵（或灰浆联合机搅拌器），使砂浆处于正常调合状态，防止沉淀堵管。如停歇时间过长，应进行清洗管道。因停电、机械故障等原因，机械不能按上述停歇时间内启动时，应及时用人工将管道和泵体内的砂浆清理干净。

泵送砂浆时，料斗内的砂浆不得低于料斗深度的1/3，否则，应停止泵送，以防止空气进入泵送系统内造成气阻。

泵送结束，应及时清洗灰浆泵（或灰浆联合机）、输浆管道和喷枪。输浆管道可压入清水—海绵球—清水—海绵球的顺序清洗；也可压入少量石灰膏，塞入海绵球，再压入清水冲洗管道。喷枪清洗可用压缩空气吹洗喷头内的残余砂浆。

当建筑物高度超过60m，泵送压力达不到要求时，应再设置接力泵，进行接力泵送。

泵送过程中，如灰浆泵或灰浆联合机发生故障，可参照表6-29至表6-31所列排除方法及时进行故障排除。

柱塞泵常见故障及排除方法 表6-29

故 障	原 因	排 除 方 法
输送管道堵塞	1. 砂浆过稠或搅拌不均匀 2. 灰浆中夹有干砂块、木头、铁丝、石头等杂物 3. 泵体或输送管路渗漏 4. 输送胶管有死弯	判断堵塞位置。用木锤敲击振动使其通顺。如无效，须在堵塞位置拆开，将堵塞物排除，然后开机泵通，再把管路接通即可继续泵送
缸体、球阀堵塞	1. 料斗的灰浆有大石块等杂物 2. 灰浆搅拌不匀 3. 泵体接合处密封失效漏浆	拆开泵体堵塞部位，排除堵塞物，用清水冲洗干净，重新安装密封好，如密封失效，应更换密封
泵缸与柱塞接触间隙漏水	1. 密封没压紧或磨损 2. 柱塞磨损	1. 压紧密封或更换 2. 更换柱塞
泵缸发热	密封压得过紧	适当放松密封压盖，以泵缸不漏浆为准
泵的排量减少或不出灰浆	1. 输送管道或球阀堵塞 2. 吸入球阀或排出球阀关不严	1. 适当放松密封压差，以泵缸不漏浆为准 2. 清洗球阀，排除异物或更换新球阀
压力表针剧烈跳动或不动	1. 排出球阀发生堵塞或磨损 2. 压力表接头漏气	1. 卸压，清洗或更换排出球阀 2. 将压力表接头密封好
压力表压力突然下降	输送管道破裂或管接头脱落	立即停机修理，更换新管或管接头

挤压式灰浆泵常见故障及排除方法 表 6-30

故 障	原 因	排 除 方 法
压力表指针不动	1. 挤压滚轮与鼓筒壁间隙大 2. 料斗灰浆缺少,泵吸进空气 3. 料斗吸料管密封不好,挤压泵吸进空气 4. 压力表堵塞或隔膜破裂	1. 缩小其间隙量为 2 倍挤压胶管的壁厚 2. 泵反转排出空气,加灰浆 3. 将料斗吸料管重新夹紧,泵反转排净空气 4. 排除异物或更换隔膜
压力表压力值突然上升	喷枪的喷嘴被异物堵塞,或管路堵塞	泵反转,卸压停泵,检查堵塞部位,排除异物
泵机不转	电器故障或电机损坏	及时排除;如超过 1h,应拆卸管道,排除灰浆,并用水清洗干净泵机
压力表的压力下降或出灰量减少	挤压胶管破裂	更换新挤压胶管

灰浆联合机的常见故障及排除方法 表 6-31

故 障	发生原因	排 除 方 法
泵吸不上砂浆或出浆不足	1) 吸浆管道密封失效 2) 阀球变形、撕裂及严重磨损 3) 阀室内有砂浆凝块阀座与阀球密封不良 4) 离合器打滑 5) 料斗料用完	拆检吸浆管,更换密封件 打开回流卸载阀,卸下泵头,更换阀球 拆下泵头,清洗阀室,调整阀座与阀球间的密封 调整离合器摩擦片的间隙,摩擦片过度磨损咬伤,及时更换 打开回流卸载阀,加满料后,关闭回流卸载阀,泵送

续表

故　障	发生原因	排 除 方 法
泵体有异常撞击声	弹簧断裂或活塞脱落	打开回流卸载阀，卸压后，拆下泵头，检查弹簧和活塞，损坏更换
活塞漏浆	缸筒或密封皮碗损坏	打开回流卸载阀卸压，拆下泵头，检查缸筒和密封皮碗，损坏更换
搅拌轴转速下降或停止转动	1）搅拌叶片，被异物卡住，砂浆过稠，量过多 2）传动皮带打滑、松弛	砂浆应作过筛处理。砂浆稠度适当，加入料量不超载 调节收紧皮带，不松弛
振动筛不振	振动杆头与筛侧壁振动手柄位置不适当	调整振动手柄位置
灰浆输浆管堵塞	1）砂浆稠度不合适或砂浆搅拌不匀 2）泵机停歇时间长 3）输浆管内有残留砂浆凝结物块 4）没有用石灰膏润滑管道	砂浆按级配比要求。稠度合适，搅拌均匀。必要时可加入适量的添加剂 泵机停歇时间应符合规定 打开回流卸载阀，吸回管内砂浆，清洗管道 泵浆前，必须先加入石灰膏浆润滑管道
压力表突然上升或下降	1）表压上升，输浆管道堵塞 2）表压下降 i）离合器打滑 ii）输浆管连接松脱，密封失效，泄漏严重或胶管损坏	停机，打开回流卸载阀，按输浆管堵塞的排除方法处理 检查摩擦片磨损情况 检查输浆管道密封圈，拧紧松脱管接，损坏更换

续表

故　　障	发生原因	排　除　方　法
喷枪无气	1) 气管、气嘴管堵塞 2) 泵送超载安全阀打开	清理疏通 气管距离超过40m长，双气阀压力提高0.03~0.05MPa 超载安全阀打开，按输浆管堵塞排除方法处理
气嘴喷气，喷枪突然停止喷浆	料斗料用完	按泵吸不上砂浆或出浆不足中第5)点方法处理
喷枪喷浆断断续续不平稳	泵体阀门球或阀座磨损	拆下泵头，检查阀座和阀门球磨损情况，损坏更换

(3) 喷涂

喷涂顺序和路线的确定影响着整个喷涂过程，选择合理，不仅操作顺手，而且减少迂回和因输浆管道的拖动而产生的不良后果。从总布局上应遵守"先远后近，先上后下，先里后外"的原则。一般可按先顶棚后墙面，先室内后过道、楼梯间进行喷涂。

喷涂厚度一次不宜超过8mm。当超过时应分遍进行，一般底层灰应喷涂两遍：第一遍根据抹灰厚度将基体平整或喷拉毛灰；第二遍待第一遍灰凝结后再喷，并略高于标筋。

顶棚喷涂宜先在周边喷涂出一圈边框，再按S形路线由里向外迂回喷涂，最后从门口退出。当顶棚宽度过大时，应分段进行，每段喷涂宽度不宜大于2.5m（图6-43）。

室内墙面喷涂宜从门口一侧开始，另一侧退出。同一房间喷涂，当墙体材料不同时，应先喷涂吸水性小的墙面，后喷涂吸水性大的墙面，这样可以同时交活。

室外墙面喷涂,应由上而下按 S 形路线迂回喷涂。底层灰应分段进行,每段宽度为 1.5～2m,高度为 1.2～1.8m。面层灰应按分格条进行分块,每块内的喷涂应一次完成。

喷涂作业时,应使喷嘴压力表上的压力值控制在 1.5～2.0MPa 之间,如压力不足时,应调整空压机的压力。

持喷枪姿势应当正确。喷枪手持枪姿势以侧身为宜,右手握枪在前,左手握管在后,两腿叉开,以便于左右往复喷浆(图 6-44)。

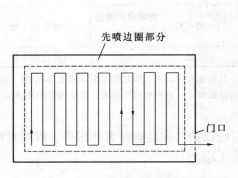 

图 6-43 顶棚喷涂路线　　图 6-44 持枪姿势

喷嘴到基层的距离、角度和气量,应视墙体材料性能和喷涂部位按表 6-32 所列采用。

喷涂从一个房间向另一房间转移时,应关闭气管。若继续开着气管,砂浆会继续喷出,在拖动输浆管过程中不仅容易弄脏墙地面,也容易砂浆击人。

面层灰喷涂前 20～40min 应将底层灰洒水湿润,待表面晾干无明水时再喷涂。

屋面、地面的松散填充料上喷涂找平层时,应连续喷涂多遍,喷灰量宜少,以保证填充层厚度均匀一致。

喷涂距离、角度与气量　　　　表 6-32

工 程 部 位	距离 (cm)	角 度	气 量
对吸水性强的干燥墙面	10～35	90°	气量应调小些
对吸水性弱的潮湿墙面	15～45	65°	气量应调小些
顶棚喷灰	15～30	60°～70°	气量应调小些
踢脚板以上部位喷灰	10～30	喷嘴向上仰30°左右	气量应调小些
门窗口相接墙面喷灰	10～30	喷嘴偏向墙面30°～40°	气量应调小些
地面喷灰	30	90°	气量应调小些

注:由于喷涂机械不同,其性能差异较大,因此喷涂距离取值面较宽,应视具体机械选择其中合适距离;一般机械的压力大,则距墙面距离亦应增大。

喷涂砂浆时,对已保护的成品应注意勿污染,对喷溅粘附的砂浆应及时清除干净。

(4) 抹平压光

喷涂后应及时清理标筋。清理标筋是指在喷涂时,喷溅在标筋上的砂浆清理干净,这样标筋才能作为刮平标准。清理标筋可用大板沿标筋从下向上反复去高补低。

当后做护角线、踢脚板及地面时,喷涂后应及时清理,留出护角线、踢脚板的位置。

清理标筋后,适时用刮杠紧贴标筋上下左右刮平,把多余砂浆刮掉,并搓揉压实,保证墙面平整。最后用木抹子将墙面灰搓平与修补。当需要压光时,面层灰刮平后,用铁抹压实压光。面层灰应随刮随压。

喷涂过程中的落地灰应及时清理回收，以便再利用。

6.6 抹灰工程质量要求及验收标准

6.6.1 一般规定

1．本节适用于一般抹灰、装饰抹灰和清水砌体勾缝等分项工程的质量验收。

2．抹灰工程验收时应检查下列文件和记录：

（1）抹灰工程的施工图、设计说明及其他设计文件。

（2）材料的产品合格证书、性能检测报告、进场验收记录和复验报告。

（3）隐蔽工程验收记录。

（4）施工记录。

3．抹灰工程应对水泥的凝结时间和安定性进行复验。

4．抹灰工程应对下列隐蔽工程项目进行验收：

（1）抹灰总厚度大于或等于35mm时的加强措施。

（2）不同材料基体交接处的加强措施。

5．各分项工程的检验批应按下列规定划分：

（1）相同材料、工艺和施工条件的室外抹灰工程每500～1000m^2应划分为一个检验批，不足500m^2也应划分为一个检验批。

（2）相同材料、工艺和施工条件的室内抹灰工程每50个自然间（大面积房间和走廊按抹灰面积30m^2为一间）应划分为一个检验批，不足50间也应划分为一个检验批。

6．检查数量应符合下列规定：

（1）室内每个检验批应至少抽查10%，并不得少于3间；不足3间时应全数检查。

(2) 室外每个检验批每 100m² 应至少抽查一处,每处不得小于 10m²。

7. 外墙抹灰工程施工前应先安装钢木门窗框、护栏等,并应将墙上的施工孔洞堵塞密实。

8. 抹灰用的石灰膏的熟化期不应少于 15d;罩面用的磨细石灰粉的熟化期不应少于 3d。

9. 室内墙面、柱面和门洞口的阳角做法应符合设计要求。设计无要求时,应采用 1:2 水泥砂浆做暗护角,其高度不应低于 2m,每侧宽度不应小于 50mm。

10. 当要求抹灰层具有防水、防潮功能时,应采用防水砂浆。

11. 各种砂浆抹灰层,在凝结前应防止快干、水冲、撞击、振动和受冻,在凝结后应采取措施防止玷污和损坏。水泥砂浆抹灰层应在湿润条件下养护。

*12. 外墙和顶棚的抹灰层与基层之间及各抹灰层之间必须粘接牢固。

注:外墙和顶棚抹灰由于粘接不牢导致脱落伤人的质量事故多次发生,引起了有关部门的重视,故装饰装修规范规定,当顶棚必须抹灰时,应采取有效技术措施,严格进行基层处理,保证抹灰层与基层及各抹灰层之间粘接牢固。

6.6.2 一般抹灰工程

本节适用于石灰砂浆、水泥砂浆、水泥混合砂浆、聚合物水泥砂浆和麻刀石灰、纸筋石灰、石膏灰等一般抹灰工程的质量验收。一般抹灰工程分为普通抹灰和高级抹灰,当设计无要求时,按普通抹灰验收。

---

*属强制性条文。

1. 主控项目

(1) 抹灰前基层表面的尘土、污垢、油渍等应清除干净，并应洒水润湿。

检验方法：检查施工记录。

(2) 一般抹灰所用材料的品种和性能应符合设计要求。水泥的凝结时间和安定性复验应合格。砂浆的配合比应符合设计要求。

检验方法：检查产品合格证书、进场验收记录、复验报告和施工记录。

(3) 抹灰工程应分层进行。当抹灰总厚度大于或等于35mm时，应采取加强措施。不同材料基体交接处表面的抹灰，应采取防止开裂的加强措施，当采用加强网时，加强网与各基体的搭接宽度不应小于100mm。

检验方法：检查隐蔽工程验收记录和施工记录。

(4) 抹灰层与基层之间及各抹灰层之间必须粘接牢固，抹灰层应无脱层、空鼓，面层应无爆灰和裂缝。

检验方法：观察；用小锤轻击检查；检查施工记录。

2. 一般项目

(1) 一般抹灰工程的表面质量应符合下列规定：

①普通抹灰表面应光滑、洁净、接槎平整，分格缝应清晰。

②高级抹灰表面应光滑、洁净、颜色均匀、无抹纹，分格缝和灰线应清晰美观。

检验方法：观察；手摸检查。

(2) 护角、孔洞、槽、盒周围的抹灰表面应整齐、光滑；管道后面的抹灰表面应平整。

检验方法：观察。

(3)抹灰层的总厚度应符合设计要求;水泥砂浆不得抹在石灰砂浆层上;罩面石膏灰不得抹在水泥砂浆层上。

检验方法:检查施工记录。

(4)抹灰分格缝的设置应符合设计要求,宽度和深度应均匀,表面应光滑,棱角应整齐。

检验方法:观察;尺量检查。

(5)有排水要求的部位应做滴水线(槽)。滴水线(槽)应整齐顺直,滴水线应内高外低,滴水槽的宽度和深度均不应小于10mm。

检验方法:观察;尺量检查。

(6)一般抹灰工程质量的允许偏差和检验方法应符合表6-33的规定。

一般抹灰的允许偏差和检验方法　　表6-33

项次	项目	允许偏差/mm 普通抹灰	允许偏差/mm 高级抹灰	检验方法
1	立面垂直度	4	3	用2m垂直检测尺检查
2	表面平整度	4	3	用2m靠尺和塞尺检查
3	阴阳角方正	4	3	用直角检测尺检查
4	分格条(缝)直线度	4	3	拉5m线,不足5m拉通线,用钢直尺检查
5	墙裙、勒脚上口直线度	4	3	拉5m线,不足5m拉通线,用钢直尺检查

注:1.普通抹灰,本表第3项阴角方正可不检查;
　　2.顶棚抹灰,本表第2项表面平整度可不检查,但应平顺。

6.6.3 装饰抹灰工程

本节适用于水刷石、斩假石、干粘石、假面砖等装饰抹灰工程的质量验收。

1. 主控项目

（1）抹灰前基层表面的尘土、污垢、油渍等应清除干净，并应洒水润湿。

检验方法：检查施工记录。

（2）装饰抹灰工程所用材料的品种和性能应符合设计要求。水泥的凝结时间和安定性复验应合格。砂浆的配合比应符合设计要求。

检验方法：检查产品合格证书、进场验收记录、复验报告和施工记录。

（3）抹灰工程应分层进行。当抹灰总厚度大于或等于35mm时，应采取加强措施。不同材料基体交接处表面的抹灰，应采取防止开裂的加强措施，当采用加强网时，加强网与各基体的搭接宽度不应小于100mm。

检验方法：检查隐蔽工程验收记录和施工记录。

（4）各抹灰层之间及抹灰层与基体之间必须粘接牢固，抹灰层应无脱层、空鼓和裂缝。

检验方法：观察；用小锤轻击检查；检查施工记录。

2. 一般项目

（1）装饰抹灰工程的表面质量应符合下列规定：

①水刷石表面应石粒清晰、分布均匀、紧密平整、色泽一致，应无掉粒和接槎痕迹。

②斩假石表面剁纹应均匀顺直、深浅一致，应无漏剁处；阳角处应横剁并留出宽窄一致的不剁边条，棱角应无损坏。

③干粘石表面应色泽一致、不露浆、不漏粘，石粒应粘结牢固、分布均匀，阳角处应无明显黑边。

④假面砖表面应平整、沟纹清晰、留缝整齐、色泽一致,应无掉角、脱皮、起砂等缺陷。

检验方法:观察;手摸检查。

(2)装饰抹灰分格条(缝)的设置应符合设计要求,宽度和深度应均匀,表面应平整光滑,棱角应整齐。

检验方法:观察。

(3)有排水要求的部位应做滴水线(槽)。滴水线(槽)应整齐顺直,滴水线应内高外低,滴水槽的宽度和深度均不应小于10mm。

检验方法:观察;尺量检查。

(4)装饰抹灰工程质量的允许偏差和检验方法应符合表6-34的规定。

装饰抹灰的允许偏差和检验方法　　　　表6-34

项次	项目	允许偏差(mm)				检验方法
		水刷石	斩假石	干粘石	假面砖	
1	立面垂直度	5	4	5	5	用2m垂直检测尺检查
2	表面平整度	3	3	5	4	用2m靠尺和塞尺检查
3	阳角方正	3	3	4	4	用直角检测尺检查
4	分格条(缝)直线度	3	3	3	3	拉5m线,不足5m拉通线,用钢直尺检查
5	墙裙、勒脚上口直线度	3	3	—	—	拉5m线,不足5m拉通线,用钢直尺检查

7 饰面砖（板）工程

7.1 常用材料

7.1.1 陶瓷、玻璃类

1. 陶瓷面砖

陶瓷面砖是指以陶瓷为原料制成的面砖，主要分为：釉面瓷砖、外墙面砖、陶瓷锦砖、陶瓷壁画等。近年来，又出现不少新品种，如劈离砖等。

（1）釉面瓷砖

1）品种规格：釉面瓷砖是用于室内墙面装饰的陶瓷面砖，有白色、彩色、印花、图案多种品种（表7-1）。其中白色釉面瓷砖见图7-1。

釉面瓷砖的种类、特点　　　　表7-1

种　　类		说　明　特　点
白色釉面砖		色纯白，釉面光亮，镶于墙面，清洁大方
彩色釉面砖	有光彩色釉面砖	釉面光亮晶莹，色彩丰富雅致
	无光彩色釉面砖	釉面半无光，不晃眼，色泽一致，色调柔和
装饰釉面砖	花釉砖	系在同一砖上，施以多种彩釉，经高温烧成。色釉互相渗透，花纹千姿百态，有良好的装饰效果

续表

种 类		说明特点
装饰釉面砖	结晶釉砖	晶花辉映，纹理多姿
	斑纹釉砖	斑纹釉面，丰富多彩
	大理石釉砖	具有天然大理石花纹，颜色丰富，美观大方
图案砖	白地图案砖	系在白色釉面砖上装饰各种彩色图案，经高温烧成。纹样清晰，色彩明朗，清洁优美
	色地图案砖	系在有光或无光彩色釉面砖上，装饰各种图案，经高温烧成。产生浮雕、缎光、绒光、彩漆等效果。做内墙饰面，别具风格
瓷砖画及色釉陶瓷字	瓷砖画	以各种釉面砖拼成各种瓷砖画，或根据已有画稿烧制成釉面砖拼装成各种瓷砖画，清洁优美，永不褪色
	色釉陶瓷字	以各种色釉、瓷土烧制而成，色彩丰富，光亮美观，永不褪色

2) 用途：厕所、厨房、游泳池等饰面材料。

3) 质量要求：

①外观要求。釉面砖表面应平整光滑；几何尺寸规矩，圆边或平边应平直；不得缺角掉楞；白色釉面砖白度不得低于78°；素色彩砖，色泽应一致；印花、图案面砖，应先行拼拢，保证画面完整，线条平稳流畅，衔接自然。

②内在质量：

● 吸水率≤22%。

● 耐急冷急热于 105～(19±1)℃冷热交换一次，无裂

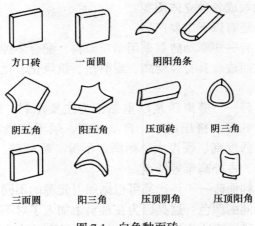

图 7-1 白色釉面砖

纹。
- 密度应在 $2.3 \sim 2.4 g/cm^3$ 之间。
- 硬度 $85 \sim 87HB$。

(2) 外墙面砖

用于外墙饰面工程的《干压陶瓷砖》GB/T 4100.1—1999、GB/T 4100.2—1999、GB/T 4100.3—1999、GB/T 4100.4—1999 和《陶瓷劈离砖》JC/T 457 简称面砖。

按外墙面砖质地可分为陶底及瓷底两种。按外墙面砖表面处理可分为有釉、无釉两种四大类，即：

1) 表面无釉外墙面砖（又称"墙面砖"），常用色泽为白、浅黄、深黄、红、绿等色。

2) 表面有釉墙面砖（又称"彩釉砖"），常用色泽有粉红、蓝、绿、金砂釉、黄、白等色。

3) 线砖：表面有突起纹线又名"泰山砖"。

4) 外墙立体贴面砖（又称"立体彩釉砖"），其特点是表面上釉做成各种立体图案。

另外还有以下主要产品：

彩釉砖——彩釉砖是采用炻质原料，配合多种氧化物经高温烧结而成。具有强度高、耐磨损、抗风化、化学稳定性好等优点。

劈离砖——劈离砖是以重黏土为主要原料，经自动混料、真空练泥、挤压成形、自动切割、烘干焙烧等工序制成。具有强度高、硬度大、耐磨、不滑、耐酸碱、不变色、色调柔和、古朴高雅等特点。

变色釉面砖——该产品可根据照射光源的不同，使釉面砖呈现不同的颜色。这是因为在釉料中加入了对不同波长的光线具有不同吸收作用的原料，从而使釉面砖产生了变色效果。

琉璃釉面砖——琉璃釉面砖是在陶质坯体上涂一层琉璃彩釉。经1000℃左右烧制而成。其特点是光亮夺目、色彩鲜艳，具有民族特点。琉璃彩釉不易剥落，装饰耐久性好，而且比瓷质饰面材料容易加工。

黏土彩釉砖——黏土彩釉砖是以普通制砖黏土为原料，采用二次烧成工艺，素烧（1000±15）℃，釉烧（900±20）℃。

外墙面砖规格繁多，有方形、条形多种，厚度多为9~15mm。

(3) 陶瓷锦砖

陶瓷锦砖旧称"马赛克"，又叫"纸皮砖"，是以优质瓷土烧制成片状小块瓷砖，拼成各种图案贴在纸上的饰面材料，有挂釉和不挂釉两种。它质地坚硬，耐酸碱、耐火、耐磨、不渗水，抗压力强、吸水率小（0.2%~1.2%），除可铺地外，还可用于内、外墙饰面。由于陶瓷锦砖规格极小，不宜分块铺贴，工厂生产产品是将陶瓷锦砖按各种图案组合反贴在纸版上，编有统一货号，以供选用。每张大小约30cm见方，称作一联，每40联为一箱，每箱约3.7m²。

1）规格品种（表7-2）。

陶瓷锦砖的基本形状与规格 表7-2

基本形状	名称	规格（mm）				
		a	b	c	d	厚度
正方	大方	39.0	39.0	—	—	5.0
	仔大方	23.6	23.6	—	—	5.0
	中方	18.5	18.5	—	—	5.0
	小方	15.2	15.2	—	—	5.0
长方（长条）		39.0	18.5			5.0
对角	大对角	39.0	19.2	27.9		5.0
	小对角	32.1	15.0	22.8		5.0
斜长条（斜条）		36.4	11.9	37.9	22.7	5.0
六角		25	—	—	—	5.0

续表

基本形状	名称	规格（mm）				
		a	b	c	d	厚度
(图)	半八角	15	15	18	40	5.0
(图)	长条对角	7.5	15	18	20	5.0

2）用途：可用于室内厕浴间、盥洗室、化验室、游泳池和外墙面。可拼出各种美丽的图案（表7-3）。

陶瓷锦砖的几种基本拼花图案　　　　表7-3

拼花编号	拼花说明	拼花图象
拼-1	各种正方形与正方形相拼	拼-1 拼-2 拼-3 拼-4
拼-2	正方与长条相拼	
拼-3	大方、中方及长条相拼	
拼-4	中方及大对角相拼	
拼-5	小方及小对角相拼	拼-5 拼-6 拼-7 拼-8
拼-6	中方及大对角相拼 小方及小对角相拼	
拼-7	斜长条及斜长条相拼	
拼-8	斜长条与斜长条相拼	

续表

拼花编号	拼花说明	拼花图象
拼-9 拼-10 拼-11 拼-12	长条对角与小方相拼 正方与五角相拼 半八角与正方相拼 各种六角相拼	拼-9　拼-10　拼-11　拼-12
拼-13 拼-14 拼-15	大方、中方、长条相拼 小对角、中大方相拼 各种长条相拼	拼-13　拼-14　拼-15

3) 质量要求：规格颜色一致，无受潮变色现象。拼接在纸版上的图案应符合设计要求，纸版完整，颗粒齐全，间距均匀。防振和严禁散装、散放，防止受潮。

(4) 大型陶瓷饰面板

大型陶瓷饰面板是一种新型建筑饰面材料，产品单块面积大、厚度薄（最大规格为 595mm×295mm×5.5mm）、平整度好、线条清晰整齐。该饰面板的吸水率为 0.1%，耐急冷急热为 150~17℃反复 3 次不裂，抗冻性 -20℃至常温 10 次循环不裂。其花色品种有黄、绿、棕、黑等色彩及仿大理石、花岗石等质感效果，表面有光面、条纹、网纹、波浪纹等。可用于旅游建筑、公共建筑的内外墙面、柱面等，也可用作大型彩绘壁画。

(5) 陶瓷壁画

陶瓷壁画是以陶瓷锦砖、陶瓷面砖、陶板等为基础、经绘画技术与陶瓷技术相结合，通过放大、制版、刻画、配釉、施釉、烧成等工序加工而成的建筑艺术装饰材料。可用于外墙装饰，亦可用于室内装饰。如北京首都国际机场候机大厅的"科学的春天"大型陶板壁画、北京地铁建国门站的"天文纵横"大型花釉壁画、上海龙柏饭店"上海城隍庙湖心亭、九曲桥"陶瓷锦砖壁画等。

2. 玻璃面砖

（1）玻璃锦砖　玻璃锦砖又称玻璃"马赛克"、玻璃纸皮砖（石），是由各种颜色玻璃掺入其他原料经高温熔炼发泡后，压延制成的小块，按不同图案贴于牛皮纸上的外墙饰面材料，其色泽有金属透明色、乳白色以及灰、蓝、紫、肉、橘黄等多种花色，因此排列的图案可以多种多样。

1）主要规格：小玻璃方饼为 20mm × 20mm × 4mm、25mm × 25mm × 4mm、30mm × 30mm × 4mm 和 40mm × 40mm × 4mm 等几种，整张玻璃锦砖标准尺寸为 325mm × 325mm。每箱 40 张。

2）质量要求：质地坚硬，耐热耐冻性好，在大气与酸碱环境中性能稳定，不龟裂，表面光滑，色泽一致。尤应注意：背面凹坑与楞线条明显，拼缝应呈楔形（小饼四周圆滑、平直，有斜面）。铺贴纸必须满足以下要求：

①铺贴纸尺寸必须一致，其纸周边应露出拼块小饼 5~10mm。

②1m^2 铺贴纸重量应在 80~100g 间，以 100g 最佳。

③脱水性：洒水脱纸时间 <40min。

④拉力大，洒水脱纸时，整张撕下不得断裂、破损。

⑤纸的纵向与横向收缩应一致。

（2）坡璃面砖新产品　另外玻璃面砖新产品还有以下几种：

1) 彩色玻璃面砖：彩色玻璃面砖是以废玻璃、粗砂为主要原料制成。这种面砖有各种颜色和图案，可用于装饰室内外墙面，粘贴施工也比较方便。

2) 釉面玻璃：在平板玻璃、压延玻璃、磨光玻璃或玻璃砖表面涂敷一层彩色易熔性色釉，加热到彩釉的熔融温度，使彩釉与玻璃牢固地结合在一起，经退火或钢化等不同的热处理方法制成。该产品有红、绿、黄、蓝、黑、灰等不同色调，适用于内外墙面和门窗的装饰。

3) 玻璃大理石：玻璃大理石是将优质平板玻璃洗净后，在一面均匀地涂布一层化合物溶液，经高温作用形成大理石花纹。粘贴在建筑物上具有较好的装饰效果。

4) 玻璃质石英饰面砖：玻璃质石英饰面砖是以石英砂为主要原料制成。具有耐腐蚀、易清洗、表面光洁、不易变色等优点。

5) 彩色玻璃熔珠饰面砖：该饰面砖表面呈熔珠状、多棱状，光泽柔和，颜色鲜艳，质感丰富。

6) 装饰泡沫玻璃：采用玻璃粉、发泡剂和外加剂，并掺入某些氧化物或盐类，可制成各种色彩的泡沫玻璃，用金刚砂锯片切割成不同形状。可用于室内外做艺术壁画等。

7) 水晶玻璃饰面板：以二氧化硅和其他添加剂为主要原料，经适当配合后用火焰烧熔结晶制成玻璃珠。再用此玻璃珠在耐火材料的模具中制成饰面板。其外表面光滑，并带有各种形式的细丝网状或仿天然石的花纹。具有良好的装饰质量，很高的机械强度和耐大气、耐化学稳定性能。其背面较粗糙，有利于粘贴施工。适用于各种建筑物的内外墙饰面及制作壁画等。水晶玻璃饰面板的形状为方形或矩形，最大规格尺寸为 $597mm \times 795mm$，较小的规格为 $300mm \times 150mm$，厚度15～20mm。

8) 镜面玻璃装饰板：建筑内墙装修所用的镜面玻璃，在构造上、材质上，与一般玻璃镜均有所不同，它是以高级浮法平板玻璃，经镀银、镀铜、镀漆等特殊工艺加工而成，与一般镀银玻璃镜、真空镀铝玻璃镜相比，具有镜面尺寸大、成像清晰逼真、抗盐雾及抗热性能好、使用寿命长等特点。

3. 饰面砖胶粘剂

(1) 复合胶粉　以水泥熟料为主，配合高分子材料共同研磨制成。具有粘接强度高、耐候、抗裂、防水等优点。适用于建筑物内外墙、地面、浴室、水池等粘贴陶瓷面砖、陶瓷锦砖等。使用时3.5～4份胶粉加1份水（重量比），混拌后静停10min，再充分搅拌均匀即可粘贴施工。胶浆涂层厚度宜为2～3mm（最厚不得超过8mm）。

(2) TAM型通用瓷砖胶粘剂　以水泥为基材，聚合物改性的粉末。胶与水混合均匀，静置10min后即可使用，30min内粘贴完毕。

(3) YJ金鹰粉　单组份粉状胶粘剂，主要用于外墙面砖粘贴。将胶粉按粉:水＝100:25～30搅拌静置5min即可涂抹粘贴。一般砖板不需泡水。

胶粘剂的选用，应符合《民用建筑工程室内装饰环境污染控制规范》GB 50325—2001 的规定。

7.1.2　石材类

1. 天然石材饰面板

建筑饰面用的天然石材主要有大理石和花岗石两大类。天然石是大块荒料经过锯切、研磨、酸洗、抛光，最后按所需规格、形状切割加工而成。

(1) 花岗石饰面板

1) 规格品种及性能: 花岗石是各类岩浆岩（又称火成岩）的统称, 如花岗岩、安山岩、辉绿岩、辉长岩、片麻岩等。其抗冻性达 100~200 次冻融循环, 有良好的抗风化稳定性、耐磨性、耐酸碱性、耐用年限约 75~200 年。各种品种及性能见表 7-4。

花岗石的主要性能　　　　表 7-4

花岗石品种名称	外贸代号	岩石名称	颜色	结构特征	物理力学性能				
					重量 (t/m³)	抗压强度 (MPa)	抗折强度 (MPa)	肖氏硬度 HS	磨损量 (cm³)
白虎涧	151	黑云母花岗岩	粉红色	花岗结构	2.58	137.3	9.2	86.5	2.62
花岗石	304	花岗岩	浅灰、条纹状	花岗结构	2.67	202.1	15.7	90.0	8.02
花岗石	306	花岗岩	红灰色	花岗结构	2.61	212.4	18.4	99.7	2.36
花岗石	359	花岗岩	灰白色	花岗结构	2.67	140.2	14.4	94.6	7.41
花岗石	431	花岗岩	粉红色	花岗结构	2.58	119.2	8.9	89.5	6.38
笔山石	601	花岗岩	浅灰色	花岗结构	2.73	180.4	21.6	97.3	12.18
日中石	602	花岗岩	灰白色	花岗结构	2.62	171.3	17.1	97.8	4.80
峰白石	603	黑云母花岗岩	灰色	花岗结构	2.62	195.6	23.3	103.0	7.83
厦门白石	605	花岗岩	灰白色	花岗结构	2.61	169.8	17.1	91.2	0.31
奢石	606	黑云母花岗岩	浅红色	花岗结构	2.61	214.2	21.5	94.1	2.93
石山红	607	黑云母花岗岩	暗红色	花岗结构	2.68	167.0	19.2	101.5	6.57
大黑白点	614	闪长花岗岩	灰白色	花岗结构	2.62	103.6	16.2	87.4	7.53

花岗石饰面板是以荒料锯解加工而成，分剁斧板、机刨板、粗磨板、磨光板四种。其中剁斧板、机刨板按设计要求加工（表7-5）；粗磨和磨光板由工厂加工，其规格见表7-6。

花岗石荒料尺寸参考表　　　　　　　表7-5

用料部位	按设计规格加大的尺寸（mm）			备注
	长	宽	厚	
台阶	20	20	—	
地面	20	20	—	
墙面（斗板）	20	20	—	
盖板、垂带	30	40	30	
压面（台邦石）	30	30	20	
柱面	20	20	—	厚度按设计要求
拱碳脸	20	20	—	二面露面的厚加30mm
柱墩	20	20	—	
拦板	60	40	30	包括榫子在内
柱子	60	30	30	包括榫子在同

粗磨和磨光花岗石饰面板的规格（mm）　　表7-6

长	宽	厚	长	宽	厚	长	宽	厚
300	300	20	600	600	20	915	610	20
305	305	20	610	305	20	1070	750	20
400	400	20	610	610	20	1070	762	20
600	300	20	900	600	20			

注：摘自《花岗石》JC 205。

2）适用范围：由于花岗石的主要性能突出，因此一般均用于重要建筑物（如高级宾馆、饭店、办公用房、商业用房以及纪念性建筑、宾馆、体育场馆等）的基座、墙面、柱面、门头、勒脚、地面、台阶等部位。

3) 质量要求：棱角方正，规格尺寸应符合设计要求。颜色一致，不得有裂纹、砂眼、石核子等隐伤现象（棱角可用弯尺测量，隐伤可采取锤敲击检查，声音发脆者合格）。放射性核素应符合《建筑材料放射性核素限量》（GB 6566—2001）的规定。

（2）大理石饰面板

1) 品种规格及性能：大理石是一种变质岩，系由石灰岩变质而成，其主要矿物成分为方解石、白云石等，但结晶细小，结构致密。

大理石的颜色有纯黑、纯白、纯灰等色泽和各种混杂花纹色彩。饰面板的品种常以其研磨抛光后的花纹、颜色特征及产地命名。

大理石板材的规格有定型和不定型两种。不定型根据用户要求加工，定型板材其规格和主要技术指标如下：

①板材规格。分正方形或矩形，见表7-7。

天然大理石板材规格（mm） 表 7-7

长	300	300	305	305	400	400	600	600
宽	150	300	152	305	200	400	300	600
厚	20	20	20	20	20	20	20	20
长	610	900	915	1067	1070	1200	1200	1220
宽	610	600	610	762	750	600	900	915
厚	20	20	20	20	20	20	20	20

②性能。天然大理石板材的抗折强度、抗压强度、表观密度、吸水率、耐磨率等指标部标准均有规定。

常见天然大理石的品种及物理力学性能指标见表7-8。

天然大理石品种及物理力学性能指标　　　表 7-8

品种	颜色、结构特征	抗压强度（MPa）	抗折强度（MPa）	产　地
汉白玉	乳白色带少量隐斑，花岗结构	156	16.9	北京房山、湖北黄石
雪浪	白色、灰白色，颗粒变晶、镶嵌结构	61.1	13.7	湖北黄石
雪野	灰白色	121.5	14.4	湖北黄石
秋景	灰白色、浅棕色带条状花纹，微晶结构	68.6	16.8	湖北黄石
粉荷	浅粉红色带花纹	104.9	17	湖北通山
墨壁	黑色带少量白色条纹	70.5	17.1	湖北黄石
咖啡	咖啡色	84.9	17.9	山东青岛
苏黑	黑色间少量白络	157.8	18.5	江苏
杭灰	灰色、白花纹	121	17.7	浙江杭州
皖螺	灰红色底、红灰色相间的花纹	90.6	14.3	安徽
云南灰	灰白色间有深灰色晕带	178.6	26	云南
莱阳绿	灰白色底、间深草绿色斑点状	82.2	18.7	山东莱阳
丹东绿	浅绿色、翠绿、墨绿	86.6~100.8	28~30.5	辽宁丹东
岭红	玫瑰红、深红、棕红、紫红、杂白斑	82~104	23	辽宁铁岭
东北红	绛红色	128	21	大连
晚霞	白黄间土黄	146	10.7	北京顺义
芝麻白	白色晶粒	138	16.5	北京顺义
艾叶青	青底、深灰间白色叶状、间片状纹缕	173.5	11	北京顺义
螺丝转	深灰色底、青白相间螺纹状花纹	157	7.6	北京顺义
川绿玉	油绿、菜花黄绿	141	23.2	四川南江

2) 适用范围：大理石饰面板是由荒料经锯、磨、切等多道工序加工而成的板材，主要用于建筑物的室内地面、墙面、柱面、墙裙、窗台、踢脚以及电梯厅、楼梯间等部位的干燥环境中。

大理石在大气中受二氧化碳、硫化物、水气作用，易于溶解，失去表面光泽而风化、崩裂，故一般不宜用于室外。如果必须将大理石用于室外时，务必选择坚实致密、吸水率不大于0.75%的大理石，并在其表面涂刷有机硅等罩面材料加以保护。

3) 质量要求：光洁度高，石质细密，无腐蚀斑点，色泽美丽，棱角齐全，底面整齐。要轻拿轻放，保护好四角，切勿单角码放和码高，要覆盖存放。

(3) 青石板饰面板

青石板系水成岩，材质较软，容易风化。使用规格为长宽300～500mm不等的矩形。由于其纹理构造和表面能保持劈裂后的自然形状和具有灰、绿、紫、黄、暗红等不同颜色，可组合搭配形成色彩丰富、具有自然风格的墙面装饰。北京动物园爬虫馆采用青石板做外饰面，南京金陵饭店大厅的部分地面也采用了类似的石材，都取得了别具风格的效果。

2. 人造石饰面板

人造石饰面材料是用天然大理石、花岗石之碎石、石屑、石粉作为填充材料，由不饱和聚酯树脂为胶粘剂（或用水泥为胶粘剂），经搅拌成形、研磨、抛光等工序制成与天然大理石、花岗石相似的材料。

人造石饰面板材不仅花纹图案可由设计控制确定，而且具有重量轻、强度高、厚度薄、耐腐蚀、抗污染、有较好的加工性等优点。能制成弧形、曲面，施工方便，装饰效果好，是现代建筑理想的装饰材料。人造石饰面板材一般有人造大理石（花岗石）和预制水磨石饰面板。

(1) 人造大理石（花岗石）

1) 规格品种：人造大理石按照生产所用材料，一般分为四类：

①水泥型人造大理石。是以各种水泥或石灰磨细砂（也有用铝酸盐水泥）为胶粘剂，砂为细骨料，碎大理石、花岗石、工业废渣等为粗骨料，经配料、搅拌、成形、加压蒸养、磨光、抛光而制成。一般按照设计要求由工厂生产，亦可在现场预制。

②树脂型人造大理石。是以不饱和聚酯为胶粘剂，与石英砂、大理石、方解石粉等搅拌混合，浇铸成形，在固化剂作用下产生固化作用，经脱模、烘干、抛光等工序而制成。

③复合型人造大理石。这种人造大理石的胶粘剂中，既有无机材料，又有有机高分子材料。用无机材料将填料粘接成形后，再将坯体浸渍于有机单体中，使其在一定条件下聚合。板材一般采取底层用性能稳定的无机材料，面层用聚酯和大理石粉制作。

④烧结人造大理石。该方法与陶瓷工艺相似。将斜长石、石英、辉石、方解石粉和赤铁矿粉及部分高岭土等混合（黏土:石粉=4:6），用泥浆法制备坯料，用半干压法成形，在窑炉中以1000℃左右高温焙烧而成。

上述四种制造方法中，最常用的是树脂型。

2) 用途：室内墙面、柱面等。

3) 质量要求和保管方法：同大理石。另外码放堆存应光面对光面，以保护板面。

(2) 预制水磨石饰面板

1) 构造做法见表7-9。

预制水磨石饰面板构造做法　　　表7-9

种　类		做　法
板（块）材 （包括隔断板、窗台板、柱子板等）	单面做法	1. 10～15mm厚1:3干硬性水泥砂浆打底，拍实刮平 2. $\phi 6\sim 8$钢筋网片 3. 10～15mm厚1:2.8水泥石粒浆面层，压实抹平
	双面做法	钢筋网片同单面做法。全部用1:2.8水泥石粒浆
水池、水槽		全部用1:2.8水泥石粒浆

2) 制作要点：

①材料选用：

水泥：强度等级不低于32.5级的普通硅酸盐水泥、矿渣硅酸盐水泥或白水泥。

砂子：粗砂或中砂，含泥的质量分数不大于3%。

石粒：米厘大理石、白云石及花岗石等。板（块）材采用过13mm筛孔的混合石粒，水池、水槽采用小八厘，需冲洗干净。

颜料：采用矿质颜料不超过水泥重量的5%，非矿质颜料不超过水泥重量的2%。

②同一颜色品种的制品，应用同一批材料和颜料，并一次配齐。各种颜色品种制品的石粒、颜料配合比参见表7-10。

③按照设计要求的尺寸制作模板，其中板（块）材的底模边长要加大3～5cm，边模要考虑水磨石周边或表面磨光

增加的磨耗量(参见表 7-11)加长加厚,双面磨光的板(块)材,其底模须平整光滑。

石粒、颜料配合比参考表　　　　表 7-10

制品名称	水泥颜色	颜料加量(%)				石粒配合比
		铁黄	红土	染绿	黑粉	
房山白	白					房山白(混)
晚霞	白					晚霞(混)
晚霞加白	白					晚霞(混)70%
						房山白(混)30%
东北绿	白			0.1		东北绿(混)
东北绿加黑	白					东北绿(混)85%
						苏州黑(二厘)15%
房山白加黑	白					房山白(混)85%
						苏州黑(二厘)15%
银河晚霞	白					银河(混)75%
						晚霞(混)25%
湖北黄	白	0.4				湖北黄(混)
盖平红加白	白	0.45	0.4			盖平红(混)75%
盖平红加白	白	0.45	0.4			房山白(混)25%
盖平红	白					盖平红
奶油白	白	0.16	0.05			奶油白(混)
东北绿加白	白	0.2		0.2		东北绿(混)80%
						房山白(混)20%
丹东绿	白	0.26		0.1		丹东绿(混)
房山白	青					房山白
东北红	青		2.5			东北红
晚霞	青	1	0.3			晚霞(混)
五花	青	0.2	1.2			五花(混)
苏州黑	青				8	苏州黑(混)
湖北黄加黑	青					湖北黄(混)80%
						房山白(混)20%

注:1.表中石粒配合比有( )为石粒规格或级配。

2.表中颜料铁黄为氧化铁黄,如用 200 目地板黄用量增加五倍;红土为甲级红土子;染绿为天津染料六厂染料绿;黑粉为造型用 200 目黑铅粉。

预制水磨石板边模加长加厚参考表　　　　表 7-11

项次	项目	加长（mm）	加厚（mm）
1	周边无光	1	
2	一个光边和不相对的二个光边	3	
3	相对的二个光边	4	
4	一面光		2
5	二面光（块材在 80cm 以内）		4
6	二面光（块材在 80cm 以外）		5

④水池或水槽要求边角整齐，下水口位置正确，阴角要抹成小圆角。

⑤有关开磨时间和磨光上蜡等做法，可参见本书"8 建筑地面工程"中有关现制水磨石做法。磨光时，板（块）材应放在平整处，防止断裂损坏。

3）品种规格：按石屑形状大小分为大尖、小尖、小圆三类。产品有定型和不定型两类。定型产品，见表 7-12。

定型彩色水磨石板品种规格（mm）　　表 7-12

平板			踢脚板		
长	宽	厚	长	宽	厚
500	500	25.30	500	120	19.25
400	400	25	400	120	19.25
305	305	19.25	300	120	19.25

注：摘自 JC82。

4）适用范围：室内墙面、柱面。

7.2 施工机（工）具

7.2.1 常用施工机具

参见本书"4.2 施工机具"。

7.2.2 常用手工工具

见表7-13。

工种需用手工工具参考表　　　　　表7-13

序号	名　称	规　格	瓷砖工	大理石、预制水磨石安装工	备注
1	锤子	2磅（0.91kg）		✓	
		1.5磅（0.68kg）	✓	✓	
		1磅（0.45kg）	✓		
		0.5磅（0.23kg）	✓		
2	合金錾子	φ6～φ12	✓		
		φ8～φ12		✓	
3	铁铲		✓	✓	
4	开刀		✓		见图7-2
5	拍板（硬木）	220mm×100mm×40mm	✓		
6	木垫板		✓		见图7-3
7	灰板		✓		
8	台钻			✓	
9	剁斧			✓	
10	花锤				
11	顺斧				
12	合金哈达				
13	六棱錾子				
14	老虎钳子		✓		
15	克丝钳			✓	
16	火钳（锻工）				
17	吹风机				
18	刮杠	大、中、小	✓		
19	镇子				
20	铁方尺			✓	
21	灰勺				
22	抹子		✓	✓	

注：属于工种均需使用的铁锹、水桶、灰桶、铁水平、线坠、挂线板、靠尺、小线和刷子未列于表中。

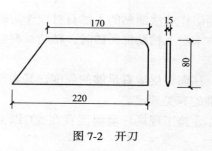

图 7-2 开刀

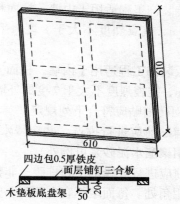

图 7-3 木垫板（可放四张陶瓷锦砖）

7.3 饰面砖（板）施工工艺

7.3.1 基本要求

1. 一般规定

（1）饰面砖（板）装饰工程应在墙面隐蔽及抹灰工程、吊顶工程已完成并经验收后进行。当墙体有防水要求时，应对防水工程进行验收。

(2) 采用湿作业法铺贴的天然石材应作防碱背涂处理。

(3) 在防水层上粘贴饰面砖时，粘结材料应与防水材料的性能相容。

(4) 墙、柱面面层应有足够的强度，其表面质量应符合国家现行标准的有关规定。

(5) 湿作业施工现场环境温度宜在5℃以上；应防止温度剧烈变化。

(6) 饰面砖装饰工程适用于内墙、柱面粘贴工程和建筑高度不大于100m、抗震烈度不大于8度，采用满粘法施工的外墙饰面。

(7) 饰面板装饰工程适用于内墙、柱面安装工程和建筑高度不大于24m、抗震烈度不大于7度的外墙饰面。

2. 墙、柱面砖铺贴应符合下列规定

(1) 面砖铺贴前应进行挑选，并应浸水2h以上，晾干表面水分（采用聚酯水泥砂浆可例外）。

(2) 铺贴前应进行放线定位和排砖，非整砖应排放在次要部位或墙的阴角处。每面墙不宜有两列非整砖，非整砖宽度不宜小于整砖的1/3。

(3) 铺贴前应确定水平及竖向标志，垫好底尺，挂线铺贴。面砖表面应平整、接缝应平直、缝宽应均匀一致。阴角砖应压向正确，阳角线宜做成45°角对接。在墙、柱面突出物处，应整砖套割吻合，不得用非整砖拼凑铺贴。

(4) 结合砂浆宜采用1:2水泥砂浆，砂浆厚度宜为6~10mm。水泥砂浆应满铺在砖背面，一面墙、柱不宜一次铺贴到顶，以防塌落（采用聚合物水泥砂浆例外）。

3. 墙、柱面石材铺装应符合下列规定

(1) 铺贴前应进行挑选，并应按设计要求进行预拼。

（2）强度较低或较薄的石材应在背面粘贴玻璃纤维网布。

（3）当采用湿作业法施工时，固定石材的钢筋网应与结构预埋件连接牢固。每块石材与钢筋网拉接点不得少于4个。拉接用金属丝应具有防锈性能。灌注砂浆前应将石材背面及基层湿润，并应用填缝材料临时封闭石材板缝，避免漏浆。灌注砂浆宜用1:2.5水泥砂浆，灌注时应分层进行，每层灌注高度宜为150~200mm，且不超过板高的1/3，插捣应密实。待其初凝后方可灌注上层水泥砂浆。

（4）当采用粘贴法施工时，基层处理应平整但不应压光。胶粘剂的配合比应符合产品说明书的要求。胶液应均匀、饱满的刷抹在基层和石材背面，石材就位时应准确，并应立即挤紧、找平、找正，进行顶、卡固定。溢出胶液应随时清除。

7.3.2 饰面砖施工

饰面砖施工，是指釉面瓷砖、外墙面砖、陶瓷锦砖和玻璃马赛克的镶贴。

1. 施工准备

（1）根据设计要求和采用的镶贴方法，准备好各种饰面砖以及粘结材料（包括胶粘剂）和辅助材料（如金属网等）。

（2）对于釉面瓷砖和外墙面砖，应根据设计要求，挑选规格一致、形状平整方正、不缺棱掉角、不开裂、不脱釉、无凸凹扭曲、颜色均匀的砖块和各种配件。挑选时，按1mm差距分类选出3个规格，各自做出样板，逐块对照比较，分类堆放待用。

陶瓷（或玻璃）锦砖，应按设计图案要求事先挑选好，并统一编号，以便于镶贴时对号入座。

（3）釉面瓷砖和外墙面砖，在镶贴前应先清扫干净，放入清水中浸泡。釉面瓷砖要浸泡到不冒泡为止，且不少于2h；外墙面砖则要隔夜浸泡。然后取出阴干备用。阴干的时间视气温而定，一般半天左右，以砖的表面无水膜又有潮湿感为准。

（4）机具准备。可根据镶贴的饰面砖种类，参照本书"7-2施工机具"选用。

（5）作业条件准备：

1）饰面砖镶贴前，室内应完成墙、顶抹灰工作；室外应完成雨水管的安装。

2）室内外门窗框均已安装完毕。

3）水电管线已安装完毕；厕浴间的肥皂洞、手纸洞已预留剔出，便盆、浴盆、镜箱及脸盆架已放好位置线或已安装就位。

4）有防水层的房间、平台、阳台等，已做好防水层，并打好垫层。

5）室内墙面已弹好标准水平线；室外水平线，应使整个外墙饰面能够交圈。

6）基层处理：

①光滑的基层表面应凿毛，其深度为0.5~1.5cm，间距3cm左右。基层表面残存的灰浆、尘土、油渍（用盐酸淡液清洗）等应清洗干净。

②基层表面明显凸凹处，应事先用1:3水泥砂浆找平或剔平。不同材料的基层表面相接处，应先铺钉金属网，方法与抹灰工程相同。门窗口与立墙交接处，应用水泥砂浆嵌填密实。

③为使基层能与找平层粘结牢固，可在抹找平层前先洒

聚合水泥浆（108胶:水＝1:4的胶水拌水泥）处理。找平层砂浆抹法与装饰抹灰的底、中层做法相同。

基层为加气混凝土时，应在清净基层表面后先刷108胶水溶液一遍，然后满钉镀锌机织钢丝网（孔径32mm×32mm，丝径0.7mm），用ϕ6扒钉，钉距纵横不大于600mm，然后抹1:1:4水泥混合砂浆粘结层及1:2.5水泥砂浆找平层。在檐口、腰线、窗台、雨篷等处，抹灰时要留出流水坡及滴水线，找平层抹后应及时浇水养护。

（6）预排：饰面砖镶贴前应预排。预排要注意同一墙面的横竖排列，均不得有一行以上的非整砖。非整砖行应排在次要部位或阴角处，方法是用接缝宽度调整砖行。室内镶贴釉面砖如设计无规定时，接缝宽度可在1～1.5mm之间调整。在管线、灯具、卫生设备支承等部位，应用整砖套割吻合，不得用非整砖拼凑镶贴，以保证饰面的美观。

对于外墙面砖则根据设计图纸尺寸，进行排砖分格并要绘制大样图，一般要求水平缝应与碱脸、窗台齐平；竖向要求阳角及窗口处都是整砖，分格按整块分均，并根据已确定的缝子大小做分格条和画出皮数杆。对窗心墙、墙垛等处要事先测好中心线、水平分格线、阴阳角垂直线。

饰面砖的排列方法很多：有无缝镶贴、划块留缝镶贴、单块留缝镶贴等。质量好的砖，可以适应任何排列形式；外形尺寸偏差大的饰面砖，不能大面积无缝镶贴，否则不仅缝口参差不齐，而且贴到最后无法收尾，交不了圈。这样的砖，可采取单块留缝镶贴，可用砖缝的大小，调节砖的大小，以解决砖尺寸不一致的缺点。饰面砖外形尺寸出入不大时，可采取划块留缝镶贴，在划块留缝内，可以调节尺寸，以解决砖尺寸的偏差。

若饰面砖的厚薄尺寸不一时，可以把厚薄不一的砖分开，分别镶贴在不同的墙面，用镶贴砂浆的厚薄来调节砖的厚薄，这样，就不致因砖厚薄不一而使墙面不平。

2. 釉面砖镶贴

（1）传统方法镶贴

1）墙面镶贴

①在清理干净的找平层上，依照室内标准水平线，找出地面标高，按贴砖面积，计算纵横的皮数，用水平尺找平，并弹出釉面瓷砖的水平和垂直控制线。如用阴阳三角镶边时，则将镶边位置预先分配好。纵向不足整块部分，留在最下一皮与地面连接处。瓷砖的排列方法，见图7-4。

②铺贴釉面砖时，应先贴若干块废釉面砖作为标志块，

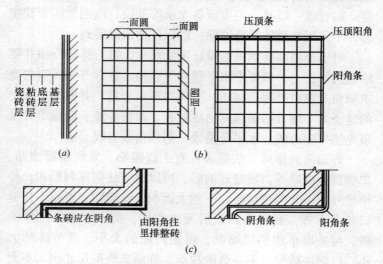

图7-4 瓷砖的排列

（a）纵剖面；（b）平面；（c）横剖面

上下用托线板挂直，作为粘贴厚度的依据，横向每隔 1.5m 左右做一个标志块，用拉线或靠尺校正平整度。在门洞口或阳角处，如有阴三角镶边时，则应将尺寸留出先铺贴一侧的墙面，并用托线板校正靠直。如无镶边，应双面挂直，见图 7-5。

③按地面水平线嵌上一根八字尺或直靠尺，用水平尺校正，作为第一行瓷砖水平方向的依据。镶贴时，瓷砖的下口坐在八字尺或直靠尺上，这样可防止釉面砖因自重而向下滑移，以确保其横平竖直。墙面与地面的相交处用阴三角条镶贴时，需将阴三角条的位置留出后，方可放置八字靠尺或直靠尺。

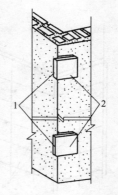

图 7-5 双面挂直
1—小面挂直靠平；
2—大面挂直靠平

④镶贴釉面砖宜从阳角处开始，并由下往上进行。铺贴一般用 1:2（体积比）水泥砂浆，为了改善砂浆的和易性，便于操作，可掺入不大于水泥用量 15% 的石灰膏，用铲刀在釉面砖背面刮满刀灰，厚度 5~6mm，最大不超过 8mm，砂浆用量以铺贴后刚好满浆为止，贴于墙面的釉面砖应用力按压，并用铲刀木柄轻轻敲击，使釉面砖紧密粘于墙面，再用靠尺按标志块将其校正平直。铺贴完整行的釉面砖后，再用长靠尺横向校正一次。对高于标志块的应轻轻敲击，使其平齐；若低于标志块（即亏灰）时，应取下釉面砖，重新抹满刀灰再铺贴，不得在砖口处塞灰，否则会产生空鼓。然后依次按上法往上铺贴，铺贴时应保持与相邻釉面砖的平整。如因釉面砖的规格尺寸或几何形状不等时，应在铺贴时随时

图 7-6 边角
1、3、4—面圆釉面砖；
2—两面圆釉面砖

调整，使缝隙宽窄一致。当贴到最上一行时，要求上口成一直线。上口如没有压条（镶边），应用一面圆的釉面砖，阴角的大面一侧也用一面圆的釉面砖，这一排的最上面一块应用二面圆的釉面砖，见图 7-6。铺贴时，在有脸盆镜箱的墙面，应按脸盆下水管部位分中，往两边排砖。肥皂盒可按预定尺寸和砖数排砖，见图 7-7。

⑤制作非整砖块时，可根据所需要的尺寸划痕，用合金钢錾手工切割，折断后在磨石上磨边，也可采用台式无齿锯或电热切割器等切割。

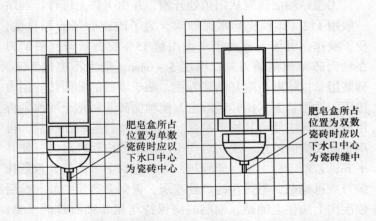

图 7-7 洗脸盆、镜箱和肥皂盒部分釉面砖排砖示意图

⑥如墙面留有孔洞,应将釉面砖按孔洞尺寸与位置用陶瓷铅笔划好,然后将瓷砖用切砖刀裁切,或用胡桃钳(图7-8),钳去局部;亦可将瓷砖放在一块平整的硬物体上,用小锤和合金钢钻子轻轻敲凿,先

图7-8 胡桃钳

将面层凿开,再凿内层,凿到符合要求为止。如使用打眼器打眼,则操作简便,且保证质量。

⑦铺贴完后进行质量检查,用清水将釉面砖表面擦洗干净,接缝处用与釉面砖相同颜色的白水泥浆擦嵌密实,并将釉面砖表面擦净。全部完工后,要根据不同污染情况,用棉丝或用稀盐酸刷洗,并紧跟用清水冲净。

⑧镶边条的铺贴顺序,一般先贴阴(阳)三角条再贴墙面,即先铺贴一侧墙面釉面砖,再铺贴阴(阳)三角条,然后再铺另一侧墙面釉面砖。这样阴(阳)三角条比较容易与墙面吻合。

⑨镶贴墙面时,应先贴大面,后贴阴阳角、凹槽等费工多、难度大的部位。

2)池槽镶贴要点

①拟镶贴瓷砖的混凝土池槽不得有渗水和破裂现象。

②镶贴前,应按设计要求找出池槽的规格尺寸和校核方正情况。

③在池槽与墙面衔接处,需待池槽镶贴完毕后,再镶贴池槽周边墙上的瓷砖。

④瓷砖加条应在同一方向,里外缝必须交圈。

⑤其他与镶贴墙面同。

瓷砖镶贴完毕后,用清水或布、棉丝清洗干净,用同色水泥浆擦缝。全部工程完成后,要根据不同污染情况,用棉丝、砂纸清理或用稀盐酸刷洗,并用清水紧跟冲刷。

(2) 采用胶粘剂(SG8407)[①] 镶贴

1) 调制粘结浆料:采用 32.5 级以上普通硅酸盐水泥加入 SG8407 胶液拌合至适宜施工的稠度即可,不要加水。当粘结层厚度大于 3mm 时,应加砂子,水泥和砂子的比例为 1:1~1:2,砂子采用通过 $\phi 2.5mm$ 筛子的干净中砂。

2) 用单面有齿铁板的平口一面(或用钢板抹子),将粘结浆料横刮在墙面基层上,然后再用铁板有齿的一面在已抹上的粘结浆料上,直刮出一条条的直楞。

3) 铺贴第一皮瓷砖,随即用橡皮槌逐块轻轻敲实。

4) 将适当直径的尼龙绳(以不超过瓷砖的厚度为宜)放在已铺贴的面砖上方的灰缝位置(也可用工具式铺贴法)。

5) 紧靠在尼龙绳上,铺贴第二皮瓷砖。

6) 用直尺靠在面砖顶上,检查面砖上口水平,再将直尺放在面砖平面上,检查平面凹凸情况,如发现有不平整处,随即纠正。

7) 如此循环操作,尼龙绳逐皮向上盘,面砖自下而上逐皮铺贴,隔 1~2h,即可将尼龙绳拉出。

8) 每铺贴 2~3 皮瓷砖,用直尺或线坠检查垂直偏差,并随时纠正。

9) 铺贴完瓷砖墙面后,必须从整个墙面检查一下平整、垂直情况。发现缝子不直、宽窄不匀时,应进行调缝,并把调缝的瓷砖再进行敲实,避免空鼓。

---

① SG8407 胶粘剂为中建一局科研所研制。

10) 贴完瓷砖后 3~4d,可进行灌浆擦缝。把白水泥加水调成粥状,用长毛刷蘸白水泥浆在墙面缝子上刷,待水泥逐渐变稠时用布将水泥擦去。将缝子擦均匀,防止出现漏擦等现象。

(3) 采用多功能建筑胶粉镶贴

1) 瓷砖直接抹浆粘贴做法:将多功能建筑胶粉加水拌合(须充分搅拌均匀),稠度以不稠不稀、粉墙不流淌为准(一般配合比为胶粉:水 = 3:1)。每次的搅拌量不宜过多,应随拌随用。

胶粉浆拌好后用铲刀将之均匀涂于瓷砖背面,厚度 2~3mm,四周刮成斜面。瓷砖上墙就位后,用力按压,再用橡皮槌轻轻敲击,使与底层贴紧,并用靠尺与厚度标志块及邻砖找平。如此一块块顺序上墙粘贴,直至全部墙面镶完为止。

镶贴时,必须严格以水平控制线、垂直控制线及标准厚度标志块为依据,挂线镶贴。粘贴中应边贴边与邻砖找平调直,砖缝如有歪斜及宽窄不一致处,须在胶粉浆初凝前加以调整。务须做到符合设计要求。并保证全部瓷砖墙面的偏差均不超过 2mm。全部整块瓷砖镶贴完毕、胶粉浆凝固以后,将底层靠墙托板取下,然后将非整块瓷砖补上贴牢。

2) 粘结层做法:底灰找平层干后,上涂 2~3mm 厚多功能建筑胶粉粘结层一道,至少两遍成活。胶粉浆稠度以粉后不流淌为准,一般为胶粉:水 = 3:1。粘结层每次的涂刷面积不宜过大,以在初凝前瓷砖能贴完为度。

胶粉浆粘结层涂后应立即将瓷砖按试排编号顺序上墙粘贴(或边涂粘结层边贴瓷砖)。粘贴时必须严格以水平控制线、垂直控制线及标准厚度标志块等为依据,挂线粘贴。粘贴中应边贴边与邻边找平调直,砖缝如有歪斜及宽窄不一致处,须在粘结层初凝以前加以调整。务须做到符合设计要求,并保证合部瓷砖墙面的偏差均不大于2mm。

全部整块瓷砖镶贴完毕、胶粉浆凝固以后,将底层靠墙托板取下,然后将非整块瓷砖补上贴牢。

3. 外墙面砖镶贴

(1) 一般规定

1) 我国幅员辽阔,各地气候差异很大,不同地区所使用的外墙饰面砖经受的冻害程度有很大差别,因此应结合各地气候环境制定出不同的抗冻指标。外墙饰面砖系多孔材料,其抗冻性与材料内部孔结构有关,而不同的孔结构又反映出不同的吸水率,因此可通过控制吸水率来满足抗冻性要求。

外墙饰面砖应具有生产厂的出厂检验报告及产品合格证。进场后应按表 7-14 所列项目进行复检。复检抽样应按现行国家标准《陶瓷砖试验方法》GB/T 3810 进行。

外墙饰面砖复检项目　　　　　表 7-14

气候区名 \ 饰面砖种类	陶 瓷 砖	玻璃马赛克
Ⅰ	(1) (2) (3) (4)	(1) (2)
Ⅱ	(1) (2) (3) (4)	(1) (2)
Ⅲ	(1) (2) (3)	(1) (2)
Ⅳ	(1) (2) (3)	(1) (2)
Ⅴ	(1) (2) (3)	(1) (2)
Ⅵ	(1) (2) (3) (4)	(1) (2)
Ⅶ	(1) (2) (3) (4)	(1) (2)

注:1. 表中 (1) 尺寸;(2) 表面质量;(3) 吸水率;(4) 抗冻性。
　　2. Ⅰ、Ⅱ、Ⅳ、Ⅶ区属寒冷地区气候条件恶劣,其中Ⅰ、Ⅵ、Ⅶ区吸水率不应大于 30%;Ⅱ区吸水率不应大于 6%;Ⅲ、Ⅳ、Ⅴ区吸水率不宜大于 6%。
　　3. 建筑气候区划指标,见表 7-15。

建筑气候区划指标

表 7-15

区名	主要指标	辅助指标	各区辖行政区范围
Ⅰ	1月平均气温≤-10℃ 7月平均气温≤25℃ 1月平均相对湿度≥50%	年降水量100~800mm 年日平均气温≤5℃的日数≥145d	黑龙江、吉林全境；辽宁大部；内蒙古中、北部及陕西、山西、河北、北京北部的部分地区
Ⅱ	1月平均气温-10~0℃ 7月平均气温18~28℃	年日平均气温≥25℃的日数＜80d 年日平均气温≤5℃的日数90~145d	天津、山东、宁夏全境；北京、河北、山西、陕西大部；辽宁南部；甘肃中东部以及河南、安徽、江苏北部的部分地区
Ⅲ	1月平均气温0~10℃ 7月平均气温25~30℃	年日平均气温≥25℃的日数40~110d 年日平均气温≤5℃的日数0~90d	上海、浙江、江西、湖北、湖南全境；江苏、安徽、四川大部；陕西、河南南部；贵州东部；福建、广东、广西北部和甘肃南部的部分地区
Ⅳ	1月平均气温＞10℃ 7月平均气温25~29℃	年日平均气温≥25℃的日数100~200d	海南、台湾全境；福建南部；广东、广西大部以及云南西南部和元江河谷地区
Ⅴ	7月平均气温18~25℃ 1月平均气温0~13℃	年日平均气温≤5℃的日数0~90d	云南大部；贵州、四川西南部；西藏南部一小部分地区

续表

区名	主要指标	辅助指标	各区辖行政区范围
Ⅵ	7月平均气温<18℃ 1月平均气温0~-22℃	年日平均气温≤5℃的日数90~285d	青海全境；西藏大部；四川西部；甘肃西南部；新疆南部部分地区
Ⅶ	7月平均气温≥18℃ 1月平均气温-5~-20℃ 7月平均相对湿度<50%	年降水量10~600mm 年日平均气温≥25℃的日数<120d 年日平均气温≤5℃的日数110~180d	新疆大部；甘肃北部；内蒙古西部

2）在Ⅲ、Ⅳ、Ⅴ区应采用具有抗渗性的找平材料，其性能应符合现行行业标准《砂浆、混凝土防水剂》JC474有关技术要求。

3）外墙饰面砖粘贴应采用水泥基粘结材料，其中包括现行行业标准《陶瓷墙地砖胶粘剂》JC/T 547规定的A类及C类产品。不得采用有机物作为主要粘结材料。

4）水泥基粘结材料应符合现行行业标准《陶瓷墙地砖胶粘剂》JC/T 547的技术要求，并应按现行行业标准《建筑工程饰面砖粘结强度检验标准》JGJ 110的规定，在试验室时行制样、检验，粘结强度不应小于0.6MPa。

5）水泥基粘结材料应采用普通硅酸盐水泥或硅酸盐水泥，硅酸盐水泥强度等级不应低于42.5，普通硅酸盐水泥强度等级不应低于32.5。

6）勾缝应采用具有抗渗性的粘结材料。

7）外墙饰面砖工程施工前应做出样板，经建设、设计和监理等单位根据有关标准确认后方可施工。

(2) 传统方法镶贴

1) 分层做法

①7mm 厚 1:3 水泥砂浆打底划毛（基体含水率宜为 15%~25%）。

②12~15mm 厚 1:0.2:2（水泥:石灰膏:砂）混合砂浆粘结层。

③镶贴面砖。

2) 镶贴要点

①底子灰抹完后，一般养护 1~2d 方可镶贴面砖。

②根据设计要求，统一弹线分格、排砖，一般要求横缝与碹脸或窗台一平。如按整块分格，可采取调整砖缝大小解决，确定缝子的大小做米厘条（嵌缝条），一般宜控制在 8~10mm。根据弹线分格在底子灰上从上到下弹上若干水平线。竖向要求阳角窗口都是整块，并在底子灰上弹上垂直线。常见的几种排砖法见图 7-9，阳角处的面砖应将拼缝留

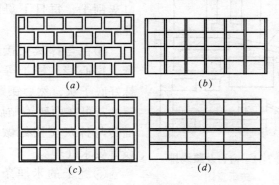

图 7-9 外墙面砖排缝示意图
(a) 错缝；(b) 通缝；(c) 竖通缝；(d) 横通缝

在侧边,见图 7-10。

突出墙面的部位,如窗台、腰线阳角及滴水线排砖方法,可按图 7-11 处理。注意的是正面面砖要往下突出 3mm 左右,底面面砖要留有流水坡度。

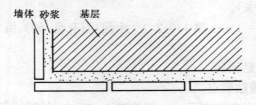

图 7-10 面砖转角做法示意图

③用面砖做灰饼,找出墙面、柱面、门窗套等横竖标准,阳角处要双面排直,灰饼间距不应大于 1.5m。

④镶贴时,在面砖背后满铺粘结砂浆,镶贴后,用小铲把轻轻敲击,使之与基层粘结牢固,并用靠尺方尺随时找平找方。贴完一皮后须将砖上口灰刮平,每日下班前须清理。

⑤在与抹灰交接的门窗套、窗心墙、柱子等处应先抹好底子灰,然后镶贴面砖。罩面灰可在面砖镶贴后进行。面砖与抹灰交接处做法可按设计要求处理。

⑥缝子的米厘条(嵌缝条)应在镶贴面砖次日(也可在当天)取出,并用水洗

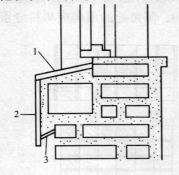

图 7-11 窗台及腰线排砖示意图
1—压盖砖;2—正面砖;3—底面砖

净继续使用。在面砖镶贴完成一定流水段落后，立即用 1:1 水泥砂浆（砂子需过窗纱筛）勾缝。

⑦整个工程完工后，可用浓度 10% 稀盐酸刷洗表面，并随即用水冲洗干净。

(3) 采用粉状面砖胶粘剂镶贴

1) 基层处理和弹线分格，与传统镶贴相同。

2) 拌合胶粘剂。以粉状胶粘剂:水 = 2.5～3:1（体积比）调制，稠度 2～3cm。放置 10～15min，再充分搅拌均匀即可使用。

每次拌合数量不宜过多，一般以使用 2～3h 为宜。已硬结的胶粘剂不得使用。

3) 镶贴要点：

①镶贴可采用以下三种方法：

a. 将米厘条贴在水平线上，将胶粘剂均匀抹在底子灰上（厚 1.5～2mm，以 1m² 一次为宜），同时在面砖背面刮 1.5～2mm 厚胶粘剂，将面砖靠米厘条粘贴，轻轻揉挤后找平找直。然后再在已贴好的面砖上皮再粘米厘条，如此由下而上逐皮粘贴面砖。

b. 粘贴米厘条后将胶粘剂用边缘开槽的齿抹子抹在底子灰上，使胶面成网状。然后将面砖靠米厘条依次粘贴，轻轻揉压。齿形抹子可根据不同胶层的厚度，参考表 7-16 选用。

齿形抹子选用表　　表 7-16

抹子号	胶层厚度 (mm)	用量 (kg/m²)	抹子号	胶层厚度 (mm)	用量 (kg/m²)
1号	1.5～2.0	2.5～3.0	3号	3.0～3.5	4.0～4.5
2号	2.0～2.5	3.0～3.5	4号	4.0～4.5	5.0～5.5

c. 在面砖背面抹 3~4mm 厚胶粘剂，将面砖靠在已贴好的米厘条直接贴到墙面底子灰上，轻轻揉压，调正、找平。此方法适用于面砖背面凹槽较深的情况。

②水平缝宽度用米厘条控制，每贴一皮面砖，均要粘贴一次米厘条，依此顺序进行。胶粘剂的厚度应控制在 3~4mm，不得过厚或过薄。米厘条宜在当天取出，用水洗净后继续使用。

③面砖贴完 5~10min 后，可用钢片开刀矫正、调整缝隙。

④贴完一个流水段后，即可用 1:1 的水泥砂浆（砂子应过窗纱）先勾水平缝，再勾竖缝。缝子应凹进面砖 2~3mm。若竖缝为干挤缝或小于 3mm，应用水泥做擦缝处理。勾缝后，应用棉丝将砖面擦干净。

4) 其他注意事项

①粉状胶粘剂是以水泥为基料，用水拌合而成的胶粘剂，因此，不得在 5℃以下施工。在 10℃以下低温施工时，粘结强度增长较慢，但不影响最终粘结强度和粘结质量。

②粉状胶粘剂粘贴面砖的工艺与传统的水泥砂浆操作方法完全不同，因此，要求必须按新工艺标准方法施工。基层底子灰平整度要求达到面层抹灰的标准，若底子灰抹的不平整，会增加粘结厚度，这样不仅因加大胶粘剂用量造成造价的提高，还要影响粘结强度和饰面质量。

③阴阳角在抹底子灰时要找好规矩。

④拌合好的胶粘剂，应在 4h 内用完，若在此期间内因粘结剂过稠而不好操作时，可加少量水搅拌均匀使用，倘若胶粘剂已凝固硬化则不能使用。

⑤使用粉状胶粘剂时，只需加适量水搅拌均匀即可使用，

切不可自行添加水泥、砂子等材料,以免影响粘结强度。

⑥面砖粘贴完毕,应及时清擦面砖表面,以免凝结后不好清擦。

⑦粉状胶粘剂为袋装产品,应放在干燥处,避免受潮,严防雨淋。

⑧在使用粉状胶粘剂时,不得任意掺其他混合料。

4.陶瓷锦砖(马赛克)镶贴

陶瓷锦砖可用于内、外墙饰面。

(1)传统方法镶贴

1)分层做法

①12~15mm厚1:3水泥砂浆分层打底找平。

②刷素水泥浆一道。

③2~3mm厚1:0.3水泥纸筋灰或3mm厚1:1水泥浆(砂过窗纱筛,掺2%乳胶)粘结层分层抹平。

④薄薄一层1:0.3水泥纸筋灰粘结灰浆。

⑤镶贴陶瓷锦砖。

2)施工要点

①施工前应按照设计图案要求及图纸尺寸,核实墙面的实际尺寸,根据排砖模数和分格要求,绘制出施工大样图,并加工好分格条。

事先挑选好陶瓷锦砖,并统一编号,便于镶贴时对号入座。

②抹底子灰有关挂线、贴灰饼、冲筋、刮平等施工要点同"6抹灰工程"中的水泥砂浆。底子灰要绝对平整,阴阳角要垂直方正,抹完后划毛并浇水养护。

外墙镶贴前,应对各窗心墙、砖垛等处要事先测好中心线、水平线和阴阳角垂直线,楼房四角吊出通长垂直线,贴好灰饼,对不符合要求、偏差较大的部位,要预先剔凿或修补,以作为排列陶瓷锦砖的依据,防止发生分格缝不均匀或阳角处不够整砖的问题。

③抹底子灰后,应根据大样图在底子灰上从上到下弹出若干水平线,在阴阳角、窗口处弹上垂直线,以作为粘贴陶瓷锦砖时控制的标准线。

④镶贴陶瓷锦砖时,根据已弹好的水平线稳好平尺板(图7-12),然后在已润湿的底子灰上刷素水泥浆一道,再抹结合层,并用靠尺刮平。同时将陶瓷锦砖铺放在木垫板(图7-3)上,底面朝上缝里撒灌1:2干水泥砂,并用软毛刷子刷净底面浮砂,薄薄涂上一层粘结灰浆(图7-13),然后逐张拿起,清理四边余灰,按平尺板上口,由下往上随即往墙

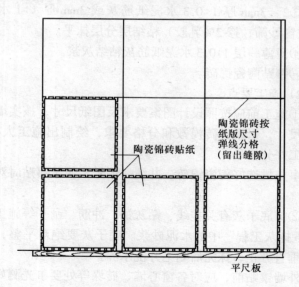

图7-12 陶瓷锦砖镶贴示意图

上粘贴。另一种方法是将水泥石灰砂浆结合层直接抹在纸版上，用抹子初步抹平约 2～3mm 厚，随即进行粘结。缝子要对齐，随时调整缝子的平直和间距，贴完一组后，将分格米厘条放在上口再继续贴第二组。

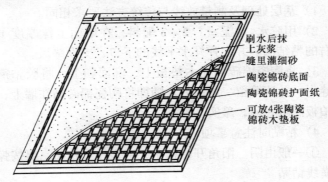

图 7-13　缝中灌砂做法

⑤粘贴后的陶瓷锦砖，要用拍板靠放已贴好的陶瓷锦砖上用小锤敲击拍板，满敲一遍使其粘结牢固。然后用软毛刷将陶瓷锦砖护纸刷水湿润，约半小时后揭纸，揭纸应从上往下揭。揭纸后检查缝子平直大小情况，凡弯弯扭扭的缝子必须用开刀拨正调直，然后再普遍用小锤敲击拍板一遍，再用刷子带水将缝里的砂刷出，用湿布擦净陶瓷锦砖面，必要时可用小水壶由上往下浇水冲洗。

⑥粘贴后 48h，除了起出分格米厘条的大缝用 1∶1 水泥砂浆勾严外，其他小缝均用素水泥浆擦缝。色浆的颜色按设计要求。

⑦用陶瓷锦砖镶贴门窗套、窗心墙等，与抹灰面层交接的做法，以及整个工程完工后表面刷洗方法均与镶贴面砖

同。

⑧工程全部完成后,应根据不同污染程度用稀盐酸刷洗,紧跟用清水冲刷。

(2) 采用建筑胶粘剂(AH—05)镶贴

1) 基层处理及测量放线与传统方法要求相同。

2) 用胶水:水泥 = 1:2~3 配料,在墙面上抹厚度 1mm 左右的粘结层。并在弹好水平线的下口,支设垫尺。

3) 将陶瓷锦砖铺在木垫板上,麻面朝上,将胶粘剂刮于缝内,并薄薄留一层面胶。随即将陶瓷锦砖贴在墙上,并用拍板满敲一遍,敲实、敲平。

4) 粘贴时注意事项:

①一般由阴、阳角开始粘贴,由上往下粘贴,要按弹好的横线粘贴。

②窗口的上侧必须有滴水线,可采取挖掉一条陶瓷锦砖做法,里边线必须比外边线高 2~3mm。窗台口必须有流水线,当设计无要求时,则里边线比外边线高 3~5mm。

③窗口如有贴脸和门窗套时,可离 3~5mm;如没有,一律离口 2~3mm。凡门窗口边陶瓷锦砖,一律采取大边压小边做法。

5) 贴完陶瓷锦砖 0.5~1h 后,可在陶瓷锦砖纸上刷水浸透 20~30min 后开始揭纸。揭纸后,立即顺直缝子。顺直时要先横后竖。对于缺胶的小块,应补胶粘贴后拍实、拍平。

6) 根据设计要求或陶瓷锦砖的颜色,用白水泥与颜料配制成腻子,边嵌入缝内,边用擦布擦平。最后进行表面清洁。

5. 玻璃锦砖镶贴

玻璃锦砖与陶瓷锦砖从材质、成品断面和表面特征上均各不相同。玻璃锦砖背面（粘贴面）略呈凹形，且有条棱，四周呈楔形斜面，这样虽能增加与基层的粘结力，又能使每小块之间粘结成整体，但也容易缺棱掉角。多用于外墙饰面。其施工工艺有它自己的特点。工艺流程如下：

（1）施工准备　认真会审图纸，做出各种样板，确定施工方案。为保证接缝平直，使用前应对玻璃锦砖逐张挑选，剔除缺棱掉角严重或尺寸偏差过大的产品，然后按纸皮规格重新分类装箱备用。其余与陶瓷锦砖施工相同。

（2）基层处理　与一般抹灰相同。凡是光滑平整附有脱模剂的混凝土面层，应先用10％浓度的火碱溶液清洗，再用钢丝刷及清水将污垢刷去,然后用1:1水泥砂浆刮3mm厚腻子灰一道,为增加粘结力,腻子灰中可掺水泥重量3%~5%的乳胶液或适量108胶,腻子灰刮完养护12~24h后,抹找平层;另外,亦可采用YJ-302型界面处理剂,现场随用随配,配合比(重量比)为甲份:乙份:石英粉(60~120目)=1:2.5~3:7~9,均匀深刷,趁未干,抹水泥砂浆。界面剂的有效使用时间为60~90min。

(3)弹分格缝 锦砖墙面设计一般均留有横、竖向分格缝,如设计无要求时,施工也应增设分格缝。分格缝的大小可以锦砖的尺寸模数调整。一般每张尺寸为308mm×308mm,每张之间缝隙为2mm,排版模数为310mm。每一小粒锦砖背面尺寸近似18mm×18mm,粒与粒之间缝隙2mm,每粒铺贴模数可取20mm。

(4)墙面浇水后抹结合层 结合层用32.5级或32.5级以上普通硅酸盐水泥净浆,水灰比0.32,厚度2mm。待结合层手捺无坑,只能留下清晰指纹时为最佳铺贴时间。

(5)弹线后铺贴 首先按标志钉做出铺贴横、竖控制线。把玻璃锦砖背面朝上平放在木垫板上,并在其背面薄薄涂抹一层水泥浆,刮浆闭缝。水泥浆的水灰比为0.32,厚度为1~2mm。然后将玻璃锦砖逐张沿着标线铺贴。然后用木抹子轻轻拍平压实,使玻璃锦砖与基层灰牢固粘结。如在铺贴后版与版的横、竖缝间出现误差,可用木拍板赶缝,进行调整。

(6)洒水湿纸、揭纸 铺贴后,待水泥初凝后再将护面纸刷水润透,由上而下轻轻揭纸。然后用软毛刷刷净残余纸痕和胶水。

(7)擦缝、清洗 揭纸后,对不饱满的缝隙用相同水泥浆擦缝。待表面干燥后以及水泥浆快干时,再用干棉纱擦拭一遍,然后再用清水冲洗干净。

6. 陶瓷壁画施工

大型陶瓷壁画施工是将大图幅的彩釉陶板壁画分块镶贴在墙上的一种方法,壁画面积可达 2000m²。由于彩釉陶板的生产工艺复杂,须经过放大、制版、刻画、配釉、施釉、烧成等一系列工序及复杂多变的窑变技术而制成,周期长而不易复制,因此施工时应绝对保证陶板的完好。

(1) 工艺流程:

抹找平层→拼图与套割→预排面层→弹线→镶贴→嵌缝→养护。

(2) 花色瓷砖的拼图与套割 花色瓷砖有两类,一类在烧制前已绘有图案,仅需在施工时按图拼接即可;另一类为单色瓷砖,需经切割加工成某一图案再进行镶贴。

1) 图案花瓷砖:图案花瓷砖为砖面上绘有各种图案的釉面砖。在施工前应按设计方案画出瓷砖排列图,使图案、花纹或色泽符合设计要求,经编号和复核各项尺寸后方可按图进行施工。

2) 瓷砖的拼图与套割:

①瓷砖图案放样。首先根据设计图案及要求在纸板上放出足尺大样,然后按照釉面砖的实际尺寸和规格进行分格(图7-14)。放样时应充分领会原图的设计构思,使大样的各种线条(直线、曲线或圆)及图案符合原图。同

图 7-14 瓷砖拼图
燕身为蓝色瓷砖,
眼睛为红色瓷砖,
底色为白色瓷砖

时根据原图对颜色的要求,在大样图上对每一分格块编上色码(颜色的代号),一块分格上有两种以上颜色时,应分别标出。

②彩色瓷砖拼图的套割。在放出的足尺大样上,根据每一分格块的色码,选用相应颜色的釉面砖进行裁割,并使各色釉面砖拼成设计所需要的图案。

套割应严格根据大样图进行,首先将大样图上不需裁割的整块砖按所需颜色放上;其次,将需套割的每一方格中的相邻釉面砖按大样图进行裁割、套接。裁割前,先在釉面砖面上用铅笔根据大样图画出需裁的分界线,然后根据不同线型和位置进行裁割。直线条可用合金钢划针在砖面上按铅笔线(稍留出1mm左右以作磨平时的损耗)划痕,划痕后将釉面砖的划痕对准硬物的直边角轻击一下即可折断,划痕愈深愈易折断,折断后,将所需一部分的边角在细砂轮上磨平磨直。曲线条可用合金钢划针裁去多余的可裁部分,然后用胡桃钳钳去多余的曲线部分,直至分界线的边缘外(留出1mm),再用圆锉锉至分界线,使曲线圆润、光滑。釉面砖挖内圆先用手摇钻将麻花钻头在需割去的范围内钻孔,当钻孔在内圆范围内形成一个个圆圈后,用小锤头凿去,然后用圆锉锉至内圆分界线。当钻孔离分界线距离较大时,也可用凿子凿去多余部分,凿时先轻轻从斜向凿去背面,再凿去正面,然后用锉刀修至分界线。裁割完后,将各色釉面砖在大样图上拼好,如有图案或线条衔接不直不光滑,应将错位的部分重新裁割,直至符合要求。

(3)施工要点 施工时,其他工程均应基本结束,以免壁画完工后受损坏,如需钉边框,则边框的预留配件应先安装。

1) 抹找平层：包括清理基层，找规矩，做灰饼，做冲筋，抹底层、找平层。施工方法与内墙面抹砂浆找平层相同。表面应平整粗糙，垂直度、平整度偏差值应控制在±2mm以内，表面用木抹子抹毛。

2) 拼图与套割：根据设计要求进行。

3) 预排面层：根据设计图在地面上进行预排，画出排列大样图，并分别在陶板背面及大样图上编号，以便施工时对号入座。

4) 弹线：根据陶板的块数和板间1mm的缝隙算出尺寸，在找平层上弹出壁画的外围控制线及等距离纵横控制线，纵横控制线宜每3~5块陶板弹一根线。在壁画下口应根据标高线弹出控制线，以利下皮陶板的铺设，并临时固定下口垫尺。

根据陶板的厚度及砂浆厚，在下口垫尺上弹出陶板面的控制线，同时在上方做出灰饼，灰饼面和垫尺上的陶板面控制线应在同一垂直面上，用以控制陶板面的平整度和垂直度。

5) 镶贴：镶贴前陶板应浸透并晾干，可用纯水泥浆加5%~10%的108胶，或用水泥:细砂:纸筋灰 = 1:0.5:0.2的水泥砂浆粘贴。

在充分湿润的找平层上抹一层极薄的水泥浆或砂浆，然后根据大样图及陶板的编号选出陶板，在陶板的背面上抹一层水泥浆或砂浆（总厚度不宜超过5mm），将面砖镶贴在预定的位置上。陶板应从下往上镶贴，同一皮宜从左向右镶贴，贴一块校正一块，使每块的平整、垂直、水平均符合要求，同时还应注意壁画图案中的主要线条应衔接正确，直至镶贴完工。

6) 嵌缝：镶贴完工后应对陶板缝隙进行嵌缝，嵌缝应采用白水泥浆加颜料，嵌缝的色浆应与被嵌部位的图案基色相同或接近。嵌缝宜用竹片并压紧抽直，还应随时将余浆及板面擦干净。

7) 养护：施工后应用纤维板或夹板覆盖保护，直至工程交付使用，以防损坏。

7. 饰面砖施工缺陷产生原因及防治措施

(1) 内墙贴釉面砖缺陷产生原因及预防措施见表 7-17。

内墙贴釉面砖缺陷产生原因及预防措施　　　表 7-17

缺陷现象	产生原因	预防措施
空鼓、脱落	1. 釉面砖浸水时间不够，造成砂浆早期脱水或浸水后未晾干、粘贴后产生滑移自坠 2. 粘结砂浆厚薄不匀，砂浆不饱满，粘贴用力不均，砂浆收水后对粘贴的釉面砖进行纠偏移动 3. 釉面砖本身有隐伤，使用前未进行挑选	1. 釉面砖使用前必须浸水到不冒气泡为止，且不少于 2h，待表面晾干后才能使用 2. 粘结砂浆的厚度应抹得一致，粘贴砖块时用力要均匀、压平压实，缺灰时应取下重贴，不得在砖口处塞灰，如有偏差应在砂浆收水前纠偏 3. 严格挑选釉面砖，有隐伤或裂纹者剔除不用
接缝不直、不匀	1. 使用前未对釉面砖进行挑选，排砖不规矩 2. 釉面砖镶贴操作不当 3. 釉面砖本身尺寸偏差大	1. 使用前必须进行选砖，排砖，在墙面上应弹出垂直线及水平线 2. 正确操作镶贴，接缝对齐 3. 剔除偏差大的釉面砖

续表

缺陷现象	产生原因	预防措施
裂缝、变色或表面沾污	1. 釉面砖质量低劣，材质松脆吸水率大。技术性能达不到标准 2. 釉面砖在运输、堆放时造成隐伤 3. 使用前，釉面砖浸水不透，粘贴时，粘结砂浆中的色浆水从砖背面渗进砖坯内，从透明的釉面上反映出来，造成变色	1. 选用优质釉面砖，并进行挑选，必要时做强度指标试验 2. 釉面砖应成箱运输，避免路途中受到剧烈振动，堆放时应轻拿轻放，使用前逐块检查 3. 釉面砖应浸透、晾干后使用，尽量使用保水性良好的砂浆粘贴，操作时不要用力敲击砖面，并随手将砖面上残存砂浆清理掉

(2) 外墙贴彩釉砖缺陷产生原因及预防措施见表 7-18。

外墙贴彩釉砖缺陷产生原因及预防措施　　表 7-18

缺陷现象	产生原因	预防措施
空鼓、脱落	1. 基层表面偏差较大、各抹灰层的粘结强度低 2. 砂浆配合比不当，砂中含泥量过多，砂浆稠度不符合要求。同一施工面上采用不同的配合比砂浆 3. 彩釉砖的粘结砂浆不饱满，接缝勾缝不严，雨水渗透后受冻膨胀，使砖受到破坏	1. 基层表面应平整，平整度达到要求，各抹灰层施工方法应适当 2. 选择优质材料；砂浆应按试验所得配合比进行计量；砂浆搅拌应充分均匀，同一施工面用同一砂浆 3. 彩釉砖应贴实贴严，接缝应勾抹严密

续表

缺陷现象	产生原因	预防措施
接缝不匀、墙面不平	1. 没有按设计要求进行排砖分缝,控制平直的垂直线及水平线太少 2. 彩釉砖质量不好,规格尺寸偏差大 3. 镶贴时没有对齐,粘上后未进行压平压实	1. 应按设计要求进行排砖,决定接缝宽度。应适当弹上垂直线及水平线,每分段至少三条垂直线 2. 彩釉砖必须进行挑选 3. 镶贴操作应认真仔细,每块砖必须粘实贴平,随时用直尺检验

(3) 外墙贴锦砖缺陷产生原因及预防措施见表 7-19。

外墙贴锦砖缺陷产生原因及预防措施　　　　表 7-19

缺陷现象	产生原因	预防措施
墙面不平、接缝不匀、砖缝不直	1. 底层灰抹得不平整,阴阳角有偏差 2. 未按设计要求进行排砖、分格,各砖联分格线弹得不正确 3. 锦砖揭纸后,未及时进行砖缝检查,未仔细拨正调直	1. 底层灰应做标志,标筋进行抹灰,阴阳角应扯直 2. 应按设计要求进行砖联分格,分格线应弹正确 3. 锦砖揭纸后,应及时检查砖缝,如有偏差应立即拨正调直
空鼓、脱落	1. 粘结砂浆配合比不当,稠度不合要求 2. 揭纸时间过晚,在粘结砂浆已收水后进行拨缝调直 3. 勾缝不严,雨水渗透进去,粘结砂浆受冻膨胀引起空鼓	1. 粘结砂浆应按设计配合比,稠度适当,刷素水泥浆后应随即抹粘结砂浆 2. 及时揭纸,在粘结砂浆收水前进行拨缝调直 3. 勾缝应严实
墙面污染	同外墙贴彩釉砖的原因及预防	

7.3.3 石材饰面板施工

石材饰面板的施工，主要包括天然石材和人造石材的施工。其施工方法，除传统的湿作业外，现已发展有粘贴法、传统湿作业改进方法。

1. 施工准备

采用饰面板用于室内外装饰，多为装饰标准较高的工程，因此对饰面板的施工技术也要求较高，做到细致、准确、严密。所以，必须做好施工前的准备工作。

(1) 作好施工大样图　饰面板材安装前，首先应根据建筑设计图纸要求，认真核实饰面板安装部位的结构实际尺寸及偏差情况，如墙面基体的垂直度、平整度以及由于纠正偏差（剔凿后用细石混凝土或水泥砂浆修补）所增减的尺寸，绘出修正图。超出允许偏差的，则应在保证基体与饰面板表面距离不小于50mm的前提下，重新排列分块。在确定排板图时应做好以下工作：

1) 测量出柱的实际高度，柱子中心线，柱与柱之间距离，柱子上部、中部、下部拉水平线后的结构尺寸，以确定出柱饰面板看面边线，依此计算出饰面板排列分块尺寸。

2) 对外形变化较复杂的墙面（例如：多边形、圆形、双曲弧形墙面及墙裙），特别是需异形饰面板镶嵌的部位，尚须用黑铁皮或三夹板进行实际放样，以便确定其实际的规格尺寸。

根据上述墙、柱校核实测的规格尺寸，并将饰面板间的接缝宽度包括在内（如设计无规定时，按表7-20进行计算），计算出板块的排列，按安装顺序编上号，绘制分块大样图以及节点大样图，作为加工饰面板和各种零配件（锚固件、连接件）以及安装施工的依据。

饰面板拼缝宽度表　　　　　　　　　　表 7-20

序号	饰面板类别		接缝宽度（mm）
1	天然石材	光面、镜面	1
2		粗磨面、麻面、条纹面	5
3		天然石	10
4	人造石材	水磨石、人造石	2
5		水刷石面	10
6		大理石、花岗石	1

饰面板所用的锚固件、连接件，一般用镀锌铁件。镜面和光面的大理石、花岗石饰面板，应用不锈钢制的连接件。

（2）基层处理　基本与"7.3.2 饰面砖施工"中有关作业条件准备和基层处理相同。

（3）测量放线　柱子饰面板的安装，应按设计轴线距离，弹出柱子中心线和水平标高线。其他与"7.3.2 饰面砖施工"中有关内容相同。

（4）饰面板进场检修　饰面板进场拆包后，首先应逐块进行检查，将破碎、变色、局部污染和缺棱掉角的全部挑拣出来，另行堆放；另外，对合乎要求的饰面板，应进行边角垂直测量、平整度检验、裂缝检验、棱角缺陷检验，确保安装后的尺寸宽、高一致。

破裂的饰面板，可用环氧树脂胶粘剂粘贴。修补时应将粘结面清洁并干燥，两个粘合面涂厚度≤0.5mm 粘结膜层，在≥15℃环境中粘贴，在相同温度的室内养护（紧固时间大于 3d）；对表面缺边、坑洼、疵点的修补可刮环氧树脂腻子并在 15℃室内养护 1d，而后用 0 号砂纸磨平，再养护 2～3d 打蜡。

粘结环氧树脂胶粘剂配合比与环氧树脂腻子配合比见表7-21。

环氧树脂胶粘剂与环氧树脂腻子配合比　　　表 7-21

材料名称	重量配合比	
	胶粘剂	腻子
环氧树脂 E44(6101)	100	100
乙二胺	6~8	10
邻苯二甲酸二丁酯	20	10
白水泥	0	100~200
颜料	适量(与修补板材颜色相近)	适量(与修补板材相近)

(5) 选板、预拼、排号　对照排板图编号检查复核所需板的几何尺寸，并按误差大小归类；检查板材磨光面的疵点和缺陷，按纹理和色彩选择归类。对有缺陷的板，应改小使用或安装在不显眼的部位。

在选板的基础上进行预拼工作。尤其是天然板材，由于它具有天然纹理和色差，因此必须通过预拼使上下左右的颜色花纹一致，纹理通顺，接缝严密吻合。

预拼好的石材应编号，然后分类竖向堆放待用。

凡位于阳角处相邻两块板材，宜磨边卡角（图 7-15）。

(6) 天然石材进行防碱背涂处理　采用传统的湿作业安装天然石材，由于水泥砂浆在水化时析出大量的氢氧化钙，析

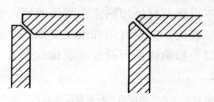

图 7-15　阳角磨边卡角

到石材表面,产生不规则的花斑,俗称返碱现象,严重影响建筑物室内外石材饰面的装饰效果。为此,在天然石材安装前,必须对石材饰面采用"防碱背涂处理剂"* 进行背涂处理。

1) 石材防碱背涂处理剂性能,见表 7-22。

防碱背涂处理剂性能　　　　　表 7-22

项　次	项　目	性 能 指 标
1	外观	乳白色
2	固体含量(%)	≥37
3	pH	7
4	耐水试验 500h	合格
5	耐碱试验 300h	合格
6	透碱试验 168h	合格
7	贮存时间	6 个月以上
8	成膜温度	5℃以上
9	干燥时间(min)	20
10	粘结性能(N/mm^2)	≥0.4

2) 涂布方法

①清理饰面石材板,如果表面有油迹,可用溶剂擦拭干净。然后用毛刷清扫石材表面的尘土,再用干净的棉丝认真仔细地把石材装饰板背面和侧边擦拭干净。

②开启石材处理剂的容器,搅拌均匀后,倒入塑料小桶内,用毛刷在饰面石材板的背面和侧边涂布处理剂。涂饰时,应注意不得将石材处理剂涂布或流淌到饰面石材板的正面。如污染了表面,应及时用棉丝反复擦拭干净,不得留下任何痕迹,以免影响饰面石材板的装饰效果。

---

* 防碱背涂处理剂由北京市建筑工程研究院和北京市第五建筑工程公司研制。

③第一遍石材处理剂干燥时间，一般需要 20min 左右，干燥时间的长短主要取决于环境的温度和湿度。待第一遍石材处理剂干燥后，方可涂布第二遍石材处理剂。

涂布时应注意：避免出现气泡和漏刷现象；在石材处理剂未干燥时，应防止尘土等杂物被风吹到表面；气温 5℃以下或阴雨天应暂停施工；已处理的饰面石材板在现场如有切割时，应及时在切割处涂刷石材处理剂。

2. 饰面板安装的一般要求

（1）饰面板的接缝宽度如设计无要求时，应符合有关规范的规定。

（2）饰面板安装，应找正吊直后采取临时固定措施，以防灌注砂浆时板位移动。

（3）饰面板安装，接缝宽度可垫木楔调整。并应确保外表面的平整、垂直及板的上口顺平。

（4）灌浆前，应浇水将饰面板背面和基体表面润湿，再分层灌注砂浆，每层灌注高度为 150～200mm，且不得大于板高的 1/3，插捣密实，待其初凝后，应检查板面位置，如移动错位应拆除重新安装；若无移动，方可灌注上层砂浆，施工缝应留在饰面板水平接缝以下 50～100mm 处。

（5）突出墙面勒脚的饰面板安装，应待上层的饰面工程完工后进行。

（6）楼梯栏杆、栏板及墙裙的饰面板安装，应在楼梯踏步地（楼）面层完工后进行。

（7）天然石饰面板的接缝，应符合下列规定：

①室内安装光面和镜面的饰面板，接缝应干接，接缝处宜用与饰面板相同颜色的水泥浆填抹。

②室外安装光面和镜面的饰面板，接缝可干接或在水平

缝中垫硬塑料板条，垫塑料板条时，应将压出部分保留，待砂浆硬化后，将塑料板条剔出，用水泥细砂浆勾缝。干接缝应用与饰面板相同颜色水泥浆填平。

③粗磨面、麻面、条纹面、天然面饰面板的接缝和勾缝应用水泥砂浆。勾缝深度应符合设计要求。

（8）人造石饰面板的接缝宽度、深度应符合设计要求，接缝宜用与饰面板相同颜色的水泥浆或水泥砂浆抹勾严实。

（9）饰面板完工后，表面应清洗干净。光面和镜面的饰面板经清洗晾干后，方可打蜡擦亮。

（10）装配式挑檐、托座等的下部与墙或柱相接处，镶贴饰面板应留有适量的缝隙。镶贴变形缝处的饰面板留缝宽度，应符合设计要求。

（11）夏期镶贴室外饰面板应防止暴晒。

（12）冬期施工，砂浆的使用温度不得低于5℃。砂浆硬化前，应采取防冻措施。

（13）饰面工程镶贴后，应采取保护措施。

3．大理石饰面板安装

大理石饰面板有镜面、光面和细琢面。其安装方法，小规格（边长小于400mm）可采用粘贴法；大规格则可采用传统安装方法或改进的新工艺。

（1）传统安装方法

1）按照设计要求事先在基层表面绑扎好钢筋网，与结构预埋件绑扎牢固。其做法有在基层结构内预埋铁环，与钢筋网绑扎（图7-16）；也有用冲击电钻先在基层打 $\phi 6.5 \sim 8.5$mm、深度≥60mm的孔，再将$\phi 6 \sim 8$mm短钢筋埋入，外露50mm以上并弯钩，在同一标高的插筋上置水平钢筋，二者靠弯钩或焊接固定（图7-17）。

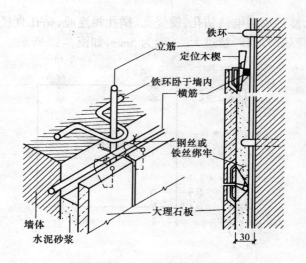

图 7-16 大理石传统安装方法

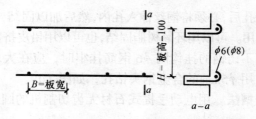

图 7-17 大理石安装预埋钢筋做法示意

2) 安装前先将饰面板材按照设计要求进行修边打眼,其方法有两种:

①钻孔打眼法。当板宽在 500mm 以内时,每块板的上、下边的打眼数量均不得少于 2 个,如超过 500mm 应不少于 3 个。打眼的位置应与基层上的钢筋网的横向钢筋的位置相适应。一般在板材的断面上由背面算起 2/3 处,用笔画好钻孔

位置,然后用手电钻钻孔,使竖孔、横孔相连通,钻孔直径以能满足穿线即可,严禁过大,一般为5mm,如图7-18所示。

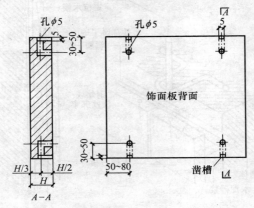

图7-18 饰面板钻孔及凿槽示意

钻好孔后,必须将铜丝伸入孔内,然后加以固结,才能起到连接的作用。可以用环氧树脂固结,也可以用铅皮挤紧铜丝。

若用不锈钢的挂钩同 $\phi 6$ 钢筋挂牢时,应在大理石板上下侧面,用 $\phi 5mm$ 的合金钢头钻孔,如图7-19。

②开槽法。用电动手提式石材无齿切割机的圆锯片,在

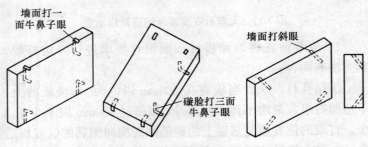

图7-19 饰面板材打眼示意图

需绑扎钢丝的部位上开槽。采用的是四道槽法。四道槽的位置是：板块背面的边角处开两条竖槽，其间距为30~40mm；板块侧边处的两竖槽位置上开一条横槽，再在板块背面上的

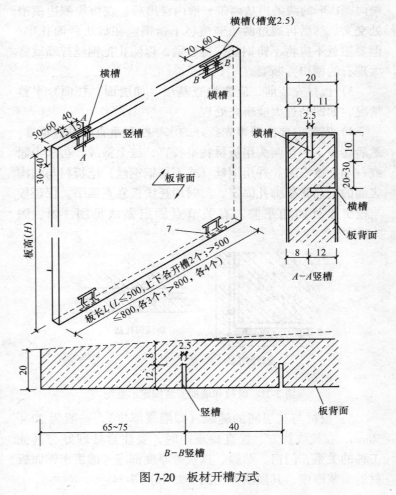

图7-20 板材开槽方式

两条竖槽位置下部开一条横槽,如图7-20所示。

板块开好槽后,把备好的18号或20号不锈钢丝或铜丝剪成30cm长,并弯成U形。将U形不锈钢丝先套入板背横槽内,U形的两条边从两条竖槽内穿出后,在板块侧边横槽处交叉。然后再通过两条竖槽将不锈钢丝在板块背面扎牢。但要注意不应将不锈钢丝拧得过紧,以防止把钢丝拧断或将大理石的槽口弄断裂。

3)板材安装前,应先检查基层(如墙面、柱面)平整情况,如凹凸过大应事先处理。

4)安装前要按照事先找好的水平线和垂直线进行预排,然后在最下一行两头用板材找平找直,拉上横线,再从中间或一端开始安装。并用铜丝(或不锈钢钢丝)把板材与结构表面的钢筋骨架绑扎固定,随时用托线板靠直靠平,保证板与板交接处四角平整。有关节点固定做法见图7-21、图7-22。

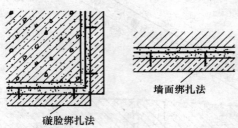

图7-21 碰脸和墙面安装固定示意图

5)板材与基层间的缝隙(即灌浆厚度),一般为20~50mm,在拉线找方、挂直找规矩时,要注意处理好与其他工种的关系,门窗、贴脸、抹灰等厚度都应考虑留出饰面板材的灌浆厚度,其做法参见图7-23和图7-24。

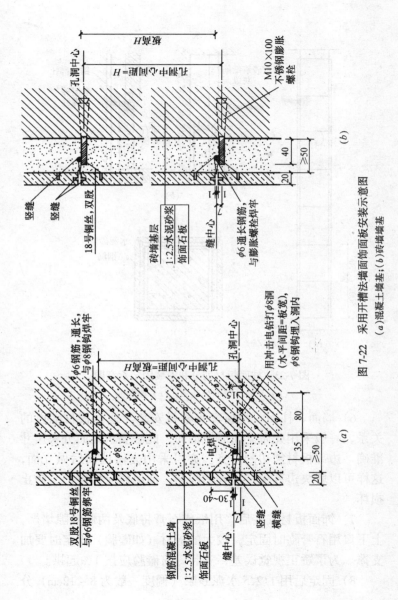

图 7-22 采用开槽法墙面饰面板安装示意图
(a)混凝土墙基;(b)砖墙基

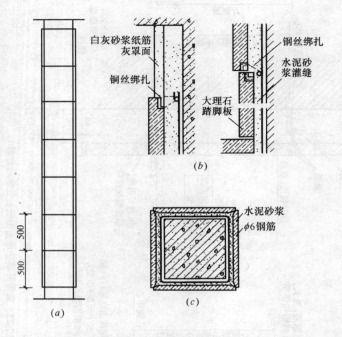

图 7-23 柱面板材划分和安装固定示意图
（a）立面；（b）纵断面；（c）横断面

6）墙面、柱面、门窗套等板材安装与地面板材铺设的关系，一般采用先做立面后做地面，此法要求地面分块尺寸准确，边部板材须切割整齐。亦可采用先做地面后做立面，这样可以解决边部板材不齐的问题，但地面应加保护，防止损坏。

7）饰面板材安装后，用纸或石膏将底及两侧缝隙堵严，上下口用石膏临时固定，较大的板材（如碴脸）固定时要加支撑。为了矫正视觉误差，安装门窗碴脸应按 1% 起拱。

8）固定后用 1:2.5 水泥砂浆（稠度一般为 8~12cm）分

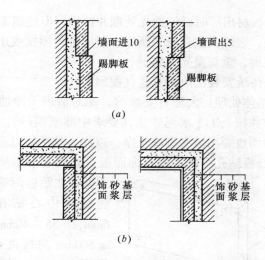

图 7-24 门窗套阴角衔接和墙面与踢脚线做法示意图
（a）墙面与踢脚线做法；（b）门窗套阴角衔接做法

层灌注。每次灌浆高度一般为 20～30cm，待初凝后再继续灌浆，直到距上口 5～10cm 停止。然后将上口临时固定的石膏剔掉，清理干净缝隙，再安装第二行板材，这样依次由下往上安装固定、灌浆。

9）采用浅色的大理石、汉白玉饰面板材时，灌浆应用白水泥和白石屑。

10）每日安装固定后，需将饰面清理干净。安装固定后的饰面板材如面层光泽受到影响，可以重新打蜡出光。要采取临时保护措施保护棱角。

11）全部板材安装完毕后，清净表面，然后用与板材相同颜色调制的水泥砂浆，边嵌边擦，使缝隙嵌浆密实，颜色一致。

12）板材出厂时已经抛光处理并打蜡。但经施工后局部会有污染，表面失去光泽，所以一般应进行擦拭或用高速旋转帆布擦磨，重新抛光上蜡。

（2）传统安装法改进工艺（楔固法）

1）基体处理：大理石安装前，先对清理干净的基体用水湿润，并抹上1:1水泥砂浆（要求中砂或粗砂）。大理石饰面板背面也要用清水刷洗干净，以提高其粘结力。

2）石板钻孔：将大理石饰面板直立固定于木架上，用手电钻在距板两端1/4处居板厚中心钻孔，孔径6mm，深35~40mm。板宽≤500mm的打直孔两个；板宽>500mm打直孔3个；>800mm的打直孔4个。然后将板旋转90°固定于木架上，在板两侧分别各打直孔1个，孔位距板下端100mm处，孔径6mm，孔深35~40mm，上下直孔都用合金錾子在板背面方向剔槽，槽深7mm，以便安卧⊔形钉，见图7-25。

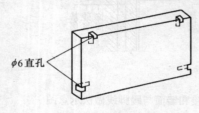

图7-25 打直孔示意图

3）基体钻孔：板材钻孔后，按基体放线分块位置临时就位，对应于板材上下直孔的基体位置上，用冲击钻钻成与板材孔数相等的斜孔，斜孔成45°角，孔径6mm，孔深40~50mm，见图7-26。

4）板材安装、固定：基体钻孔后，将大理石板安放就位，根据板材与基体相距的孔距，用克丝钳子现制

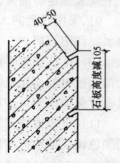

图7-26 基体钻斜孔

直径 5mm 的不锈钢凵形钉（图 7-27），一端钩进大理石板直孔内，随即用硬木小楔楔紧；另一端钩进基体斜孔内，拉小线或用靠尺板和水平尺，校正板的上下口及板面的垂直度和平整度，并检查与相邻板材接合是否严密，随后将基体斜孔内不锈钢凵形钉楔紧。接着用大头木楔紧固于板材与基体之间，以紧固凵形钉，见图7-28。

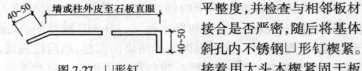

图 7-27 凵形钉

大理石饰面板位置校正准确、临时固定后，即可进行分层灌浆。灌浆及成品保护和表面清洁等，与传统安装方法相同。

(3) 粘贴法

1) 基层处理：首先将基层表面的灰尘、污垢和油渍清除干净，要浇水湿润。对于表面光滑的基层表面应进行凿毛处理；对于垂直度、平整度偏差较大的基层表面，应进行剔凿或修补处理。

2) 抹底层灰：用 1:2.5（体积比）水泥砂浆分两次打底、找规矩，厚度约 10~20mm。并按中级抹灰标准检查验收垂直度和平整度。

3) 弹线、分块：用线坠在墙面、柱面和门窗部位从上至下吊线，确定饰面板表面距基层的距离（一般为 30~40mm）。根据垂线，在地面上顺墙、柱面弹出饰面板外轮廓线，此线即为安装基

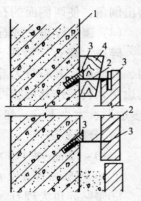

图 7-28 石板就位、固定示意图

1—基体；2—凵形钉；
3—硬木小楔；4—大头木楔

础线。然后，弹出第一排标高线，并将第一层板的下沿线弹到墙上（如有踢脚板，则先将踢脚板的标高线弹好）。然后根据板面的实际尺寸和缝隙，在墙面弹出分块线。

4）镶贴：将湿润并阴干的饰面板，在其背面均匀地抹上5~6mm厚特种胶粉或环氧树脂水泥浆、AH—03胶粘剂,依照水平线,先镶贴底层(墙、柱)两端的两块饰面板,然后拉通线,按编号依次镶贴。第一层贴完，进行第二层镶贴。以此类推，直至贴完。每贴三层，垂直方向用靠尺靠平。

全部石板安装完毕后，清除板面上的余胶，用清洁的布擦洗干净。

按石板的颜色调制色浆嵌缝，边嵌边擦干净，使缝隙密实、均匀、干净、颜色一致。

柱子或墙面的阳角部位，大理石可根据阳角的不同角度磨出倒角，使两侧面的石板咬合。

(4) 镶贴碎拼大理石

碎拼大理石一般用于庭院、凉廊以及有天然格调的室内、外墙面。其石材大部分是生产规格石材中经磨光后裁下的边角余料，按其形状可分为非规格矩形块料、冰裂状块料（多边形、大小不一）和毛边碎块。

1）分层做法

①10~12mm 厚 1:3 水泥砂浆找平层，分遍打底找平。

②10~15mm 厚 1:2 水泥砂浆结合层。

③镶贴碎拼大理石。

2）施工要点

①碎拼大理石的颜色按设计要求选定，块材边长不宜超过30cm，厚度应基本一致。

②镶贴前，应拉线找方挂直，做灰拼。应在门窗口转角

处注意留出镶贴块材的厚度。

③碎拼大理石饰面施工前,应进行试拼,宜先拼图案,后拼其他部位。拼缝应协调,不得有通缝,缝宽为 5~20mm。

设计有图案要求时,应先镶贴图案部位,然后再镶贴其他部位。

④镶贴厚度不宜超过 20mm,每天镶贴高度不宜超过 1.2m,镶贴时应随时用靠尺找平。镶贴后,要按设计要求采用不同颜色的水泥砂浆(或水泥石粒浆)勾缝。

⑤镶贴时应注意面层的光洁,随时进行清理。如缝宽要求一致时,应在镶贴前用切割机进行块材加工。

4．花岗石饰面板安装

(1) 磨光花岗石饰面板的安装

1) 传统安装方法:与大理石饰面板传统安装方法相同。

2) 传统安装方法改进工艺:

①工艺流程。磨光花岗石传统湿作业改进工艺流程如下:

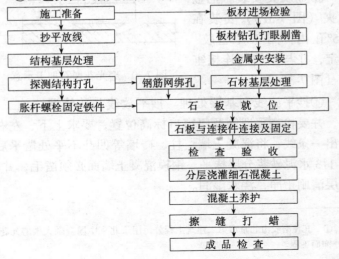

②板材钻孔打眼剔凿。直孔用台钻打眼,操作时应钉木架,使钻头直对板材上端面,一般每块石板上、下两个面打眼,孔位打在距板两端1/4处,每个面各打两个眼,孔径为5mm,深18mm,孔位距石板背面以8mm为宜。如石板宽度较大,中间应增打一孔,钻孔后用合金钢凿子朝石板背面的孔壁轻打剔凿,剔出深4mm的槽,以便固定连接件(图7-29)。

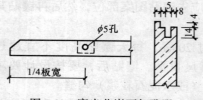

图7-29 磨光花岗石打孔眼

石板背面钻135°斜孔,先用合金钢凿子在打孔平面剔窝,再用台钻直对石板背面打孔,打孔时将石板固定在135°的木架上(或用摇臂钻斜对石板)打孔,孔深5~8mm,孔底距石板磨光面9mm,孔径8mm(图7-30)。

③金属夹安装。把金属夹(图7-31b)安装在135°孔内,用JGN型胶①固定,并与钢筋网连接牢固(图7-31a)

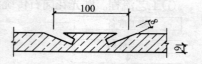

图7-30 磨光花岗石加工示意

④抄平放线和基层处理。抄平放线与传统湿法施工相同,并要检查预埋筋及门窗口标高位置,要求上下、左右、进出一条线,将混凝土墙、柱、砖墙等凹凸不平处凿平后,用1:3水泥砂浆分层抹平。钢模混凝土墙面必须凿毛,并将基层清刷干净,浇水湿润。

---

① JGN型胶由北京市第二建筑工程公司用于北京中国金融大楼磨光花岗石外饰面工程。

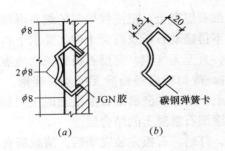

图 7-31 金属夹安装

石板背面在安装前应进行清刷处理,并要防止锈蚀及油污。

预埋钢筋要先剔凿,外露于墙面,无预埋筋处则应先探测结构钢筋位置,避开钢筋钻孔,孔径为 25mm,孔深 90mm,用 M16 胀杆螺栓固定预埋铁(图 7-32)。

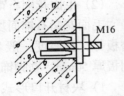

⑤绑扎钢筋网。先绑竖筋,竖筋 图 7-32 胀杆螺栓固定
与结构内预埋筋或预埋铁连接,横向钢筋根据石板规格,比石板低 2~3cm 作固定拉接筋,其他横筋可根据设计间距均分。

⑥安装花岗石板材。按试拼石板就位,石板上口外仰,将两板间连接筋(连接棍)对齐,连接件挂牢在横筋上,用木楔垫稳石板,用靠尺检查调整平直,一般均从左往右进行安装,柱面水平交圈安装,以便校正阳角垂直度。四大角拉钢丝找直,每层石板应拉通线找平找直,阴阳角用方尺套方。如发现缝隙大小不均匀,应用铅皮垫平,使石板缝隙均匀一致,并保证每层石板上口平直,然后用熟石膏固定。经检查无变形方可浇灌细石混凝土。

⑦浇灌细石混凝土。把搅拌均匀的细石混凝土用铁簸箕徐徐倒入，不得碰动石板及石膏木楔。要求下料均匀，轻捣细石混凝土，直至无气泡。每层石板分三次浇灌，每次浇灌间隔 1h 左右，待初凝后经检验无松动、变形，方可再次浇灌细石混凝土。第三次浇灌细石混凝土时上口留 5cm，作为上层石板混灌细石混凝土的结合层。

⑧擦缝，打蜡。石板完装完毕后，清除所有石膏和余浆痕迹，用棉丝或抹布擦洗干净，并按照花岗石板颜色调制水泥浆嵌缝，边嵌缝边擦干净，以防污染石材表面，使之缝隙密实、均匀，外观洁净，颜色一致，最后上蜡抛光。

(2) 毛面花岗石饰面块材的安装

毛面花岗石饰面块材是指剁斧板、机刨板、烧毛板和粗磨板等，其厚度一般为 50mm、76mm、100mm，墙、柱面多用板厚 50mm，勒脚饰面多用 76mm、100mm。

1) 块材开口形式：块材与基体均用锚固件连接，由于锚固件有多种形式，分扁条锚件、圆杆锚件、线形锚件等，所以块材的锚接开口形状也不同。一般开口形状，见图 7-33。

根据块材的不同厚度，其开口尺寸及阳角交接形式也不同，见图 7-34 和表 7-23。

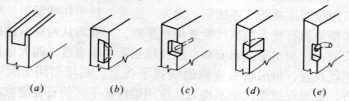

图 7-33 花岗石块材开口形状
(a) 扁条形；(b) 片状形；(c) 销钉形；(d) 角钢形；(e) 金属丝开口

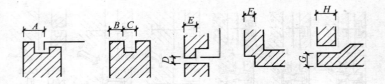

图 7-34 阳角拼接及开口形式尺寸

花岗石块材拼接及开口尺寸表（mm）　　　表 7-23

板厚	A	B	C	D	E	F	G	H
50	19	13	13	13	19	13	38	57
76	44	25	13	13	19	13	64	82
100	70	38	13	13	19	13	89	107

2）锚固方法：用镀锌或不锈钢锚固件将块材与基层锚固。常用的扁形锚件厚度为 3、5、6mm，宽 25、30mm。圆杆形锚件用 $\phi6mm$、$\phi9mm$，线形件多用 $\phi3\sim\phi5mm$ 钢丝。锚件形式见图 7-35。

3）工艺要点：

①根据设计要求，核对选用块材的品种、规格和颜色，并统一编号。

②按照设计要求在基层表面绑扎钢筋网，并与结构预埋铁件绑扎牢固。

③固定块材的孔洞，在安装前用钻头打好。

④柱面安装前，应先按平面图的位置放好平线，确定柱墩的位置。

⑤拱、碹脸安装前，须根据设计图纸用三合板画出样板，并根据拱、碹脸样板定出拱、碹中心线及边线，画出拱的圆弧线，然后自下而上进行安装。

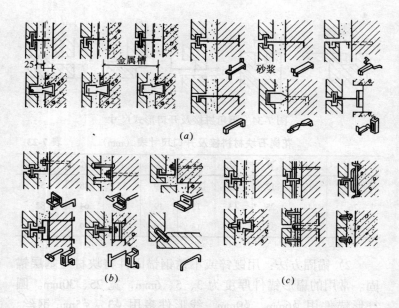

图 7-35 锚固构造示意
（a）扁条锚固；（b）圆杆锚固；（c）线形锚固

⑥安装墙面时，先将好头（抱角）稳好，按墙面拉线顺直，用钢尺测定长度，确定分块和调整缝隙，然后进行稳装。

⑦室外块材的安装应比室外地坪低 50mm，以免露底，并注意检查基础软硬程度。

⑧饰面块材与墙身间隔缝隙一般为 30~50mm。

⑨块材缝隙最好用铅块垫塞，如用铁块和木块垫塞，遇水后易污染饰面，影响美观。

⑩块材要用镀锌钢筋或经过防锈处理的钢筋与钢筋网连接。块材与块材之间可采用扒钉或销钉连接，常见几种分格

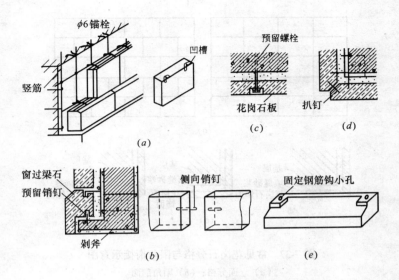

图 7-36 花岗石安装连接示意图
(a) 花岗石与墙体连接；(b) 销钉连接；(c) 螺栓连接；
(d) 扒钉连接；(e) 窗台板预留孔眼做法

和连接方法见图 7-36、图 7-37、图 7-38。

⑪饰面块材安装固定后，先用水将缝隙冲净，然后将缝隙堵严，用 1:2.5 水泥砂浆分层灌注，每次灌入 20cm 左右，等初凝后再继续灌注。离块材上口约 8cm 处，要待安装好上面一块饰面后，再连续浇灌。

⑫花岗石块材安装后，如果在上层还要进行其他抹灰时，则应对块材表面采取保护措施。

⑬花岗石受污染，可根据污染的不同程度用稀盐酸刷洗，并随即用清水冲干净。

5. 青石板安装

青石板饰面板的安装，由于其规格较小，且多用于一、

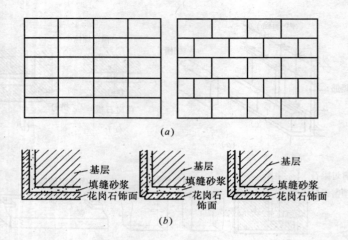

图 7-37 常见花岗石分格与阳角衔接示意图
(a) 立面分格；(b) 阳角剖面

二层装饰，故一般可采取粘贴方法安装。其粘贴方法与外墙面砖相同。其基体处理、抹找平层砂浆的方法与装饰抹灰方法相同。

青石板粘贴前，应先将青石板清扫干净，然后放入清水中浸泡，浸透阴干备用。粘结砂浆采用掺入水泥用量 5%～10% 的 108 胶的 1:2 水泥砂浆。粘结砂浆不宜太厚，较平整的板材，可控制在 4～5mm；板面平整较差时，应不少于 5mm。

全部青石板粘贴后，应清理表面，并用板材颜色调制水泥浆嵌缝，边嵌边擦净。

6. 人造石饰面板安装

(1) 预制水磨石饰面板安装

预制水磨石饰面板多用于室内墙、柱面装饰，其安装方

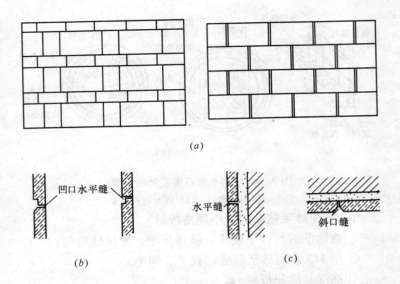

图 7-38 花岗石分格与几种缝的处理示意图
(a) 立面分格；(b) 水平缝；(c) 斜口缝

法与大理石饰面板传统安装方法相同。

安装前，先将饰面板钻孔（参见图 7-19），穿上铜丝或不锈钢钢丝；也可在预制板材时预埋铁件，也可采用镶贴方法（图 7-39）。

板材安装前，应先用水浸湿后阴干。板材与基层间的缝隙，一般为 20～50mm。采用 1:2.5 水泥砂浆（稠度 8～12cm）分层灌注，每次灌浆高度一般为 20～30cm，待初凝后再继续灌浆，直到距上口 5～10cm 停止。

板材安装后，应及时进行表面保护，待结合层水泥砂浆强度达到 60～70% 后，方可打蜡光洁。

(2) 人造大理石饰面板安装

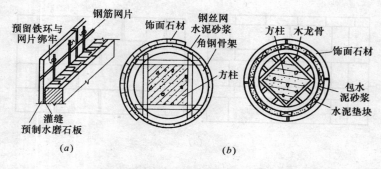

图 7-39 预制水磨石板安装示意图
(a) 墙体安装饰面;(b) 圆形饰面安装

1) 水泥砂浆粘贴法(小规格板材):

①镶贴前进行抄平放线,横竖预排,使接缝均匀。

②用 1:3 水泥砂浆打底、找平、划毛。

③润湿基层和板材。

④板材粘贴。板厚在 10mm 以下时,宜用聚合物水泥浆(掺水泥 重量 10% 的 108 胶),粘结砂浆厚度大于 3mm;板厚大于 10mm 时,可用 1:2 水泥砂浆(掺 5%~10% 的 108 胶)粘贴,砂浆厚度根据板面平整度决定,一般不小于 5mm。

2) 灌浆法(大规格板材):与天然石材传统做法相同。

7. 小规格石材饰面板安装

大理石、花岗石、青石板、水磨石等小规格饰面板用于装饰的项目较多,如窗台板、踢脚板、勒脚等。

(1) 踢脚板粘贴

1) 用 1:3 水泥砂浆打底、找规矩,厚约 12mm。刮平、划毛。

2) 待底子灰凝固后,将阴干的饰面板背面均匀抹上厚 2~3mm 素水泥浆,随即进行粘贴,并用木槌轻敲,使其粘结牢固。

3）用靠尺、水平尺找平，并使相邻板材接缝齐平，高差不超过 0.5mm。

4）将边口挤出的砂浆擦净。

（2）窗台板的安装

1）在校正窗口后按照设计要求尺寸在窗口下角剔槽，多窗口的房间要事先拉通线抄平。

2）凡有暗炉片槽且窗台板长向由几块拼成时，应在窗台板下预埋角铁。角铁应平整，并用强度等级较高的细石混凝土灌注固定，养护一周后方可进行窗台板安装。

3）安装时，先将窗台板稳在窗口下角两头，并浇水润湿后，用 1:3 干硬性水泥砂浆或细石混凝土垫平。窗台板接槎处要注意平整。

4）待窗台板垫平垫稳后，用 1:3 水泥砂浆或细石混凝土将两头塞严实，塞灰前先将墙面浇水润湿。

7.4 饰面砖（板）工程质量要求和验收标准

7.4.1 一般规定

1. 本节适用于饰面板安装、饰面砖粘贴等分项工程的质量验收。

2. 饰面板（砖）工程验收时应检查下列文件和记录：

（1）饰面板（砖）工程的施工图、设计说明及其他设计文件。

（2）材料的产品合格证书、性能检测报告、进场验收记录和复验报告。

（3）后置埋件的现场拉拔检测报告。

（4）外墙饰面砖样板件的粘结强度检测报告。

(5) 隐蔽工程验收记录。
(6) 施工记录。

3．饰面板（砖）工程应对下列材料及其性能指标进行复验：
(1) 室内用花岗石的放射性。
(2) 粘贴用水泥的凝结时间、安定性和抗压强度。
(3) 外墙陶瓷面砖的吸水率。
(4) 寒冷地区外墙陶瓷面砖的抗冻性。

4．饰面板（砖）工程应对下列隐蔽工程项目进行验收：
(1) 预埋件（或后置埋件）。
(2) 连接节点。
(3) 防水层。

5．各分项工程的检验批应按下列规定划分：
(1) 相同材料、工艺和施工条件的室内饰面板（砖）工程每50间（大面积房间和走廊按施工面积30m² 为一间）应划分为一个检验批，不足50间也应划分为一个检验批。
(2) 相同材料、工艺和施工条件的室外饰面板（砖）工程每500~1000m² 应划分为一个检验批，不足500m² 也应划分为一个检验批。

6．检查数量应符合下列规定：
(1) 室内每个检验批应至少抽查10%，并不得少于3间；不足3间时应全数检查。
(2) 室外每个检验批每100m² 应至少抽查一次，每处不得小于10m²。

7．外墙饰面砖粘贴前和施工过程中，均应在相同基层上做样板件，并对样板件的饰面砖粘结强度进行检验，其检验方法和结果判定应符合《建筑工程饰面砖粘结强度检验标准》(JGJ 110)的规定。

8.饰面板(砖)工程的抗震缝、伸缩缝、沉降缝等部位的处理应保证缝的使用功能和饰面的完整性。

7.4.2 饰面板安装工程

本节适用于内墙饰面板安装工程和高度不大于24m、抗震设防烈度不大于7度的外墙饰面板安装工程的质量验收。

1.主控项目

(1)饰面板的品种、规格、颜色和性能应符合设计要求,木龙骨、木饰面板和塑料饰面板的燃烧性能等级应符合设计要求。

检验方法:观察;检查产品合格证书、进场验收记录和性能检测报告。

(2)饰面板孔、槽的数量、位置和尺寸应符合设计要求。

检验方法:检查进场验收记录和施工记录。

*(3)饰面板安装工程的预埋件(或后置埋件)、连接件的数量、规格、位置、连接方法和防腐处理必须符合设计要求。后置埋件的现场拉拔强度必须符合设计要求。饰面板安装必须牢固。

注:饰面板安装工程的施工方法主要有干作业施工和湿作业施工两种方法,目前主要应用于室内墙面装修和室外多层建筑的墙面装修。对饰面板安装工程涉及安全的五个重要检查项目:预埋件(或后置埋件)、连接件、防腐处理、后置埋件现场拉拔强度以及饰面板的安装,这五个重要检查项目是质量过程控制的重点,也是保证其安装安全质量的关键。在施工过程中可以通过手扳检查;检查材料实样和进场验收记录、检查现场后置埋件的拉拔强度检测报

---

* 属强制性条文。

告、做好隐蔽工程的质量控制。

检验方法：手扳检查；检查进场验收记录、现场拉拔检测报告、隐蔽工程验收记录和施工记录。

2．一般项目

（1）饰面板表面应平整、洁净、色泽一致，无裂痕和缺损。石材表面应无泛碱等污染。

检验方法：观察。

（2）饰面板嵌缝应密实、平直，宽度和深度应符合设计要求，嵌填材料色泽应一致。

检验方法：观察；尺量检查。

（3）采用湿作业法施工的饰面板工程，石材应进行防碱背涂处理。饰面板与基体之间的灌注材料应饱满、密实。

检验方法：用小锤轻击检查；检查施工记录。

（4）饰面板上的孔洞应套割吻合，边缘应整齐。

检验方法：观察。

（5）饰面板安装的允许偏差和检验方法应符合表 7-24 的规定。

饰面板安装的允许偏差和检验方法　　　表 7-24

项次	项目	允许偏差（mm）							检验方法
		石材			瓷板	木材	塑料	金属	
		光面	剁斧石	蘑菇石					
1	立面垂直度	2	3	3	2	1.5	2	2	用 2m 垂直检测尺检查
2	表面平整度	2	3	—	1.5	1	3	3	用 2m 靠尺和塞尺检查

续表

项次	项目	允许偏差（mm）							检验方法
		石 材			瓷板	木材	塑料	金属	
		光面	剁斧石	蘑菇石					
3	阴阳角方正	2	4	4	2	1.5	3	3	用直角检测尺检查
4	接缝直线度	2	4	4	2	1	1	1	拉5m线，不足5m拉通线，用钢直尺检查
5	墙裙、勒脚上口直线度	2	3	3	2	2	2	2	拉5m线，不足5m拉通线，用钢直尺检查
6	接缝高低差	0.5	3	—	0.5	0.5	1	1	用钢直尺和塞尺检查
7	接缝宽度	1	2	2	1	1	1	1	用钢直尺检查

7.4.3 饰面砖粘贴工程

本节适用于内墙饰面砖粘贴工程和高度不大于100m、抗震设防烈度不大于8度、采用满粘法施工的外墙饰面砖粘贴工程的质量验收。

1．主控项目

（1）饰面砖的品种、规格、图案、颜色和性能应符合设计要求。

检验方法：观察；检查产品合格证书、进场验收记录、性能检测报告和复验报告。

（2）饰面砖粘贴工程的找平、防水、粘结和勾缝材料及施工方法应符合设计要求及国家现行产品标准和工程技术标准的规定。

检验方法：检查产品合格证书、复验报告和隐蔽工程验收记录。

*（3）饰面砖粘贴必须牢固。

注：要求饰面砖粘贴必须牢固就是要求施工中认真选材并符合国家现行产品标准，同时要做好样板件粘结强度检测。因为，我国从20世纪80年代后期开始，城乡各地采用饰面砖进行外墙面装修迅速增加。有些地方没有很好的执行国家质量检验标准，饰面砖由于各种原因空鼓、脱落的质量事故也不断出现，这不仅仅破坏了建筑物的装饰效果，同时给人民群众带来安全隐患，由此造成的工程返工以及经济索赔也造成了很大的经济损失。

检验方法：检查样板件粘结强度检测报告和施工记录。

（4）满粘法施工的饰面砖工程应无空鼓、裂缝。

检验方法：观察；用小锤轻击检查。

2．一般项目

（1）饰面砖表面应平整、洁净、色泽一致，无裂痕和缺损。

检验方法：观察。

（2）阴阳角处搭接方法、非整砖使用部位应符合设计要求。

检验方法：观察。

（3）墙面突出物周围的饰面砖应整砖套割吻合，边缘应整齐。墙裙、贴脸突出墙面的厚度应一致。

检验方法：观察；尺量检查。

（4）饰面砖接缝应平直、光滑，填嵌应连续、密实；宽度和深度应符合设计要求。

检验方法：观察；尺量检查。

（5）有排水要求的部位应做滴水线（槽）。滴水线（槽）

---

* 属强制性条文。

应顺直,流水坡向应正确,坡度应符合设计要求。

检验方法:观察;用水平尺检查。

(6)饰面砖粘贴的允许偏差和检验方法应符合表 7-25 的规定。

饰面砖粘贴的允许偏差和检验方法　　　表 7-25

项次	项 目	允许偏差（mm）		检 验 方 法
		外墙面砖	内墙面砖	
1	立面垂直度	3	2	用 2m 垂直检测尺检查
2	表面平整度	4	3	用 2m 靠尺和塞尺检查
3	阴阳角方正	3	3	用直角检测尺检查
4	接缝直线度	3	2	拉 5m 线,不足 5m 拉通线,用钢直尺检查
5	接缝高低差	1	0.5	用钢直尺和塞尺检查
6	接缝宽度	1	1	用钢直尺检查

8 地面工程

建筑楼、地面是内部空间六面体的一个重要组成部分,它与顶棚、四面墙体等五个面相辅相成构成和谐完整的空间,在不同的部位发挥着建筑楼、地面应有的作用。

楼地面,作为地坪或楼面的表面层,首先要起保护作用,使地坪或楼面坚固耐久。此外,还有隔声、防尘、防静电等其他要求。一般地说,楼地面由面层和基层组成,基层又包括垫层和构造层两部分。按照不同功能的使用要求,地面应具有耐磨、防水、防潮、防滑、易于清扫等特点。在较高级房间,还要有一定的隔声、吸声、抗静电功能及弹性、保温和阻燃性能等。

8.1 组成构造

8.1.1 构造与层次

建筑楼、地面工程主要由基层和面层两大基本构造层组成。基层部分包括结构层和垫层,而底层地面的结构层是基土,楼层地面的结构层则是楼板;而结构层和垫层往往结合在一起又统称为垫层,它起着承受和传递来自面层的荷载作用,因此基层应具有一定的强度和刚度。面层部分即地面与楼面的表面层,将根据生产、工作、生活特点和不同的使用要求做成整体面层、板块面层和木竹面层等各种面层，它直接承受表面层的各种荷载。因此面层不仅具有一定的强度，还要满足各种如耐磨、耐酸、耐碱、防潮、防水、防滑、防爆、防霉、防腐蚀、防油渗、耐高温以及冲击、清洁、洁净、隔热、保温等功能性要求，为此应保证面层的整体性，并应要达到一定的平整度（或坡向度）。

当基层和面层两大基本构造层之间还不能满足使用和构造上的要求时，必须增设相应的结合层、找平层、填充层、隔离层等附加的构造层，见图 8-1 和图 8-2。

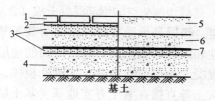

图 8-1 地面工程构造示意图
1—块料面层；2—结合层；3—找平层；4—垫层；5—整体面层；
6—填充层；7—隔离层

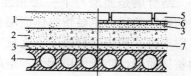

图 8-2 楼面工程构造示意图
1—整体面层；2—填充层；3—找平层；4—楼板；
5—块料面层；6—结合层；7—隔离层

8.1.2 地面各层次的作用

1. 面层

面层是直接承受各种物理和化学作用的建筑地面的表面层。面层类型和品种的选择，由设计部门根据生产特点、使用要求、就地取材和技术经济条件等综合考虑确定。建筑地面的名称按其相应的面层名称而定。

2. 基层

(1) 基土　基土是底层地面的结构层,它是地面垫层下的地基土层,包括软弱土质的利用和处理,以及按设计要求进行的基土表面加强层。

(2) 楼板　楼板是楼层地面的结构层,它承受楼面(含各构造层)上的荷载,如现浇钢筋混凝土楼板或预制整块钢筋混凝土板和钢筋混凝土空心板以及木结构基层。亦有承受地面(含各构造层)荷载预制架空的钢筋混凝土板(含空心板)。

(3) 垫层　垫层是承受并传递地面荷载于基土上的构造层,分为刚性和柔性两类垫层。底层地面的垫层常用水泥混凝土或配筋混凝土构成弹性地基上的刚性板体,亦有采用碎石、炉渣、灰土等直接在素土夯实地基(基土层)上铺设而成;楼层地面则是钢筋混凝土楼板结构层。

3. 构造层

(1) 结合层　结合层是面层与下一层相连接的中间层,有时亦作为面层的弹性基层。主要指整体面层和板块面层铺设在垫层、找平层上时,用胶凝材料予以连接牢固,以保证建筑地面工程的整体质量,防止面层起壳、空鼓等施工质量造成的缺陷。

(2) 找平层　找平层是在垫层上、钢筋混凝土板(含空心板)上或填充层(轻质或松散材料)上起整平、找坡或加强作用的构造层。

(3) 填充层　填充层是当面层、垫层和基土(或结构层)尚不能满足使用要求或因构造上需要,而增设的构造层。主要在建筑地面上起隔声、保温、找坡或敷设管线等作用的构造层。

(4) 隔离层 隔离层是防止建筑地面面层上各种液体（主要指水、油、非腐蚀性和腐蚀性液体）侵蚀作用以及防止地下水和潮气渗透地面而增设的构造层。仅防止地下潮气透过地面时，可作为防潮层。

8.2 基本要求

8.2.1 材料要求

1. 建筑地面各构造层采用的原材料、半成品，建材产品的品种、规格、性能，配合比、强度等级等，应按设计要求选用。除应符合施工规范外，尚应符合现行国家、行业和有关产品材料标准的规定。

2. 进场材料应有中文质量合格证书、产品性能检测报告，对重要材料应有复验报告，并经监理部门检查确认合格后方可使用，以控制材料质量关。

3. 建筑地面工程采用的大理石、花岗石等天然石材必须符合现行国家建材行业标准《天然石材产品放射防护分类控制标准》（JC 518—1993）中相关材料有害物质的限量规定。进场应具有检测报告，检测指标合格方能使用，以对石材中含有对人体直接有害物质的严格把关。

4. 胶粘剂、沥青胶材料和涂料等建材产品应按设计要求选用，并应符合现行国家标准《民用建筑工程室内环境污染控制规范》（GB 50325—2001）的规定，以控制铺设板块面层所采用的胶粘剂、沥青胶结料和涂料等对人体直接的危害。

8.2.2 技术要求

1. 当铺设面层时，应待室内抹灰工程或暖气试压工作等完工后进行。

2．建筑地面工程下部遇有沟槽、管道（暗管）等工程项目时，必须贯彻先地下后地上的施工原则，应待该项工程完成并经检验合格做好隐蔽工程记录（或验收）后，方可进行上部的建筑地面工程施工，以免因下部工程出现质量问题而造成上部工程不必要的返工，影响建筑地面工程的铺设质量。

3．建筑地面工程完工后，应对铺设面层采取保护措施，特别是大面积整体面层，板块面层和楼梯间踏步，防止面层表面碰撞损坏。

4．变形缝设置：建筑地面的变形缝应按设计要求设置，并应符合施工规范的规定。

整体面层的变形缝在施工时，应先在变形缝位置安放与缝宽相同的木板条，木板条应刨光后涂沥青煤焦油，待面层施工达到一定强度后，将木板条取出。

5．镶边设置：为了保证各类面层邻接处连接牢固和面层铺设的美观要求，建筑地面应设置镶边。镶边设置应符合施工规范的规定和设计要求。

8.3 施工机具

主要是水磨石机和地面抹光机，见本手册 4.2.3 钻类和磨类机具。

8.4 找平层施工

1．一般规定

(1) 找平层是在各类垫层上或钢筋混凝土板上铺设起着

整平、找坡或加强作用的构造层,并具有一定的强度。

(2) 找平层应采用水泥砂浆、水泥混凝土拌合料铺设而成。

(3) 找平层采用水泥砂浆时,其体积比不应小于 1:3 (水泥:砂);找平层采用水泥混凝土时,其混凝土强度等级不应小于 C15。

(4) 找平层厚度应符合设计要求,但水泥砂浆不应小于 20mm;水泥混凝土不应小于 30mm。

2. 材料要求

见本手册"8.5.1 水泥砂浆和水泥混凝土面层"。

3. 施工要点

(1) 在铺设找平层前,应对基层进行处理,清扫干净。

(2) 找平层施工前,应用 2m 直尺检查垫层表面的平整度,即将 2m 直尺任意放在垫层面上,看直尺与垫层面间最大空隙有多少,对于砂、砂石、碎石、碎砖垫层,允许最大空隙为 15mm;对于灰土、三合土、炉渣、水泥混凝土垫层,允许最大空隙为 10mm。有坡度的找坡层,除检查平整度外,还应采用水平尺或样尺检查其坡度是否正确。如平整度不符合要求,应进行铲高补低。

为了使施工的找平层达到设计标高,应从室内墙面已划好的 +500mm 线,再向下量取 500mm,在墙根处划出找平层标高线。面积较大的找平层,应按墙面做标志方法,在垫层上做出标志,各个标志宜用水准仪校核其表面标高是否符合找平层设计标高。

(3) 水泥砂浆、水泥混凝土拌合料的拌制、铺设、捣实、抹平、压光等均应按同类面层的要求进行施工。

(4) 采用水泥砂浆、水泥混凝土铺设找平层时,先刷一遍素水泥浆,其水灰比宜为0.4~0.5,要求随刷随铺设水泥砂浆、水泥混凝土拌合料。

(5) 在预制钢筋混凝土板(或空心板)上铺设水泥类找平层前,必须认真做好两块板缝间的灌缝填嵌这道重要工序,以保证灌缝的施工质量,防止可能造成水泥类面层出现纵向裂缝的质量通病。为此:

①板与板之间缝隙宽度不应小于20mm,不得有死缝;与板之间的缝隙大于40mm时,板缝内应按设计要求设置钢筋。

②填嵌前,应认真清理板缝内杂物,浇水清洗干净并保持湿润。

③灌缝材料宜采用细石混凝土,石子粒径不宜不大于10mm,混凝土强度等级不得小于C20,并尽可能使用膨胀水泥或掺膨胀剂拌制的混凝土填嵌板缝。

④当板缝间分两次灌缝时,亦可采取先灌水泥砂浆,其体积比为1:2~1:2.5(水泥:砂),后浇筑细石混凝土。

⑤浇筑完板缝混凝土后,应及时覆盖并浇水养护7d,待混凝土强度等级达到C15时,方可继续施工。

⑥对有防水要求的楼面工程,如厕所、厨房、卫生间、盥洗室等,在铺设找平层前,首先应检查地漏的标高是否正确;其次对立管、套管和地漏等管道穿过楼板节点间的周围,采用水泥砂浆或细石混凝土对其管壁四周处要稳固堵严并进行密封处理。

8.5 面层施工

8.5.1 水泥砂浆和水泥混凝土面层施工

1. 水泥砂浆面层

(1) 材料要求

1) 水泥：水泥宜采用硅酸盐水泥、普通硅酸盐水泥，其强度等级不应低于32.5。严禁混用不同品种、不同强度等级的水泥和过期水泥。

2) 砂：砂应采用中砂或粗砂，含泥量不应大于3%。

3) 石屑：石屑粒径宜为3～5mm，其含粉量（含泥量）不应大于3%。过多的含粉量，对提高面层的质量是极不利的，因含粉量过多，比表面积也增大，需水量也随之增加，而水灰比大，强度必然降低，且还容易引起面层起灰、裂缝等质量通病。如含泥、含粉量超过要求，应采取淘、筛等办法处理。

(2) 施工要点

1) 基层表面应密实、平整，不允许有凸凹不平和起砂现象，水泥砂浆铺设前一天即应洒水保持表面有一定的湿润，以利面层与基层结合牢固。

垫层表面如有油污尚应用火碱液清洗干净。

2) 水泥砂浆宜采用机械搅拌，拌合要均匀，水灰比宜控制在0.4，垫层为炉渣时，宜为25～35mm；垫层为水泥混凝土时，应采用干硬性水泥砂浆，以手捏成团稍出浆为准。

3) 水泥砂浆铺设前，应先涂刷一层水泥浆作粘结层，其水灰比为0.4～0.5，涂刷要均匀，随刷，随铺设拌合料，并进行压实和抹平、压光工作，一般应抹压三遍。

当采用地面抹光机压光时，在压第二、第三遍中，水泥砂浆应比手工压光时稍干一些。

抹压时，如表面稍干，宜淋水予以压光；如水灰比稍大，表面难于收水，可撒干拌的水泥和砂进行压光，其体积比为1:1（水泥:砂），砂需过3mm筛，但撒布时应均匀。

4）有地漏的房间，应在地漏四周做出不小于5%的泛水坡度。面层如遇管线等出现局部厚度减薄在10mm以下时，必须采取防止开裂措施，一般沿管线走向放置钢筋网片，或符合设计要求后方可铺设面层。

5）当面层需分格时，即做成假缝，应在水泥初凝后进行弹线分格。

6）当水泥砂浆面层采用矿渣硅酸盐水泥拌制时，应严格控制水灰比，并尽可能采用干硬性或半干硬性水泥砂浆；压光一般不应少于三遍，最后一遍"定光"是关键，对提高面层的光洁度、密实度，减少微裂纹具有重要作用；应适当延长养护时间，特别是要强调早期养护，以防止出现干缩裂纹。

7）水泥砂浆面层铺设好并压光后24h，应开始养护。一般采用覆盖浇水养护，常温下养护5~7d。

8）水泥砂浆面层完成后，应注意成品保护工作。防止面层碰撞和表面玷污，影响美观和使用。对地漏、出水口等部位安放的临时堵口要保护好，以免灌入杂物，造成堵塞。

(3) 用料参考

水泥砂浆面层材料用量见表8-1。

水泥砂浆面层材料用量（10m²） 表8-1

材　　料	单　　位	单　　层	双　　层
32.5级水泥	kg	149	173
净　砂	m³	0.21	0.23

(4) 水泥砂浆面层的缺陷预防

水泥砂浆面层常见的缺陷有起砂、裂缝、空鼓、倒泛水等，各种缺陷的现象、产生原因及预防措施见表8-2。

水泥砂浆面层缺陷产生原因及预防措施 表8-2

缺陷现象	产生原因	预防措施
起砂：面层粗糙，颜色发白，走动后表面先有松散水泥灰，手摸时象干水泥。多次走动，砂粒松动或有成片水泥硬壳剥落，露出松散的水泥和砂	1. 水泥砂浆稠度超过35mm 2. 面层压光时间过早或过迟 3. 面层养护不适当 4. 未达到足够强度就上人走动 5. 水泥砂浆受冻 6. 房间内生火取暖，产生二氧化碳 7. 水泥强度等级低，砂粒过细	1. 水泥砂浆应控制水灰比 2. 掌握好面层压光时间 3. 压光后，在一天后洒水养护 4. 在养护期内避免上人走动 5. 保证施工环境温度在5℃以上 6. 炉火应有排烟设施 7. 水泥强度等级不低于32.5级，砂用中砂
空鼓：面层与垫层粘结不牢，空鼓处用小锤敲击有空鼓声。受力后易开裂。严重时大片剥落	1. 垫层表面清理不干净 2. 面层施工时，垫层表面不洒水或洒水不足 3. 垫层表面有积水 4. 结合层的素水泥浆涂刷不当 5. 炉渣垫层质量不好	1. 垫层表面应清理干净 2. 面层施工前1~2d应对垫层认真进行洒水湿润 3. 清除垫层表面积水 4. 素水泥浆水灰比宜为0.4~0.5，涂刷应均匀，不宜采用扫浆方法 5. 保证炉渣垫层施工质量
预制楼板地面顺板纵缝方向裂缝	1. 板缝嵌缝质量粗糙低劣 2. 嵌缝养护不认真 3. 嵌缝后下道工序过急 4. 在预制楼板拼缝中敷设电线管走向处理不当 5. 预制构件刚度差 6. 局部地面集中堆荷过大 7. 预制板安装时两块板紧靠形成"瞎缝" 8. 预制板安装时座浆不实或未座浆	1. 提高板缝嵌缝质量 2. 嵌缝后应及时进行养护 3. 待嵌缝养护至一定强度后进行下道工序 4. 暗敷电线管的板缝应适当放大 5. 挑选刚度足够的预制板 6. 严格控制地面施工荷载 7. 预制板安装时，两块板间应留出一定拼缝宽度 8. 预制板安装时应座浆、搁平、安实

续表

缺陷现象	产生原因	预防措施
预制楼板地面顺板横缝方向裂缝	1. 预制板受荷后板端向上翘 2. 面层施工过早 3. 预制板安装时座浆不实或未座浆	1. 在板的搁置处设置钢筋网片 2. 待横墙沉降稳定后再施工面层 3. 预制板安装时应座浆,搁置要平
地面面层不规则裂缝：裂缝部位不固定,形状也不同,有属表面裂缝,也有连底裂缝	1. 水泥安定性不合格或不同品种、不同强度等级水泥混用 2. 面层不及时养护或不养护 3. 水泥砂浆过稀或砂浆搅拌不均匀 4. 底层地面下基土夯填不实 5. 垫层质量差、承载力削弱 6. 面层收缩不均匀,面层厚薄不匀 7. 面积较大的地面未留伸缩缝 8. 结构变形,地基土下沉 9. 使用外加剂过量	1. 使用安定性合格的水泥,不同水泥不混用 2. 面层抹光后应及时养护 3. 严格控制水泥砂浆的水灰比,砂浆应用搅拌机搅拌均匀 4. 基土应分层回填,夯打密实 5. 垫层材料配合比应准确、振捣或夯压应密实 6. 面层施工前,应检查基层面平整度,铲高补低 7. 面层边长大于6m时应留伸缩缝 8. 在结构设计上尽量避免基础沉降量过大,预制构件应有足够刚度,使用上应防止局部堆荷过大 9. 严格控制外加剂的掺量
带地漏的地面倒泛水：地面积水不向地漏流去	1. 阳台、外走廊、浴厕间地面面层与相邻房间一样平 2. 面层标高不准确,未按规定坡度冲筋括平 3. 地漏过高,形成地漏周围积水 4. 预留的地漏位置不合安装要求	1. 阳台、外走廊、浴厕间地面标高应比相邻房间地面标高低20~50mm 2. 抹面层前,以地漏为中心向四周辐射冲筋,找好坡度,用刮尺刮平,抹面层时不留洼坑 3. 安装地漏时,注意标高准确,宁低勿高 4. 加强土建与管道安装施工的配合,认真进行施工交底,做到一次留置位置正确

1）面层起砂治理：小面积起砂且不严重时，可用磨石对起砂部分水磨，直至露出坚硬面。也可用素水泥浆修补，其操作顺序是：清理起砂部分——冲洗湿润——涂抹素水泥浆 1~2mm——压光 2~3 遍——养护，如表面不光滑，还可水磨一遍。

大面积起砂，应用 108 胶水泥浆来修补。具体操作方法是：用钢丝刷将起砂部分清理干净，并用清水冲洗，用 108 胶水（108 胶:水 = 1:2）涂刷面层表面；再用 108 胶水泥浆分层涂抹，每层涂抹厚度为 0.5mm，一般应涂抹 3~4 遍，总厚度为 2mm 左右。底层胶浆配合比为 1:0.25:0.35（水泥:108 胶:水），一般涂抹 1~2 遍。面层胶浆配合比为 1:0.2:0.45，一般涂抹 2~3 遍。涂抹后及时进行养护，2~3d 后，用细砂轮或油石轻轻将抹痕磨去，然后上蜡一遍。

对于严重起砂的面层，应作翻修处理，即将起砂部分全部剔除掉，清除浮砂，用清水冲洗干净，无明水后，涂刷一遍水灰比为 0.4~0.5 的素水泥浆（可掺入适量 108 胶），随刷随铺一层 1:2 水泥砂浆，进行拍实、抹平、压光，并及时进行养护。

2）面层空鼓治理：对于房间的边角处，以及空鼓面积不大于 $0.1m^2$ 且无裂缝者，一般可不作修补。

对于人员活动频繁的部位，以及空鼓面积大于 $0.1m^2$，或虽面积不大，但裂缝显著者，应予翻修。局部翻修方法是：将空鼓部分凿去，四周宜凿成圆形或方形，并凿进无空鼓处 30~50mm，边缘应凿成斜坡形（图 8-3）。露底部分应凿毛，凿好后将修补周围 100mm 范围内清理干净。修补前 1~2d，用清水冲洗，使其充分湿润。修补时，先在底面及周围涂刷水灰比为 0.4~0.5 的水泥浆，随刷随铺 1:2 水泥

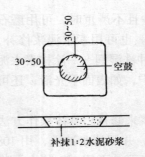

图 8-3 局部空鼓修补范围

砂浆，并进行拍实、抹平、压光。待水泥终凝后，用湿砂或湿草帘等覆盖养护，定时洒水湿润。

对于大面积空鼓，应将整个面层凿去，将露底面凿毛，重新铺设面层，有关清理、冲洗、刷浆、铺设和养护等操作要求同上。

3) 面层裂缝治理：对于顺预制板纵向或横向的通长裂缝，可按下列方法治理：

①裂缝数量较少，且裂缝较细，楼面又无水或其他液体流淌时，可不作修补。

②裂缝数量较少，且裂缝较细，但经常有水或其他液体流淌时，可沿裂缝处凿开，两边扩凿约 30~50mm，接合面呈斜坡形，清理干净后，浇水湿润，无明水后，刷一道水灰比为 0.4~0.5 的素水泥浆，随刷随铺设 1:2 水泥砂浆，并拍实、抹平、压光。

③裂缝较深且又宽时，应沿裂缝处凿开，两边扩凿约 500mm，并凿进板缝深 10~20mm，清理干净后，浇水湿润，浇筑 30mm 厚的 C20 细石混凝土，内配双向钢筋网，钢筋直径用 5~6mm，间距 150~200mm，表面抹上 1:1.5 的水泥砂浆，拍实、抹平、压光（图 8-4）。

对于不规则裂缝，可按下列方法治理：

①裂缝较细，无空鼓现

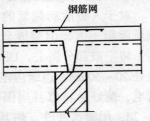

图 8-4 裂缝处加钢筋网

象,且地面无液体流淌时,一般不作处理。

②裂缝宽度在 0.5mm 以上时,可先将裂缝内的灰尘冲洗干净,晾干后用素水泥浆(可略加 108 胶)嵌缝。嵌缝后加强养护,常温下养护 3d,然后用细砂轮将裂缝处轻轻磨平。

③如裂缝与空鼓并发时,参照空鼓治理。

4)地面倒泛水治理

对于倒泛水的浴厕间,应将面层全部凿除,清理干净后,重抹水泥砂浆面层,并找好坡度。

当浴厕间地面面层与相邻房间地面面层标高相同时,可在浴厕间门口做一道高 30~50mm 的水泥砂浆挡水坎。

2.水泥混凝土面层

水泥混凝土面层的混凝土强度等级按设计要求,但不应低于 C20;水泥混凝土面层兼垫层时,其强度等级不应低于 C15。在民用建筑地面工程中,水泥混凝土面层多为细石混凝土面层。

水泥混凝土面层的厚度为 30~40mm;面层兼垫层的厚度按设计的垫层确定,但不应小于 60mm。见图 8-5。

(1)材料要求

1)水泥:水泥采用硅酸盐水泥、普通硅酸盐水泥、矿渣硅酸盐水泥等,其强度等级不应小于 32.5。

2)粗骨料(石料):石料采用碎石或卵石,级配应适当,其最大粒径不应大于面层厚度的 2/3;当采用细石混凝土面层时,石子粒径不应大于 15mm。含泥量不应大于 2%。

3)细骨料(砂子):砂应采用粗砂或中粗砂,含泥量不应大于 3%。

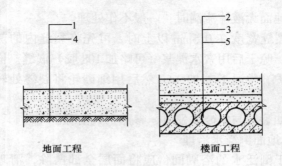

图 8-5 混凝土楼地面构造示意图
1—混凝土面层兼垫层;2—细石混凝土面层;3—水泥类找平层;
4—基土(素土夯实);5—楼层结构(空心板或现浇板)

4)水:采用饮用水。

(2)施工要点

1)基层表面应坚固密实、平整、洁净,不允许有凸凹不平和起砂等现象,表面还应粗糙。面层铺设前,应保持基层表面有一定的湿润,但不得有积水。

2)混凝土铺设前应按水平线用木板隔成区段,以控制面层厚度。

铺设时,基层表面,涂一层水灰比为 0.4~0.5 的水泥浆,并随刷随铺设混凝土拌合料,刮平找平。

3)混凝土浇筑时的坍落度不宜大于 30mm,应连续浇筑,不应留置施工缝。应采用平板振动器振捣密实或用滚筒压实,以不冒气泡为度,保证面层水泥混凝土密实度和达到混凝土强度等级。

4)在抹平压光过程中,确因水灰比控制不严,出现表面泌水,宜采用干拌合均匀的水泥和砂(1:2~1:2.5 水泥:

砂体积比），均匀撒布在面层上，待被水吸收后即可抹平压光。

5）水泥混凝土面层浇筑完成后，应在 24h 内加以覆盖并浇水养护，在常温下连续养护不少于 7d。

(3) 用料参考。

水泥混凝土面层材料用量见表 8-3。

水泥混凝土面层材料用量（$10m^2$） 表 8-3

材　料	单位	C15 水泥混凝土 6cm 厚	C20 细石混凝土 4cm 厚	每增减 1cm
32.5 级水泥	kg	219	159	30
净　砂	m^3	0.34	0.23	0.043
砾石 0.5~1.5cm	m^3		0.33	0.083
砾石 1~3cm	m^3	0.57		

8.5.2 水磨石面层施工

水磨石面层是属于较高级的建筑地面工程之一，也是目前工业与民用建筑中采用较广泛的楼面与地面面层的类型，可按设计和使用要求做成各种彩色图案，因此应用范围较广。

1. 现制水磨石面层

水磨石面层是用石粒以水泥材料作胶结料加水按 1:1.5~1:2.5（水泥：石粒）体积比拌制成拌合料，铺设在水泥砂浆结合层上而成。

水磨石面层厚度（不含结合层）除特殊要求外，宜为 12~18mm，并按选用石粒粒径确定。其构造做法见图 8-6。

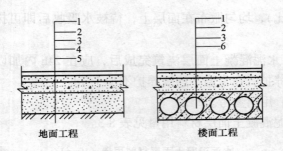

图 8-6 水磨石面层构造示意图
1—水磨石面层；2—1:3 水泥砂浆结合层；3—找平层；
4—垫层；5—基土（分层夯实）；6—楼层结构层

(1) 材料要求：

1) 水泥：本色或深色水磨石面层宜采用强度等级不低于 32.5 的硅酸盐水泥、普通硅酸盐水泥或矿渣硅酸盐水泥，不得使用粉煤灰硅酸盐水泥；白色或浅色水磨石面层应采用白水泥。水泥必须有出厂证明或试验资料，同一颜色的水磨石面层应使用同一批水泥。

2) 石粒：其粒径除特殊要求外，宜为 4～14mm。石粒应分批按不同品种、规格、色彩堆放在干净（如席子等）地面上保管，使用前冲洗干净，晾干待用。石粒品种、规格，见表 3-6。

3) 颜料：颜料应采用耐光、耐碱的矿物颜料，不得使用酸性颜料。掺入量宜为水泥重量的 3%～6%，或由试验确定。见表 3-9。

4) 分格条：分格条应采用铜条或玻璃条，亦可选用彩色塑料条。铜条必须平直，分格条的规格见表 8-4。

5) 草酸：见本手册 3.3.3 草酸（乙二酸）。

水磨石面层分格嵌条规格（mm） 表8-4

种 类	铜 条	玻 璃 条
长×宽×厚	1200×面层厚度×1~2	不限×面层厚度×3

6) 氧化铝（Al_2O_3）：系白色粉末，相对密度 3.9~4.0，熔点 2050℃，沸点 2980℃，不溶于水，与草酸混合，可用于水磨石地面面层抛光。

7) 地板蜡：系天然蜡或石蜡熔化配制而成（0.5kg 配 2.5kg 煤油加热后使用）。有液体型、糊型和水乳化型等多种。一般用于水磨石地面。

（2）施工要点：

1) 水磨石面层在同一楼层中，应先做顶棚、墙面粉刷，后做水磨石面层和踏脚板，避免磨石浆渗漏，影响下一层顶棚和墙面装饰。

2) 水磨石面层的配合比和各种彩色，应先经过试配做出样板，经过认可后即作为施工及以验收的依据，并按此进行备料。

水泥与石粒的拌合料调配工作必须计量正确，拌合均匀。拌合料的稠度宜为 60mm。采用多种颜色、规格的石粒时，必须事先拌合均匀后备用。

3) 基层处理后，按统一标高确定面层标高，并提前 24h 将基层面洒水润湿后，满刷一遍水泥浆粘结层，涂刷厚度控制在 1mm 以内。应做到边刷水泥浆，边铺设水泥砂浆结合层，结合层应采用 1:3 水泥砂浆或 1:3.5 干硬性水泥砂浆。

4) 水磨石面层宜在水泥砂浆结合层的抗压强度达到 1.2MPa 后方可进行。在水泥砂浆结合层上按设计要求的分格和图案进行弹线分格,间距以 1m 为宜。面层分格的位置必须与基层(包括垫层和结合层)的缩缝相对齐,以适应上下能同步收缩。

5)如镶嵌铜、铝条时,应先调直,并每隔 1.0~1.2m 打四个眼,供穿 22 号钢丝用。彩色水磨石地面采用玻璃分格条,应在嵌条处先抹一条 50mm 宽的白水泥浆,再弹线嵌条。

6)安分格嵌条时,应用靠尺板按分格弹线比齐,将铜条或玻璃条紧贴靠尺靠直,并控制上口平直,用素水泥浆在嵌条下口的两边抹成八字角并予以粘结埋牢,高度应比嵌条上口面低 3mm,见图 8-7,分格嵌条应上平一致,接头严密,并作为铺设水磨石面层的标志,也是控制建筑地面平整度的标尺。在水泥浆初凝时,尚应进行二次校正,以确保分格嵌平直,牢固和接头严密。

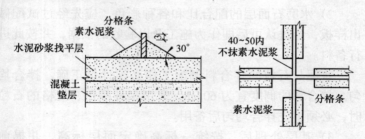

图 8-7 分格嵌条设置

分格嵌条稳好后,洒水养护 3~4d,再铺设面层的水泥石粒拌合料。

7)在同一面层上采用几种颜色图案时,应先做深色,后做浅色;先做大面,后做镶边;待前一种水泥石粒拌合料凝结后,再铺后一种水泥石粒拌合料;不能几种颜色同时铺设。

8）面层铺设前，在基层表面刷一遍与面层颜色相同的水灰比为 0.4~0.5 的水泥浆粘结层，随刷随铺设水磨石拌合料。水磨石拌合料的铺设厚度要高出分格嵌条 1~2mm，用滚筒滚压密实，待表面出浆后，再用抹子抹平。在滚压过程中，如发现表面石子偏少，可在水泥浆较多处补撒石粒并拍平。

现制水磨石常用配合比参考表 8-5。

现制水磨石地面参考配合比　　　　表 8-5

彩色水磨石名称	主要材料（kg）			颜料（水泥用量%）	
赭色水磨石	紫红石子	黑石子	白水泥	红色	黑色
	160	40	100	2	4
绿色水磨石	绿石子	黑石子	白水泥	绿　色	
	160	40	100	0.5	
浅粉红色水磨石	红石子	白石子	白水泥	红色	黄色
	140	60	100	适量	适量
浅黄绿色水磨石	绿石子	黄石子	白水泥	黄色	绿色
	100	100	100	4	1.5
浅桔黄色水磨石	黄石子	白石子	白水泥	黄色	红色
	140	60	100	2	适量
本色水磨石	白石子	黄石子	32.5级水泥	—	
	60	140	100	—	
白色水磨石	白石子	黑石子	黄石子	白水泥	—
	140	40	20	100	—

注：1. 白水泥为苏州光华水泥厂生产的白熊牌 32.5 级水泥。

2. 颜料：绿色为氧化铬绿；黄色为氧化铁黄；红色为氧化铁红。

9)水泥石粒浆浇筑厚度一般为 10~12mm,视粒径大小而定。同一操作面的色粉和水泥应使用同一批材料,一次拌合,并留取部分干灰作为修补之用。干灰应注意防潮。

10)铺完面层 1d 后进行洒水养护,常温下养护 5~7d,低温及冬期施工应养护 10d 以上。

11)开磨前应先试磨,以表面石粒不松动为准,经检查合格后方可开磨,但大粒径石粒面层养护应不少于 15d。一般开磨时间见表 8-6。

水磨石面层开磨时间　　　　表 8-6

序 号	平均温度(℃)	开磨时间(d)	
		机 磨	人工磨
1	20~30	2~3	1~2
2	10~20	3~4	1.5~2.5
3	5~10	5~6	2~3

注:天数以水磨石压实抹光后算起。

12)普通水磨石面层磨光遍数不应少于三遍,高级水磨石面层应增加磨光遍数和提高油石的号数,具体可根据使用要求或按设计要求而确定。

头遍采用 60 号~80 号油石磨光,边磨边加水冲洗,要求达到磨透、磨平、磨匀,全部分格嵌条外露。经检查合格后,用同色水泥浆满涂抹,脱落的石粒应用石粒嵌补。适当养护,常温养护 2~3d,低温及冬期施工需养护 5d 以上。第二遍采用 90 号、100 号、120 号油石磨光,要求磨到表面光滑为止。磨光后,再补上一次浆,养护 5d 左右。第三遍用 180 号、220 号、240 号油石磨光,要求达到磨至表面石子粒径显露,平整光滑,无砂眼细孔。用水冲洗后晾干,涂抹草酸溶液（热水：草酸 = 1：0.35 重量比，溶化冷却后使用）一遍。当为高级水磨石面层时，在第三遍磨光后，经满浆、养护，继续进行第四、第五遍磨光，油石则采用 240～300 号，以满足使用要求。

各遍研磨的技术要求见表 8-7。

现制水磨石地面面层研磨技术要求　　　　表 8-7

遍　数	选用磨石	技术要求及说明
第一遍	60～80 号	1. 磨匀磨平，使全部分格条外露 2. 磨后要将泥浆冲洗干净，稍干后即涂擦一遍同色水泥浆填补砂眼，个别掉落的石碴要补好 3. 不同颜色的磨面，应先涂深色浆，后涂浅色浆 4. 涂擦色浆后养护 4～7d
第二篇	90～120 号	1. 磨至石碴显露，表面平整 2. 其他同第一遍 2、3、4 条
第三遍	180～240 号	1. 磨至表面平整，无砂眼细孔 2. 用水冲洗后用草酸溶液（热水：草酸 = 1：0.35）擦一遍 3. 研磨至出白浆，表面光滑为止，用水冲洗干净，晾干

13）抛光是水磨石地面施工的最后一道工序。通过抛光，对细磨面进行最后的加工，使水磨石地面达到验收标准。

①酸洗。将磨石面用清水冲洗干净并拭干，经 3～4d 晾干。将草酸每千克用 3kg 沸水化开，待溶化冷却后再加 1%～2% 的氧化铝，用布蘸草酸溶液擦，或把布卷固定在磨石机上进行研磨，再用 400 号泡沫砂轮或用 280 号油石在上

面研磨酸洗,清除磨面上的所有污垢,至石子显露表面光滑为止,然后用水冲洗拭干,显露出水泥和石碴本色。

②打蜡。水磨石地面经酸洗晾干表面发白后,用干布擦拭干净。

水磨石地面表面打蜡,应在其他工序全部完成后进行。在干燥发白的水磨石面层涂地板蜡或工业蜡。用 1kg 川蜡和 5kg 煤油,同时放在大桶里经 130℃ 熬制,以冒白烟为宜,随即加 0.35kg 松香水、0.06kg 鱼油调制而成。将蜡包在薄布内或用布蘸稀糊状的蜡,在面层上薄而匀地涂上一层,待干后再用钉有细帆布或麻布的木块代替油石,装在磨盘上进行研磨第一遍,再上蜡磨第二遍,直到光滑洁亮为止。

上蜡后须铺锯末进行养护。

(3) 用料参考:水磨石面层材料用量见表 8-8。

水磨石面层材料用量($10m^2$) 表 8-8

材料名称	单 位	本 色	加 色
32.5 级水泥	kg	1753	1753
净 砂	m^3	1.55	1.55
石 粒	kg	1853	1853
颜 料	kg		30

(4) 水磨石机常见故障及排除方法见表 8-9。

(5) 水磨石面层的缺陷预防:

水磨石面层常见的缺陷有:分格条显露不清、分格条两边或交叉处石子显露不清或不匀、分格压弯或压碎、明显的水泥斑痕、面层裂缝面层光亮度差、不同颜色的水泥石子浆色彩污染、彩色面层颜色深浅不一以及面层退色等。

水磨石机常见故障及排除方法　　　表8-9

故　障	原　因	排除方法
效率降低	三角带松弛，转速不够	调整三角带松紧度
磨盘振动	磨盘底面不水平	调整后脚轮
磨块松动	磨块上端皮垫或紧固螺帽缺弹簧垫	加上皮垫或弹簧垫后拧紧紧固螺帽
磨削的地面有麻点或条痕	1. 地面强度不足 2. 磨盘高度不合适	1. 待强度足够后再磨 2. 重新调整高度

1）各种缺陷的现象、产生原因及预防措施见表8-10。

水磨石面层缺陷产生原因及预防措施　　表8-10

缺陷现象	产生原因	预防措施
分格条显露不清，呈一条纯水泥斑带	1. 面层水泥石子浆铺设过高，使分格条难以磨出 2. 磨石过迟，水泥石子浆强度高 3. 第一遍研磨时，所用磨石太细 4. 研磨时用水量过多，磨损量太小	1. 控制水泥石子浆铺设厚度，使其高出分格条约1mm 2. 掌握好面层开磨时间 3. 第一遍应用粗金刚石研磨 4. 研磨时控制浇水速度及浇水量，使面层保持适量磨浆水
分格条压弯或压碎	1. 面层水泥石子浆虚铺厚度不够，滚压时，分格条被滚筒压弯 2. 滚压过程中，石子粘在滚筒上或分格条上，滚压时石子将分格条压弯或压碎 3. 分格条粘结不牢，在滚压过程中，因石子相互挤紧而挤坏或挤弯分格条	1. 控制面层水泥石子浆的虚铺厚度 2. 及时清理粘在滚筒上和分格条上的石子 3. 分格条应粘结牢固，发现分格条粘结不牢而松动或弯曲，应及时更换

续表

缺陷现象	产生原因	预防措施
分格条两边或交叉处石子显露不清或不匀,形成一条明显水泥斑带	1. 分格条粘结操作方法不正确 2. 分格条在交叉处粘结方法不正确,嵌满水泥浆,未留空隙 3. 滚筒的滚压方法不当,仅在一个方向来回辗压 4. 面层水泥石子浆太稀、石子少	1. 正确掌握分格条粘结方法 2. 分格条交叉处不填水泥浆,应留出 15~20mm 空隙 3. 滚筒滚压时,应在两个方向反复辗压 4. 宜用干硬性水泥石子浆,配合比应正确
面层有明显的水泥斑痕,一种是脚印斑痕,另一种是少石的水泥斑痕	1. 水泥石子浆在松软时,脚踩上去留下脚印斑痕 2. 面层用刮尺刮平时,高出部分的石子被刮尺刮去,留下的部分出现浆多石子少现象,磨光后会出现水泥斑痕	1. 铺设水泥石子浆时,操作人员应穿平底鞋或底楞凹凸不明显的胶鞋,尽量少踩面层 2. 面层不要用刮尺刮平,出现高出部分,应用铁抹将高出部分挖去,然后将周围的水泥石子浆拍齐抹平
面层在施工后一段时间,经常会出现裂缝	1. 基土回填不实,垫层厚薄不匀或厚度不够 2. 结构沉降尚未稳定就进行面层施工 3. 基层面清理不干净;预制板缝浇灌不密实;地面荷载过于集中	1. 基土应分层夯填密实,垫层应保持一定构造厚度 2. 待结构沉降稳定后再进行面层施工 3. 基层面应清理干净,预制板缝应用 C20 细石混凝土浇灌密实;地面荷载应分散

续表

缺陷现象	产生原因	预防措施
面层光亮度差，有明显的磨石凹痕，细洞眼多	1. 磨石规格不齐，使用不当，每遍研磨要求重视不够 2. 打蜡之前未涂擦草酸溶液或将粉状草酸直接撒于地面上干擦 3. 补水泥浆采用刷浆法	1. 选用恰当的磨石规格，第一遍应磨平磨匀，第二遍应磨光，第三遍应磨光滑 2. 打蜡前应涂擦草酸溶液 3. 补浆应用擦浆法，用布蘸上稠水泥浆将细洞眼擦严擦实，擦浆后应进行养护
彩色水磨石面层颜色深浅不一彩色石子分布不匀	1. 使用不同厂、不同批号的材料 2. 材料随用随拌、随拌随配，配合比不正确	1. 使用同一厂、同一批号的材料 2. 固定专人配料，严格检查，配合比应按设计要求
不同颜色的水泥石子浆色彩污染	1. 先铺的面层在靠近分格条处有空隙，局部低于分格条，后铺另一色面层漫过分格条而填补了先铺设的空隙和局部低洼处，磨光后，分格条边缘就出现异色水泥浆斑 2. 先铺设的水泥石子浆过厚，漫过分格条，涂挂于分格条的另一侧 3. 补浆工作不慎 4. 彩色水磨石结合层色彩与面层色彩不同	1. 应先铺设深色水泥石子浆，后铺浅色水泥石子浆。先铺掺有颜料的水泥石子浆，后铺不掺颜料的水泥石子浆 2. 掌握好面层铺设厚度，特别是分格条处不能过高，也不能过低，沿分格条两边应细致拍实，避免空隙和低洼 3. 补浆应认真，先补不掺颜料或浅色部位，后补掺颜料或深色部位 4. 结合层与面层色彩应一致

续表

缺陷现象	产 生 原 因	预 防 措 施
面层退色：面层刚做好时色泽鲜艳，但时间不长就逐步退色或变色	1. 水泥石子浆所掺的颜料，其耐碱性能差，耐光性能差，而造成退色或变色 2. 颜料本身质量差	1. 采用耐碱性能好的矿物颜料，经常处于阳光照射下的地面，应选用耐光性能强的颜料 2. 选用优质产品的颜料

2）水磨石面层缺陷治理：

分格条显露不清治理方法：如因磨光时间过迟，或铺设厚度较厚而难以磨出分格条时，可在磨石处撒些粗砂，以加大以磨损量。

面层光亮度差治理方法：重新用细金刚石或油石打磨一遍，直到表面光滑为止。

面层细洞眼多治理方法：重新用水泥浆涂擦一遍，再打磨一遍，直到消除细洞眼为止。

其它缺陷难以治理，仅是影响美观者可不予治理，如妨碍使用的应铲除缺陷部分，重新做水磨石面层。

2. 预制水磨石面层

预制水磨石是以水泥（含普通硅酸盐水泥、铝酸盐水泥、白色水泥和彩色水泥）和石屑（含白色和彩色石碴）按一定比例混合，加入水拌和，经预制成型、养护、研磨、抛光等工艺生产而成的一种地面装饰板材。

预制水磨石板按设计要求进行加工。地面常用规格为400mm×400mm×25mm、踢脚板常用规格为500mm×120mm×20mm、300mm×150mm×20mm 等。要求色泽鲜明、颜色一致。

预制水磨石楼地面构造，见图8-8。

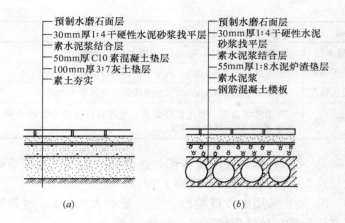

图 8-8 预制水磨石板楼地面构造
（a）预制水磨石板地面；（b）预制水磨石板楼面

（1）材料要求

1）水磨石板块：水磨石板块的质量应符合国家现行建材行业标准《建筑水磨石制品》（JC 507—1992）的规定。板块技术性能见表 8-11。

水磨石板块技术性能指标　　　　表 8-11

项 目	质 量 要 求
外 观	光泽度：抛光制品不低于 30 度，细磨制品不低于 10 度，粗磨制品在距 1.5m 处目测磨痕不明显
	缺口和正面缺陷：每块制品磨光面的棱边上单个缺口的面积不得超过 14mm^2
颜 色	1. 纯白或纯黑的石子，不得有其他杂色石子 2. 每批交货的制品级配和颜色应基本一致
出石率	1. 石屑分布应均匀 2. 每块出石率不得低于 55%

续表

项 目	质 量 要 求
吸水性	表面吸水值小于 $0.4g/cm^2$，总吸水率小于 8%
抗折强度	平均值不低于 4.91kPa，其中单块值不得低于 3.92MPa
抗压强度	平均值不低于 4.91kPa，其中单块值不得低于 3.92MPa
其 他	外形尺寸偏差、平度允许偏差、允许缺口的总个数和分布，参照 JC/T 507—1993 标准执行

2）水泥：采用硅酸盐水泥、普通硅酸盐水泥或矿渣硅酸盐水泥，其强度等级不应小于 32.5。

3）砂：采用中砂或粗砂，含泥量不大于 3%。过筛除去有机杂质。填缝用砂需过孔径 3mm 筛。

（2）施工要点

1）地面基层必须认真清理，应充分湿润，以保证粘结层与基层粘结良好。

2）基层处理后，预制板块面层应分段同时铺砌，找好标高，按标准挂线，随浇水泥浆随铺砌。铺砌方法一般从中线开始向两边分别铺砌，铺砌工作应在结合层的水泥砂浆凝结前完成。

3）将水磨石板背面的浮尘杂物清理干净，并经水浸泡后阴干备用。

4）对水磨石板块面层的铺砌，应进行试铺，对好纵横缝，用橡皮锤敲击板块中间，振实砂浆，锤击至铺设高度，试铺合适后掀起板块，用砂浆填补空虚处，满浇水泥浆粘结层。并用 1:2.5 的水泥砂浆作粘结层，随刷随抹、拍实压平，砂浆厚度为 15～20mm，随抹随铺贴。

5）安装水磨石板时，四角同时往下落。用皮锤或木锤敲击板中部,用水平尺找平,铺贴完第一块后向两侧及后退方向顺序镶铺,如发现空鼓,应将水磨石板掀起用砂浆补实再行安装。

6) 厕所、浴室、卫生间、盥洗室、厨房的地面,铺板时应根据设计要求找好泛水坡度,以防止积水。

7) 板缝先用水泥浆灌 2/3 高度,再用与板颜色相似的水泥浆擦缝,然后用干锯末把地面擦亮,铺上锯末或苫帘进行养护。

8) 预制水磨石板在铺贴好后 2~3d 内禁止踩踏,4~5d 内禁止行驶小车。

(3) 用料参考

水磨石板块面层材料用量见表 8-12。

水磨石板块面层材料用量 ($10m^2$) 表 8-12

材料名称	单 位	砂结合层(或垫层)	水泥砂浆结合层
水磨石板块	m^2	10	10.1
32.5 级水泥	kg		147.8
中砂或粗砂	m^3	0.65	0.26

8.5.3 砖面层施工

砖面层是采用陶瓷锦砖、缸砖、陶瓷地砖和水泥花砖等板块料在水泥砂浆、沥青胶结料或胶粘剂结合层上铺设而成。

结合层厚度:采用水泥砂浆铺设时应为 10~15mm;采用沥青胶结料铺设时为 2~5mm;采用胶粘剂铺设时为 2~3mm。见图 8-9。

1. 材料要求

(1) 陶瓷锦砖 即马赛克,是以优质瓷土烧制而成的小块瓷砖。它有挂釉和不挂釉两种,厨房、卫生间、盥洗室的

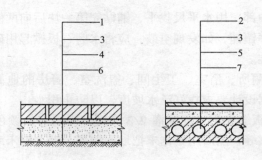

图 8-9 砖面层构造做法示意图
1—缸砖；2—陶瓷锦砖；3—结合层；4—垫层（或找平层）；
5—找平层；6—基土；7—楼层结构层

地面，多用釉面制品。

陶瓷锦砖有多种规格多种颜色，主要有正方形、长方形、多边形、六角形和梯形，一般小块方形为 19mm×19mm×5mm、39mm×39mm×5mm，长方形为 9mm×19mm×5mm 及边长为 25mm 的六角形等形状规格。出厂前，已按各种规格、各种图案组合反贴在牛皮纸板上，拼成一联，每联约 305mm×305mm（加缝隙后规格为 314mm×314mm），其面积 0.093m^2，质量 0.65kg，每 40 联为一箱，每箱约 3.72m^2。

对材料要求规格、颜色应一致，无受潮变色现象。拼接在纸板上的图案应符合设计要求，纸板完整、颗粒齐全、间距均匀。

（2）缸砖 缸砖一般呈红色常用规格有：正方形 100mm×100mm×10mm、150mm×150mm×13mm 和长方形 150mm×75mm×20mm 及六角形等。缸砖色彩丰富，适用于建筑物的地坪、阳台、露台、走廊等。

主要性能：

1）耐压强度大于150MPa。
2）吸收率不应大于2%。
3）表面英氏硬度变为6~7。
4）抗冻性好，于-15℃、+15℃，50次循环冻融，不裂。

(3) 陶瓷地砖　陶瓷地砖花色有红、白、浅黄、深黄等色，分方形、长方形和六角形三种，并有带釉及不带釉两类。

一般规格（mm）有：150×75×13，150×150×13，150×150×15，150×150×20，100×100×10；六角形有：115×100×10，200×100×13。

红色陶瓷地砖吸收率不应大于8%，其他各色陶瓷地砖不应大于4%。冲击强度6~8次以上。

(4) 水泥花砖　水泥花砖面层带有各种图案，花色品种繁多，其质量要求应符合现行国家标准《水泥花砖》(JC 410)的规定。

水泥花砖按其外形几何尺寸分为四个型号，见表8-13。

水泥花砖的型号及外形尺寸（mm）　　表8-13

型　号	长	宽	厚
面砖（F）	200	200	12
边砖（E）	200	200	15
	200	150	
角砖（C）	200	200	18
	150	150	
墙砖（W）	200	200	12
	200	150	15

水泥花砖的物理力学性能，抗折荷载平均值 600~1000N，抗折强度平均值 3.2~2.5MPa。

(5) 劈离砖　劈离砖是无釉粗面板状的陶瓷制品，采用优质陶料经焙烧而生产制成。生产时，将两块重叠成型烧结后，再劈裂成两块，因此得名劈离砖。

劈离砖的规格繁多，常用的有：240mm×115/52mm×13mm、194mm×94mm×13mm、190mm×190mm×13mm、150mm×150mm×13mm、194mm×94/30mm×13mm 和 194mm×94/52mm×13mm。

劈离砖品种繁多，色彩鲜艳，表面有花纹图案，耐磨、耐酸碱性能和强度均较好，是现代建筑装饰中较流行的一种新材料。

劈离砖的技术性能见表 8-14。

劈离砖的技术性能　　　表 8-14

技术性能	耐磨性 (g/cm²)	耐酸度 (%)	耐碱度 (%)	抗压强度 (MPa)	抗折强度 (MPa)	吸水率 (%)
指标	0.5~1.0	98	97	135	21	<8

(6) 水泥　水泥应采用硅酸盐水泥、普通硅酸盐水泥或矿渣硅酸盐水泥，水泥强度等级不应低于 32.5 级。

(7) 砂　砂应采用洁净无有机杂质的中砂或粗砂，含泥量不大于 3%。不得使用有冻块的砂。

(8) 水泥砂浆　铺设黏土砖、缸砖、陶瓷地砖、陶瓷锦砖面层时，水泥砂浆采用体积比为 1:2，其稠度为 25~35mm；铺设水泥花砖面砖时，水泥砂浆采用体积比为 1:3，其稠度为 30~35mm。

(9) 沥青胶结料　沥青胶结料宜用石油沥青与纤维、粉状或纤维和粉状混合的填充料配制。

(10) 胶粘剂 主要有：乙烯类（聚醋酸乙烯乳液）、氯丁橡胶型、聚氨酯、环氧树脂、合成橡胶溶剂型、沥青类等。

2. 施工要点

(1) 基本要求

1) 铺设砖面层（含结合层）下的基层表面要求坚实、平整，并应清扫干净。

2) 在铺贴前，对砖的规格尺寸、外观质量、色泽等应进行预选（配），并事先在水中浸泡或淋水湿润后晾干待用。

3) 铺贴时宜采用1:3或1:4干硬性水泥砂浆，水泥砂浆表面要求拍实并抹成毛面。铺面砖应紧密、坚实，砂浆要饱满。严格控制面层的标高，并注意检测泛水。

4) 面砖的缝隙宽度：当紧密铺贴时不宜大于1mm；当虚缝铺贴时一般为5~10mm，或按设计要求；

5) 大面积施工时，应采取分段顺序铺贴，按标准拉线镶贴，严格控制方正，并随时做好铺砖、砸平、拨缝、修整等各道工序的检查和复验工作，以保证铺贴面层质量。

铺贴前应进行排砖。根据房间的净宽和净长，按地砖规格计算两个方向各需要的块数。若块数不是整数，则应考虑非整砖铺贴在哪儿，房间中非整砖宜铺在不显见的墙边，走道中非整砖宜铺在走道两边，两边的非整砖尺寸一样。

为了使地砖铺贴整齐，应先在找平层上弹出基准线。房间铺地砖基准线；当净宽及净长内的地砖块数为偶数时，基准线应通过房间中心点，纵向基准线及横向基准线各一条，相互垂直；当净宽及净长内地砖块数为奇数时，纵向基准线及横向基准线均偏离房间中心点半块地砖宽；当净宽及净长内的地砖块数为非整数，纵向基准线及横向基准线均偏离墙面一块地砖宽（图8-10）。

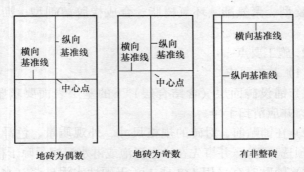

图8-10 房间铺地砖基准线

走道铺地砖基准线：纵向基准线应在走道纵向中心线上，横向基准线在走道两端及走道中途几处，但横向基准线之间距离应为地砖尺寸整倍数（图8-11）。

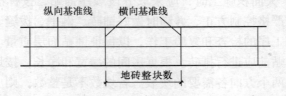

图8-11 走道铺地砖基准线

相通两房间的地砖拼缝在门口处应对齐，为此，次要房间的地砖基准线应是主要房间所在门口处地砖拼缝的延长线。

6) 砖面层铺贴24h内，根据各类砖面层的要求，分别进行擦缝、勾缝或压缝工作。缝的深度宜为砖厚度的1/3，擦缝和勾缝应采用同品种、同强度等级、同颜色的水泥。同时应随做随即清理面层的水泥,并做好砖面层的养护和保护工作。

7) 整个施工操作应连续作业,宜在 5~6h 内完成,防止水泥砂浆结硬。冬期低温时,可适当延长操作时间。

(2) 陶瓷锦砖面层施工要点

陶瓷锦砖地面的施工操作工序有软底铺贴和硬底铺贴两种。小面积陶瓷锦砖地面通常采用软底铺贴,大面积陶瓷锦砖地面通常采用硬底铺贴。

硬底铺贴陶瓷锦砖地面的施工操作工序:基层处理→设置标筋→底层刮糙→弹线分格→铺贴锦砖→洒水揭纸→灌缝拨缝。

1) 设置标筋。根据墙面水平线,在地面四周拉线,用与底层刮糙相同的水泥砂浆做灰饼。灰饼上平,应低于地面标高一陶瓷锦砖厚度。

①按灰饼在房间四周冲筋,房间中间的冲筋间距一般以 1.0~1.5m 为宜。

②有泛水的房间,冲筋应朝地漏方向呈散射状。

2) 底层刮糙。先均匀洒水,然后用水泥浆轻扫一遍,薄而匀。

3) 弹线分格。待找平层干燥并具有一定强度后,按陶瓷锦砖的规格弹十字墨线,用方尺由墙面兜方弹控制线。

①弹线要充分考虑到每联陶瓷锦砖间缝隙。

②弹线时的找中、找平、找方向水磨石地面。

4) 铺贴锦砖:

①预制锦砖时,对其规格、颜色进行检查,并对掉块的锦砖用胶水补贴,将选用的锦砖按房间部位分别存放。铺贴

前，背面刷水湿润。

②湿润底灰后，刮一遍素水泥浆，厚度1~2mm，随即抹3~4mm厚1:1.5水泥砂浆，随刷随抹随铺陶瓷锦砖。

③两间连通的房间，应在门口中间弹线，先沿纵向铺好一联后，再往两边铺贴。单间房，也应从门口开始铺贴。有镶边的地面，宜先铺镶边部分。

④铺贴陶瓷锦砖地面，一般采用退步法为宜，也可站在已铺好锦砖的垫板上，顺序向前铺贴。

⑤整个房间（或一段）铺完后，用锤子和拍板由一端开始依次排击一遍。拍平拍实，要求拍至水泥浆灌满缝隙。

5）洒水揭纸：

①锦砖铺贴完后20~30min，即可用水喷湿面纸，面纸湿透后，手扯纸边揭去纸面，不可向上提拉。

②洒水时注意，水多会使粒片浮起，水少不易揭纸。在常温下，经15min左右即可依次把纸揭掉，并用开刀清掉纸毛。

6）灌缝拨缝：用开刀或拨板将缝隙调匀，使之整齐平直。先调竖缝，后调横缝，边调缝边拍实。

①调缝时，表面不平部分压实拍平，再用1:1或1:2干硬性水泥砂浆灌缝，扫满灌实，并用开刀或拨板再次调缝。适当淋水，用锤子或拍板拍平拍实。拍板要前后左右依次平移拍击，不可插花拍击。

②用白水泥素浆或彩色水泥素浆嵌缝，要擦密实，并将表面灰痕用锯末或棉纱擦洗干净，并铺干锯末养护。

(3) 缸砖面层施工要点

1）在基层上刷好水泥浆，再按地面标高留出缸砖厚度做灰饼。

2) 用 1:3 干硬性水泥砂浆（以粗砂为好）做找平层。冲筋、装挡、刮平、厚约 2cm，刮平时砂浆要拍实。

3) 缸砖铺贴前应预先浸水 2~3h，然后取出阴干备用。

4) 缸砖铺贴前，应在找平层撒一层干水泥，洒水后随即铺贴。

5) 留缝铺贴法：

①根据排砖尺寸弹线，要求留缝尺寸均匀，不出现半砖。

②从门口开始，在已经铺好的砖上垫上木板，人站在板上往里铺。铺贴时横缝用分格条铺一皮放一根。竖缝根据弹线走齐，随铺随清理干净。缸砖缝宽不大于 6mm。

③宜用喷壶浇水，已铺贴的缸砖面层浇水前后均须进行拍实、找平、找直工作。

④铺贴后 24h，用 1:1 水泥砂浆灌缝。

⑤在常温下，灌缝 24h 后浇水养护 3d，每天不得少于 3 次。

6) 碰缝铺贴法：即不留缝铺贴法，其操作方法如下述：

①铺贴缸砖前不需弹线找中，从门口直接开始往室内铺，一旦出现非整块时则用切割机切割。

②缸砖铺贴完毕后，及时用水泥素浆擦缝处理，并将面层清洗干净，不得留泥浆痕迹。

③铺贴后 24h；至少浇水养护 3~4d，每天并不得少于 3 次。此间不准踩踏。

(4) 劈离砖面层施工要点

劈离砖地面铺贴施工工序：基层处理→贴灰饼、冲筋→铺结合层砂浆→弹线→浸水→铺砖→压平、拨缝→嵌缝→养护。

1) 贴灰饼、冲筋：根据墙面水平基准线，弹出地面标高线,然后在房间四周做灰饼。灰饼表面应比地面标高线低一块所铺劈离面砖的厚度,再按灰饼冲筋。

2) 铺结合层砂浆:灰饼、冲筋做好并具有一定强度后,开始铺结合层砂浆。

①铺砂浆前,基层应浇水湿润,并刷一道水灰比为 0.4~0.5 的水泥素浆,随刷随铺体积比为 1:3 的干硬性水泥砂浆,砂浆稠度必须控制在 3.5cm 以内。

②凡遇到踢脚线处,抹好底层水泥砂浆。

3) 劈离砖的铺贴形式一般有"直行"、"人字形"、"对角线形"等铺法。每铺完一个房间或一个区段的砂浆,按大样要求弹控制线。弹线时,在房间的纵横方向或对角两个方向排好砖,其接缝宽度应不大于 2mm。当排到两端边缘不合整砖时,量出尺寸,将整砖切割成镶边砖。排砖确定后,用方尺规定,每隔 3~5 块砖在结合层上弹纵横控制线或对角控制线。

4) 将选配好的砖清洗干净后,置于清水中浸泡 2~3h,然后取出后晾干备用。

5) 首先确定铺砖顺序,无论采用哪种顺序,均应先铺贴几行砖作为标准,以保证铺贴质量。

①按线先铺纵横定位带,定位带各相隔 15~20 皮砖,然后铺带内的劈离砖;

②从门口开始,向两边铺贴;

③按纵向控制线从里往外退铺;

④踢脚板应在地面做完后铺贴;

⑤楼梯应先铺踢板,后铺踏板,踏板先铺防滑条;

⑥如有镶边,应先铺贴镶边部分。

铺贴方法:铺砖时,应抹垫水泥湿浆,或撒 1~2mm 厚干水泥洒水润湿，按地面砖控制线铺贴平整密实。

6) 劈离砖铺贴完毕后，应认真调整。具体要求是：

①每铺完一个房间或一个段落，用喷壶略洒水，15min左右用木锤和硬木拍板按铺砖顺序锤铺一遍，不遗漏。边压实，边用水平尺找平。

②压实后拉通线，先竖缝后横缝进行拨缝调直，使缝口平直、贯通。调缝后，再用木锤、拍板砸平。破损面砖应更换。随即将缝内余浆或砖面上的灰浆擦去。

③从铺砂浆到压平拨缝，应连续作业，在常温下施工必须 5~6h 内完成。

④一个房间或一个段落应连续铺贴施工，不得留施工缝。

7) 拨缝调整完成后，对所有的缝隙进行嵌缝处理。

铺完劈离砖地面 2d 后，将缝口清理干净，洒水湿润，用 1:1 水泥砂浆勾缝。如系彩色地砖，则用白水泥砂浆勾缝。如为无釉面砖，严禁扫浆灌缝，避免污染饰面。如设计要求壁离砖地面为平缝，则应用 1:1 水泥砖浆抹缝，嵌实压光。最后，用棉纱将地面擦拭干净。

8) 养护：勾缝砂浆终凝后，铺锯末浇水养护，不得少于 7d。同时，在 3~4d 内不得在其上踩踏或堆重。

3. 用料参考

砖面层材料用量见表 8-15。

砖面层材料用量（$10m^2$） 表 8-15

材　　料	单位	缸　砖		陶瓷锦砖
		沥青胶结料结合层	水泥砂浆结合层	
缸砖 150mm×150mm×10mm	块	437	437	
陶瓷锦砖	m^2			10.1

续表

材料	单位	缸砖	陶瓷锦砖
		沥青胶结料结合层	水泥砂浆结合层
32.5级水泥	kg		120.3	135.3
净 砂	m³		0.24	0.24
白水泥	kg			1.0
汽 油	kg	8.8		
60号石油沥青	kg	10.0		
10号石油沥青	kg	40.0		
滑石粉	kg	11.2		

8.5.4 天然石材面层施工

天然石材是指天然大理石、花岗石、青石板以及碎拼大理石等板块做面层组成的楼、地面工程。这类地面的特点是：耐磨损、易清洗、刚性大、造价高，属中、高档地面装饰，此类地面属刚性地面，只能铺贴在整体性、刚性均较好的基层上，即强度不低于C15的细石混凝土垫层或楼板上。对某些大理石、花岗石等天然石材含有微量放射性元素，应按国家现行建材行业标准《天然石材产品放射防护分类控制标准》的规定，应用于室内建筑地面工程。

1. 大理石面层

天然大理石板楼地面的构造如图8-12所示。

（1）材料要求

天然大理石建筑板材是以大理石荒料经锯、切、磨等工序加工而成的板块产品，其技术要求应符合国家现行的行业标准《天然大理石建筑板材》（JC 79—92）的规定。定型板材为正方形或矩形，建筑地面工程常用规格为 400mm × 400mm × 20mm、600mm × 600mm × 20mm（长×宽×厚），亦

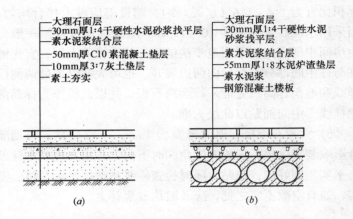

图 8-12 天然大理石板楼地面构造
（a）大理石板地面；（b）大理石板楼面

可按设计要求进行加工。

由于大理石一般都含有杂质，而且碳酸钙在大气中易受二氧化碳、硫化物、水气的作用，也容易风化和溶蚀，而使表面很快失去光泽。所以，除少数如汉白玉、艾叶青等质纯、杂质少的比较稳定耐久的品种可用于室外装饰外，其他品种均不宜用于室外，一般用于室内墙地面装饰。

（2）施工要点

1）抹底灰，要求平整洁净。

2）弹线分格准备工作完成后，随即进行大理石板的铺贴。铺贴前，大理石板宜先用水湿润，阴干后擦去背面浮灰方可使用。

3）根据大理石板的图案和纹理，铺贴前先行试拼编号。

4）结合层厚度：当采用水泥和砂时宜为 20～30mm，其体积比宜为1:4~1:6（水泥:砂），铺设前应淋水拌合均匀；当采用水泥砂浆时宜为10~15mm。随抹随铺板块。一般先由房间中部向四侧采用退步法铺贴。凡有柱的大厅，宜先铺柱与柱中间部分，然后向两边展开。也可先在沿墙处两侧按弹线和地面标高线先铺一行大理石板，并以此板作为标筋两侧挂线，中间铺贴以此线为准。

5）大理石板楼、地面缝宽为1mm。不宜过宽，否则灌缝影响装饰效果。安放时四角同时下落，并用皮锤或木锤敲击平实，调好缝，铺贴时随时检查砂浆粘贴层是否平整、密实，如有空隙不实之处，应及时用砂浆补上。

6）板块铺贴后次日，用素水泥砂浆灌缝$\frac{2}{3}$高度，再用与面板相同颜色的水泥浆擦缝，然后用干锯末拭净擦亮。

7）板材铺贴24h后，应洒水养护1~2次，以保证板材与砂浆粘结牢固。

8）在拭净的地面上，用干据末或席子覆盖保护，2~3d内禁止上人和堆放重物。

9）踢脚板可先安装，也可后安装。先装踢脚板要低于地面5mm，并用木锤敲实，找平找直。次日再用同色素水泥浆擦缝。

10）大理石板块铺贴后，待水泥砂浆达60%~70%强度后，方可打蜡。

(3) 用料参考

大理石面层材料用量见表8-16。

(4) 大理石板地面缺陷预防

大理石板地面常见缺陷有地面空鼓，接缝不平、不匀等。各种缺陷的产生原因及预防措施见表8-17。

大理石面层材料用量（10m²） 表 8-16

材料名称	单位	水泥砂浆结合层（15mm）	水泥砂结合层（30mm）
32.5级水泥	kg	130	70
中或粗砂	m³	0.34	0.35
大理石板材	m²	10.2	10.2

大理石板地面缺陷产生原因及预防措施 表 8-17

缺陷现象	产 生 原 因	预 防 措 施
地面空鼓	1. 基层清理不干净 2. 结合层水泥浆不均匀 3. 找平层所用干硬性水泥砂浆太稀或铺得太厚 4. 大理石板背面浮灰没有除净 5. 大理石板事先未用水湿润	1. 基层面必须清理干净 2. 撒水面应均匀，并洒水调和，用水泥浆涂刷应均匀 3. 干硬性水泥砂浆应控制用水量，摊铺厚度不宜超过30mm 4. 大理石板铺贴前应清理背面 5. 大理石板应浸水湿润，晾干后再铺贴
接缝不平、不匀	1. 大理石板本身厚薄不匀 2. 相通房间的大理石板地面标高不一致，在门口处或楼道相接处出现接缝不平 3. 地面铺设后，在养护期内上人过早 4. 未按基准线或准线铺设	1. 大理石板应进行挑选 2. 相通房间地面标高应测定准确，在相接处先铺好标准板 3. 地面在养护期间不准上人或堆物 4. 第一行大理石板必须对准基准线，以后各行应拉准线铺设

2. 花岗石面层

天然花岗石板楼地面构造同大理石板楼地面，参见图8-19。花岗石是高级建筑装饰材料，装修造价高，施工操作要求严格。

(1) 材料要求

花岗石建筑板材是以花岗石荒料经加工制成的粗磨或磨光板材产品。粗磨板材具有表面平滑、无光；磨光板材具有表面光亮，色泽鲜明，晶体裸露。其技术要求应符合国家现行的行业标准《天然花岗石建筑板材》（JC 205—92）的规定。建筑地面常用的粗磨和磨光板材的规格有 600mm×300mm×20mm、600mm×600mm×20mm、900mm×600mm×20mm（长×宽×厚），亦可按设计要求进行加工。异型板材的规格和技术要求由设计、使用部门与生产厂家共同商定。目前，花岗石板材有向薄板发展的趋势。

粗磨和磨光板材应存放在库内，室外存放必须遮盖，入库时按品种、规格、等级或工程部位分别贮存。

(2) 施工要点

1) 花岗石地面铺贴前，应对块材进行试拼，对色、拼花、编号，以便于正式铺贴时对号入座。

2) 花岗石板铺贴前应先浇水湿润，阴干后备用。先作试铺，在找平层上均匀刷一道素水泥浆，随刷随铺，用 1:3 干硬性水泥砂浆作粘贴层，厚度一般 20mm。花岗石板地面缝宽为 1mm。花岗石板安装后，用橡皮锤敲击，即要达到铺贴高度，又要使砂浆粘贴层平整密实。

3) 花岗石板铺贴干硬后，再用有色水泥稠浆填缝嵌实，面层用干布擦拭干净。

4) 花岗石板铺后 24h，应洒水养护 1~2 次/d，以补充砂浆在硬化过程中所需要的水分，保证板材与砂浆粘结牢固。在养护期 3d 之内禁止踩踏和堆重。

5) 其他参见"大理石面层"施工要点。

(3) 用料参考

参见表8-16。

3. 碎拼大理石面层

碎拼大理石地面是采用不规则的、并经过人为挑选过光面和镜面的碎块大理石（截割后的边角、余料）铺贴在水泥砂浆结合层上，并在碎拼大理石块面层的缝隙中铺抹水泥色浆或石碴浆，最后磨平、磨光，成为整体的地面面层。其构造见图8-13。

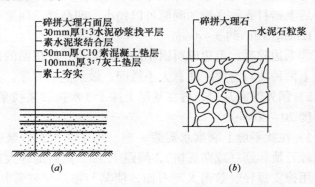

图 8-13 碎拼大理石地面
（a）地面构造做法；（b）地面平面示意图

（1）材料要求

大理石的边角余料，经适当加工可分为矩形块料、即锯整齐，大小不等的正方体、长方体等；冰裂状块料；锯割整齐的各种多边形；毛边碎料、不规则的毛边碎块。碎拼大理石地面以选规格尺寸250~300mm为宜，约占70%~80%，其间填以较小块料为宜。如果全部采用200mm以下的块料，地面有碎乱感觉。

大理石板在加工后的边角余料有上述几种规格，用作碎拼大理石地面，可采用不同的拼法和嵌缝进行拼贴。

(2) 施工要点

1) 三种碎拼方案：

①矩形块料：如果是矩形块料，可大小搭配拼贴在地面上，采用干接缝，缝隙间矩 1.0~1.5mm，拼贴完后用同色水泥色浆嵌缝，可嵌平缝或凸缝，拭净后上蜡打光。

②冰状块料：冰状块料可大可小，搭配做成各种图案。缝隙可做成凹凸缝，也可做成平缝，用同色水泥色浆嵌抹，拭净后上蜡打光。平缝的间隙可以稍小，凹凸缝的间隙可在 10~12mm，凹凸约 3~4mm。

③毛边碎料：毛边碎料因不能密切吻合，故拼贴的接缝比以上两种块料为大，注意大小搭配，做到乱中有序。

2) 预先湿润基层，再在基层上抹 1:3 水泥砂浆找平层，其厚度 20~30mm。

3) 在找平层上刷素水泥浆一遍，用 1:2 水泥砂浆镶拼碎大理石块标筋（或贴灰饼），间距 1.5m，然后铺碎大理石块，用橡皮锤轻轻敲击大理石面，使其与粘结层砂浆粘牢，并与其他大理石面平齐，随时用靠尺检查石面平整度。大理石间留足缝隙，控制在 15~25mm 左右。将缝内挤出的砂浆剔除，缝底成方形，并随时用靠尺检查碎拼大理石面的平整度。碎拼大理石的缝隙，如为冰裂状块料时，可大可小，小块填充大块空隙，互相搭配，铺贴出各种图案。

4) 将碎拼大理石缝中的积水、浮灰清除干净后，刷素水泥浆一遍。缝隙可用同色水泥色浆嵌抹成平缝；也可以嵌入彩色水泥石碴浆，嵌抹应凸出大理石面 2mm。

5) 石碴浆铺平后，上撒一层石碴，用钢抹子拍平压实，次日洒水养护。

6) 养护 4~5d 后，碎拼大理石面层分四遍磨光。第一遍用 80~100 号金刚石；第二遍用 100~160 号金刚石；第三遍用 240~280 号金刚石；第四遍用 750 号或更细的金刚石。各遍要求方法同水磨石地面。

7) 碎拼大理石地面交工验收前，须上蜡抛光。其方法同水磨石地面。

(3) 用料参考

碎拼大理石用料见表 8-18。

碎拼大理石用料（10m²） 表 8-18

材 料 名 称	单 位	碎拼大理石面层碎拼花岗石面层
32.5 级水泥	kg	123.0
中砂或粗砂	m³	0.40
石 粒	kg	84.0
大理石板材花岗石板材	m²	8.0

8.5.5 塑胶地板面层施工

塑胶地板是由塑料和橡胶两种材料分别制成的建筑用地板材料铺设的地板。

1. 聚氯乙烯（简称 PVC）地板面层

(1) 材料要求

1) 软质聚氯乙烯地板：软质聚氯乙烯地板有板材和卷材两类，由于质软，多数成品为卷材。其中板材软质聚氯乙烯地板多为正方形，标准尺寸为 300mm×300mm，400mm×400mm 以及 600mm×600mm 等，厚度 1.2~2.0mm 不等；卷材软质聚氯乙烯地板每卷长度多为 20m，幅度 1000~2000mm，厚度 2.0~3.0mm 不等。

软质聚氯乙烯地板具有行走舒适、耐磨、耐腐蚀、隔声、防潮、表面美观、装饰效果好、施工方便，质量轻和价格低廉等特点。但容易被圆珠笔、红药水、碘酒等污染，不耐烟头烫和容易被尖物划伤。

2) 半硬质聚氯乙烯地板：根据组成不同分为半硬质聚氯乙烯塑料（PVC）地板和半硬质塑料地板砖。半硬质聚氯乙烯地板的规格多为正方形块状板材，厚度0.8~1.5mm；半硬质塑料地板砖，成品为块状板材，其基本规格为305mm×305mm×（1.2~1.5）mm、333mm×333mm×1.5mm和500mm×500mm×3mm等。

半硬质聚氯乙烯（PVC）塑料地板具有质轻、耐油、耐磨、耐腐蚀、隔声、隔热、尺寸稳定、耐久性好等性能，且施工方便，故多用于办公室、图书馆、酒吧、宾馆、饭店、剧院、实验室、船舶、各种控声室、防尘车间及住宅建筑的室内地面等。

半硬质塑料地板砖具有轻质耐磨（耐磨系数为$0.00212g/cm^2$）、防滑、防腐、不助燃、造价低，吸水性小（24h吸水率0.02%），使用寿命长，施工方便等优点，同时，具有步行有弹性感而不滑的特点。故半硬质塑料地板砖适宜于室内地面铺设。

3) 胶粘剂：常用胶粘剂的名称及优缺点以及选用参考，分别见表8-19、表8-20。

常用聚氯乙烯地板胶粘剂的名称和优缺点   表8-19

名　　称	主　要　优　缺　点
氯丁胶	需双面涂胶、速干、初凝力大。有刺激性挥发气体，施工现场要防毒、防燃
202胶	速干、粘结强度大，可用于一般耐水、耐酸碱工程。使用时，双组分要混合均匀，价格较贵

续表

名　　称	主 要 优 缺 点
JY-7胶	需双面涂胶、速干、初粘力大，低毒、价格相对较低
水乳型氯丁胶	不燃、无味、无毒、初粘力大，耐水性好，对较潮湿的基层也能施工、价格较低
405聚氨酯胶	固化后有良好的粘结力，可用于防水、耐酸碱等工程。初粘力差，粘贴时须防止位移
6101环氧胶	有很强的粘结力，一般用于地下室、地下水位高或人流量大的场合。粘贴时要预防胺类固化剂对皮肤的刺激。价格较高

地板胶粘剂的选择　　　　表8-20

地板名称	选用胶粘剂	备　　注
半硬质块状塑料地板	沥青类、聚醋酸乙烯类、丙烯酸类、氯丁橡胶类胶粘剂	有耐水要求的场合时应选用环氧树脂类胶粘剂
卷材塑料地板	可选用丙烯酸类、氯丁橡胶类胶粘剂	住宅用卷材地板时也可用双面胶带固定

4）焊条：焊条选用等边三角形或圆形截面，表面应平整光洁，无孔眼、节瘤、皱纹，颜色均匀一致。焊条成分和性能应与被焊的板相同。

（2）施工要点

1）聚氯乙烯地板面层施工时，室内相对湿度不大于80%。

2）在水泥类基层上铺贴塑料地板面层，其基层表面应平整、坚硬、干燥、光滑、清洁、无油脂及其他杂质（含砂粒），表面含水率不大于9%。如表面有麻面、起砂、裂缝或较大的凹痕现象时，宜采用乳液腻子（表8-21）加以修补好，每次涂刷的厚度不大于0.8mm，干燥后用0号铁砂布打磨，再涂刷第二遍腻子，直至表面平整后，再用水稀释的乳液涂刷一遍，以增加基层的整体性和粘结力。

乳液及腻子配合比　　　　表8-21

名 称	配合比例（重量比）							
	聚醋酸乙烯乳液	108胶	水泥	水	石膏	滑石粉	土粉	羚甲基纤维素
108胶水泥乳液	—	0.5~0.8	1.0	6~8	—	—	—	—
石膏乳液腻子	1.0	—	—	适量	2.0	—	2.0	—
滑石粉乳液腻子	0.20~0.25	—	—	适量	—	1.0	—	0.1

在旧水磨石、陶瓷锦砖面上粘贴时应用碱水洗去污垢后，再用稀硫酸腐蚀表面或用砂轮推磨，以增加基层的粗糙度。这种地面基层宜用水泥作胶粘剂来铺贴。

在旧木板面上粘贴时基层的木搁栅应坚实，地面突出的钉头应敲平，板缝可用胶粘剂加老粉（又称双飞粉）配成腻子，填补平整。

3）基层处理后，涂刷一层薄而匀的底胶，以提高基层与面层的粘结强度，同时也可弥补塑料板块由于涂胶量不匀，可能会产生起鼓翘边等质量缺陷。

4）塑料板块在铺贴前，应作预热和除蜡处理，软质聚氯乙烯板的预热处理，一般宜放进温度为75℃左右的热水中浸泡 10~20min，使板面全部松软伸平后取出晾干待用，但不得采用炉火或电炉预热；半硬质聚氯乙烯板，一般用棉丝蘸上丙酮：汽油（1:8）混合溶液进行脱脂除蜡。预热处理和除蜡后的塑料板块，应平放在待铺的房间内至少 24h，以适应铺贴环境。

5）软质聚氯乙烯地板施工：

软质聚氯乙烯地板的施工主要包括粘贴工艺和焊接工艺两大部分。其施工工序如下：分格弹线→下料预铺→涂胶粘贴→拼缝焊接→打蜡处理。

①基层分格的大小和形状应根据设计图案、房间大小和塑料板的具体尺寸确定。分格应从房间中央向四周分格弹线，以保证分格的对称。房间四周靠墙处不够整块者，可按镶边处理。踢脚线的分格应注意长度适宜，过长粘贴困难，过短焊缝太多。一般可以地面镶边长度或幅宽（卷材）的倍数设置，使焊缝能左右对称，外观较好。

②粘贴前应先在地面上根据设计分格尺寸进行弹线，分格尺寸一般不宜超过 90cm。在室内四周或柱根处弹线时，要留不小于 12cm 的宽度。在粘贴塑料踢脚板时进行镶边。

③下料预铺：下料要根据房间地面分格的实际尺寸进行。下料时，将软质聚氯乙烯地板平铺在地面或操作平台上，在板面上画出切割线，用"V"形缝切口刀切割。板的边缘应裁割成平滑坡口，两板拼合的坡口角度约成 55°。

在软质聚氯乙烯地板正式粘贴前一天，应按分格预铺。预铺好的板块不得搬动，待次日粘贴。

④涂胶粘贴：将预铺好的软质聚氯乙烯地板翻开，将专用胶粘剂按用量的 2/3 倒在基层和软质塑料板的粘贴面上，再用板刷或带齿刮板（不宜用毛刷）纵横涂刮均匀，3~

4min后将剩下的1/3胶液以同样的方法涂刷在基层和粘贴板面上。待5～6min后将软质塑料板,与基层分格线对齐。再在背面施加压力胶粘,再由板中央向四周用滚筒来回滚压或采用专用塑胶刮板来回赶压,排出板下全部空气,使板面与基层粘贴紧密,然后排放砂袋压实(图8-14)。对有镶边者,应先粘贴大面,后粘贴镶边。

软质聚氯乙烯地板粘贴好后,5～10d内施工场所的温度须保持在10～30℃,环境湿度不超过70%。粘贴后24h内不能上人走动。

⑤拼缝焊接:将拼缝槽修理直顺,并使缝宽一致,用铲刀将槽削平,抛光。

板缝内的污物和胶水可用丙酮、松节油、汽油或其他溶剂清洗。为使焊缝与板面色调一致,应使用同种塑料板切割的焊条,其断面厚薄一致。图8-15。

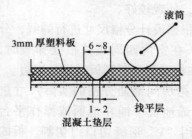

图8-14 粘贴滚压示意图

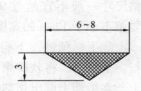

图8-15 焊条断面

塑料焊条去污除油处理,一般可用碱水清洗,碱水温度为50～60℃,然后用水冲洗干净,晾干备用。每1kg碱液可清洗20kg焊条。

粘贴好的塑料板至少经2d养护后,才能对拼缝施焊。

施焊前,应先检查压缩空气的纯度,然后接通电源,将调压变压器调节至 60~36V 范围,压缩空气控制在 0.05~0.10MPa,热气流温度一般为 200~250℃时,进行施焊。

为使焊条、拼缝同时均匀受热,必须使焊条、焊枪喷嘴和拼缝保持在拼缝轴线方向的同一垂直面内,且使焊枪喷嘴均匀上下摆动,摆动次数约为 1~2 次/s,幅宽为 10mm。同时用压棍在后推压。对于凸出的焊缝应使用专用刀具削平、抛光。

待板缝焊接好后,软质聚氯乙烯地板可进行打蜡处理,以提高其光洁度和装饰效果。

⑥踢脚线铺贴:塑料踢脚线铺贴时,应先将塑料条钉在墙内预留的木砖上,钉距约 40~50cm,然后用焊枪喷烤塑料条,随即将踢脚线与塑料条粘结,见图 8-16。

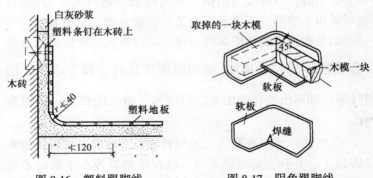

图 8-16 塑料踢脚线　　图 8-17 阴角踢脚线

阴角塑料踢脚板铺贴时,先将塑料板用两块对称组成的木模顶压在阴角处,然后取掉一块木模,在塑料板转折重叠处,划出剪裁线,剪裁试装合适后,再把水平面 45°相交处的裁口焊好,作成阴角部件,然后进行焊接或粘结(图 8-17)。

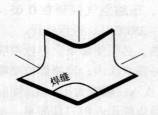

图 8-18 阳角踢脚线

阳角踢脚板铺贴时,需在水平转角裁口处补焊一块软板,做成阳角部件,再行焊接或粘结(图 8-18)。

6)半硬质聚氯乙烯地板施工:

半硬质聚氯乙烯塑料地板的铺贴施工工序:弹线分格→裁切试铺→刮胶工艺→铺贴工艺→养护工艺。

①弹线分格:地板铺贴一般有两种定位方式:一种是接缝与墙面成 45°角,称为对角定位法;另一种是接缝与墙面平行,称为直角定位法,见图 8-19。

铺贴时,以弹线为依据,从房间的一侧向另一侧铺贴,也可采用十字形、丁字形、交叉形铺贴方式。见图 8-20。

如果想追求地面图案的变化,可以将板块裁切成三角形(沿对角线切开)、梯形(沿相对两边长的 $\frac{1}{3}$ 和 $\frac{2}{3}$ 边长处切开)等,铺贴出变化的图案,但增加了施工的难度。见图 8-21。

②试铺:半硬质聚氯乙烯塑料地板铺贴前应在现场放置 24h 以上,并除去防粘隔离剂,以保证塑料板在铺贴时表面平整、不变形和粘贴牢固非整块地板,应在现场裁切。试铺合格后,应按顺序编号,以备正式铺贴。

③刮胶:半硬质聚氯乙烯塑料地板铺贴刮胶前,应将其基层清扫干净,并先涂刷一层薄而匀的底子胶。底子胶应根据所使用的非水溶性胶粘剂加汽油和醋酸乙酯调制。其方法:按原胶粘剂量加 10% 的 65 号汽油和 10% 的醋酸乙酯

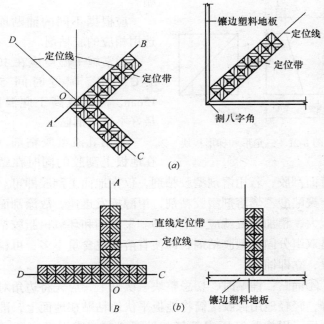

图 8-19 定位方法示意图
(a) 对角定位；(b) 直角定位

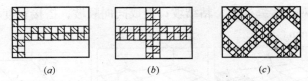

图 8-20 铺贴示意图
(a) 丁字形；(b) 十字形；(c) 交叉形

(乙酸乙酯)，经充分搅拌至完全均匀即可。涂刷要均匀一致，越薄越好，且不得漏刷。底子胶待干燥后，方可涂胶铺

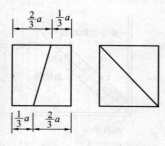

图 8-21 三角形和梯形板块

贴。

应根据不同的铺贴地点选用相应的胶粘剂。

通常施工温度应在 10～35℃之内，晾置时间 5～15min。低于或高于此温度，最好不进行铺贴。

若用乳液型胶粘剂，应在地板上刮胶的同时在塑料板背面刮胶；若用溶剂型胶粘剂，仅在地面上刮胶即可。

聚醋酸乙烯溶剂型胶粘剂，甲醇挥发迅速，故涂刮面不能太大，稍加晾置就应马上铺贴。聚氨酯和环氧树脂胶粘剂都是双组分固化型胶粘剂，即使有溶液也含量不多，可稍加晾置，立即铺贴。

④铺贴：铺贴时，切忌整块一次贴上，应先将边角对齐粘合，轻轻地用橡胶滚筒将地板平伏地粘贴在地面上，准确就位后，用橡胶筒压实赶气。见图 8-22。或用橡皮锤子敲实。用橡皮锤子敲打应从边到另一边，或由中心移向四周。

对于接缝处理，粘结坡口做成同向顺坡，搭接宽度不小于 30mm。

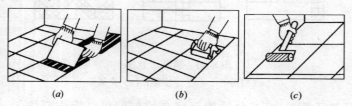

图 8-22 铺贴及压实示意
（a）地板一端对齐粘合；（b）用橡胶滚筒赶走气泡；（c）压实

⑤养护：地板铺贴施工完毕后，应及时进行保护和养护。对溶剂型胶粘剂，应用棉纱蘸少量松节油或200号溶剂汽油，擦去从缝中挤出来的多余胶；对水乳型胶粘剂，只需用湿布擦去，最后上地板蜡保护。地板铺贴完毕，要有1~3d养护时间。

2. 氯化聚乙烯（简称CFE）卷材地面

（1）主要材料规格、性能　氯化聚乙烯卷材是以糊状聚氯乙烯树脂为面层，矿物纸和玻璃纤维毡作基层的卷材。一般卷材长10~20m，幅宽800~2000mm，厚度1.2~3.0mm。其耐磨性能、伸长率均明显优于聚氯乙烯地板。

（2）施工要点　氯化聚乙烯卷材地面施工工序为：基层处理→弹线、刷胶→铺贴、接缝。

1）基层处理：基层必须平整、坚实、无污垢、含水率不大于10%。

施工前，用拖布将浮灰清理干净，然后用二甲苯或汽油涂刷基层。若用汽油，可加10%~20%的胶粘剂搅匀。这样不但能清除污物，还能增加粘结效果。

2）弹线、刷胶：铺贴前，应根据房间尺寸和卷材长度决定纵铺或横铺，原则上是以接缝越小越好，进行弹线。

将904胶粘剂刷于基层和卷材背面后晾干，以手触摸胶面不粘为宜。晾干时间，常温时为20min以上。

3）铺贴、接缝：按预先弹好的搭接线，先将一端放下，再逐渐顺线铺贴，一定要在胶粘干湿适度时再行铺贴，若胶液未干即行铺贴，则因胶的粘结力不足，卷材很容易拉起，移动变形；若胶液太干，铺贴后很难拉起。铺贴时必须对准线慢慢粘贴，然后从中间向两边赶出卷材中气泡，不得遗漏。若在铺完后发现个别气泡未被赶出，可用针头插入气泡内,用针管抽出气泡内的空气,并压实粘牢。

卷材搭接缝宽度最小20mm,并居中弹线。接缝处切割卷材时,必须用力拉直,不得重复切割,否则会形锯齿形,使接缝不严。

3. 塑料地板缺陷防治

塑料地板铺贴中易产生空鼓、颜色不一、表面呈波浪形等缺陷,各种缺陷的产生原因及预防措施见表8-22。

治理地板空鼓方法:将有空鼓的地板整块铲出,清理基层后,重新加胶铺贴。

塑料地板缺陷产生原因及预防措施　　　表8-22

缺陷名称	产 生 原 因	预 防 措 施
地板空鼓:手揿有气泡或边角起翘	1. 基层表面粗糙 2. 基层含水率大 3. 基层表面不干净 4. 地板粘贴过早或过迟 5. 塑料地板未进行去蜡处理 6. 地板粘贴方法不当 7. 粘结层厚度太大 8. 胶粘剂质量差或已变质	1. 基层表面应平整、坚硬 2. 基层含水率应在9%以下 3. 基层表面应清理干净 4. 掌握好胶粘剂刷后贴地板时间 5. 塑料地板事先应进行去蜡处理 6. 正确掌握地板铺贴方法 7. 粘结层厚度应不大于1mm 8. 使用优质胶粘剂
塑料地板颜色、软硬不一	1. 地板在热水中浸泡时间掌握不当,或热水温度不一 2. 使用品种不一、颜色差异或软硬程度不同的地板	1. 严格掌握热水温度及浸泡时间,热水温度宜为75℃,浸泡10~20min 2. 使用同一品种、同一颜色的地板

续表

缺陷名称	产 生 原 因	预 防 措 施
地板表面平整度差，呈波浪形	1. 基层表面不平整 2. 涂刷的胶粘剂有波浪形 3. 胶粘剂在低温下涂刷，不均匀，胶层厚薄不一	1. 严格控制基层表面平整度用2m直尺检查时，其凹凸不应大于±2mm 2. 使用齿形恰当的刮板涂刮胶粘剂，使胶层薄而匀 3. 施工温度应在15~30℃之间。涂胶要均匀，胶层厚度控制在1mm左右。基层面上涂胶方向应与地板背面涂胶方向相垂直

治理地板颜色不一方法：对于不影响使用的可不予修理；对外观及使用要求高的，可将颜色不一的地板铲出，换上颜色一致的地板重新铺贴。

治理地板呈波浪形的方法：将呈波浪形的地板铲出，清理并平整基层后重新加胶铺贴。

8.6 地面工程质量要求和验收标准

根据《建筑工程施工质量验收统一标准》（GB 50300—2001）第4.0.4条规定，地面工程为建筑装饰装修分项工程中的一个子分部工程，但该子分部工程和其他子分部工程不一样，有其特殊性和重要性，所以国家专门制定了《建筑地面工程施工质量验收规范》（GB 50209—2002），并于2002年6月1日实施，作为建筑地面工程质量的验收，同时也包括了工序过程的验收。

8.6.1 基本规定

1. 建筑地面工程、子分部工程、分项工程的划分，按

表 8-23 执行。

建筑地面子分部工程、分项工程划分表　　　表 8-23

分部工程	子分部工程		分　项　工　程
建筑装饰装修工程	地面	整体面层	基层：基土、灰土垫层、砂垫层和砂石垫层、碎石垫层和碎砖垫层、三合土垫层、炉渣垫层、水泥混凝土垫层、找平层、隔离层、填充层
			面层：水泥混凝土面层、水泥砂浆面层、水磨石面层、水泥钢（铁）屑面层、防油渗面层、不发火（防爆的）面层
		板块面层	基层：基土、灰土垫层、砂垫层和砂石垫层、碎石垫层和碎砖垫层、三合土垫层、炉渣垫层、水泥混凝土垫层、找平层、隔离层、填充层
			面层：砖面层（陶瓷锦砖、缸砖、陶瓷地砖和水泥花砖面层）、大理石面层和花岗石面层、预制板块面层（水泥混凝土板块、水磨石板块面层）、料石面层（条石、块石面层）、塑料板面层、活动地板面层、地毯面层
		木、竹面层	基层：基土、灰土垫层、砂垫层和砂石垫层、碎石垫层和碎砖垫层、三合土垫层、炉渣垫层、水泥混凝土垫层、找平层、隔离层、填充层
			面层：实木地板面层（条材、块材面层）、实木复合地板面层（条材、块材面层）、中密度（强化）复合地板面层（条材面层）、竹地板面层

2. 建筑施工企业在建筑地面工程施工时，应有质量管理体系和相应的施工工艺技术标准。

＊3. 建筑地面工程采用的材料应按设计要求和本规范的规定选用,并应符合国家标准的规定;进场材料应有中文质量合格证明文件、规格、型号及性能检测报告,对重要材料应有复验报告。

注:所谓重要材料,在各分项工程检验批中将会提出,凡属重要材料,均会提出复验的要求。

4. 建筑地面采用的大理石、花岗石等天然石材必须符合国家现行行业标准《天然石材产品放射防护分类控制标准》JC 518 中有关材料有害物质的限量规定。进场应具有检测报告。

5. 胶粘剂、沥青胶结料和涂料等材料应按设计要求选用,并应符合现行国家标准《民用建筑工程室内环境污染控制规范》GB 50325 的规定。

＊6. 厕浴间和有防滑要求的建筑地面的板块材料应符合设计要求。

注:其目的是以满足浴厕间的使用功能要求,防止对人体产生伤害。

7. 建筑地面下的沟槽、暗管等工程完工后,经检验合格并做隐蔽记录,方可进行建筑地面工程的施工。

8. 建筑地面工程基层(各构造层)和面层的铺设,均应待其下一层检验合格后方可施工上一层。建筑地面工程各层铺设前与相关专业的分部(子分部)工程、分项工程以及设备管道安装工程之间,应进行交接检验。

9. 建筑地面工程施工时,各层环境温度的控制应符合下列规定:

(1) 采用掺有水泥、石灰的拌和料铺设以及用石油沥青

＊者属强制性条文。

胶接料铺贴时，不应低于5℃；

（2）采用有机胶粘剂粘贴时，不应低于10℃；

（3）采用砂、石材料铺设时，不应低于0℃。

10．铺设有坡度的地面应采用基土高差达到设计要求的坡度；铺设有坡度的楼面（或架空地面）应采用在钢筋混凝土板上变更填充层（或找平层）铺设的厚度或以结构起坡达到设计要求的坡度。

11．室外散水、明沟、踏步、台阶和坡道等附属工程，其面层和基层（各构造层）均应符合设计要求。施工时应按《建筑地面工程施工验收规范》基层铺设中基土和相应垫层以及面层的规定执行。

12．水泥混凝土散水、明沟，应设置伸缩缝，其延米间距不得大于10m；房屋转角处应做45°缝。水泥混凝土散水、明沟和台阶等与建筑物连接处应设缝处理。上述缝宽度为15~20mm，缝内填嵌柔性密封材料。

13．建筑地面的变形缝应按设计要求设置，并应符合下列规定：

（1）建筑地面的沉降缝、伸缩缝和防震缝，应与结构相应缝的位置一致，且应贯通建筑地面的各构造层；

（2）沉降缝和防震缝的宽度应符合设计要求，缝内清理干净，以柔性密封材料填嵌后用板封盖，并应与面层齐平。

14．建筑地面镶边，当设计无要求时，应符合下列规定：

（1）有强烈机械作用下的水泥类整体面层与其他类型的面层邻接处，应设置金属镶边构件；

（2）采用水磨石整体面层时，应用同类材料以分格条设置镶边；

（3）条石面层和砖面层与其他面层邻接处，应用顶铺的

同类材料镶边;

(4)采用木、竹面层和塑料板面层时,应用同类材料镶边;

(5)地面面层与管沟、孔洞、检查井等邻接处,均应设置镶边;

(6)管沟、变形缝等处的建筑地面面层的镶边构件,应在面层铺设前装设。

*15.厕浴间、厨房和有排水(或其他液体)要求的建筑地面面层与相连接各类面层的标高差应符合设计要求。

注:强调相邻面层标高差的重要性,其目的是防止有排水要求的面层产生倒泄,影响正常使用。

16.检验水泥混凝土和水泥砂浆强度试块的组数,按每一层(或检验批)建筑地面工程不应小于1组。当每一层(或检验批)建筑地面工程面积大于$1000m^2$时,每增加$1000m^2$应增做1组试块;小于$1000m^2$按$1000m^2$计算。当改变配合比时,亦应相应地制作试块组数。

17.各类面层的铺设宜在室内装饰工程基本完工后进行。木、竹面层以及活动地板、塑料板、地毯面层的铺设,应待抹灰工程或管道试压等施工完工后进行。

18.建筑地面工程施工质量的检验,应符合下列规定:

(1)基层(各构造层)和各类面层的分项工程的施工质量验收应按每一层次或每层施工段(或变形缝)作为检验批,高层建筑的标准层可按每3层(不足3层按3层计)作为检验批;

(2)每检验批应以各子分部工程的基层(各构造层)和

---

*者属强制性条文。

各类面层所划分的分项工程按自然间（或标准间）检验，抽查数量应随机检验不应少于 3 间；不足 3 间，应全数检查；其中走廊（过道）应以 10 延长米为 1 间，工业厂房（按单跨计）、礼堂、门厅应以两个轴线为 1 间计算。

（3）有防水要求的建筑地面子分部工程的分项工程施工质量每检验批抽查数量应按其房间总数随机检验不应少于 4 间，不足 4 间，应全数检查。

19．建筑地面工程的分项工程施工质量检验的主控项目，必须达到《建筑地面工程施工质量验收规范》规定的质量标准，认定为合格；一般项目 80% 以上的检查点（处）符合《建筑地面工程施工质量验收规范》规定的质量要求，其他检查点（处）不得有明显影响使用，并不得大于允许偏差值的 50% 为合格。凡达不到质量标准时，应按现行国家标准《建筑工程施工质量验收统一标准》（GB 50300—2001）的规定处理。

20．建筑地面工程完工后，施工质量验收应在建筑施工企业自检合格的基础上，由监理单位组织有关单位对分项工程、子分部工程进行检验。

21．检验方法应符合下列规定：

（1）检查允许偏差应采用钢直尺、2m 靠尺、楔形塞尺、坡度尺和水准仪；

（2）检查空鼓应采用敲击的方法；

（3）检查有防水要求建筑地面的基层（各构造层）和面层，应采用泼水或蓄水方法，蓄水时间不得少于 24h；

（4）检查各类面层（含不需铺设部分或局部面层）表面的裂纹、脱皮、麻面和起砂等缺陷，应采用观感的方法。

22．建筑地面工程完工后，应对面层采取保护措施。

8.6.2 找平层铺设

1. 铺设的材料质量、密实度和强度等级（或配合比）等应符合设计要求和本规范的规定。

2. 铺设前，其下一层表面应干净、无积水。

3. 埋设暗管管道时，应按设计要求予以稳固。

4. 基层的标高、坡度、厚度等应符合设计要求。表面应平整，其允许偏差应符合表 8-24 的规定。

5. 找平层应采用水泥砂浆或水泥混凝土铺设，并应符合 8.6.3 整体面层铺设的有关面层的规定。

6. 铺设找平层前，当其下一层有松散填充料时，应予铺平振实。

*7. 有防水要求的建筑地面工程，铺设前必须对立管、套管和地漏与楼板节点之间进行密封处理；排水坡度应符合设计要求。

注：本条规定的目的是防止渗漏和积水现象的产生。做法是应在立管、套管和地漏与楼板节点之间（四周）留出深 8～10mm 的沟槽，采用防水卷材或防水涂料裹住管口和地漏（图 8-23）。

8. 在预制钢筋混凝土板上铺设找平层前，板缝填嵌的施工应符合下列要求：

（1）预制钢筋混凝土板相邻缝底宽不应小于 20mm；

（2）填嵌时，板缝内应清理干净，保持湿润；

（3）填缝采用细石混凝土，其强度等级不得小于 C20。填缝高度应低于板面 10～20mm，且振捣密实，表面不应压光；填缝后应养护；

（4）当板缝底宽大于 40mm 时，应按设计要求配置钢筋。

---

*者属强制性条文。

基层表面的允许偏差和检验方法 (mm) 表 8-24

项次	项目	基土		垫层		毛地板		找平层			填充层		隔离层	检验方法
		砂、砂石、碎石、碎砖	灰土、炉渣、三合土、水泥混凝土	木搁栅	拼花实木地板、实木复合地板拼花	其他种类面层	用沥青玛蹄脂胶粘结合层铺设拼花木板面层	用水泥砂浆做结合层铺设板块面层	用胶粘剂做结合层铺设木板、塑料板、竹地板、强化复合地板拼花	松散材料	板、块材料	防水、防潮、防油渗	
1	表面平整度	15	10	3	3	5	3	5	2	7	5	3	用 2m 靠尺和楔形塞尺检查
2	标高	0~-50	±10	±5	±5	±8	±5	±8	±4	±4	±4	±4	用水准仪检查
3	坡度	不大于房间相应尺寸的 2/1000，且不大于 30											用坡度尺检查
4	厚度	在个别地方不大于设计厚度的 1/10											用钢尺检查

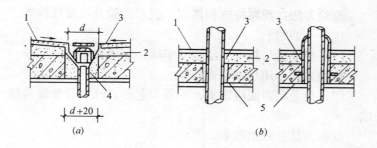

图 8-23 管道与楼面防水构造
（a）地漏与楼面防水构造；（b）立管、套管与楼面防水构造
1—面层按设计；2—找平层（防水层）；
3—地漏（管）四周留出 8～10mm 小沟槽（无钉剔槽、打毛、扫净）；
4—1:2 水泥砂浆或细石混凝土填实；5—1:2 水泥砂浆

（5）在预制钢筋混凝土板上铺设找平层时，其板端应按设计要求做防裂的构造措施。

9．主控项目：

（1）找平层采用碎石或卵石的粒径不应大于其厚度的 2/3，泥的质量分数不应大于 2%；砂为中粗砂，其含泥量不应大于 3%。

检验方法：观念检查和检查材质合格证明文件及检测报告。

（2）水泥砂浆体积比或水泥混凝土强度等级应符合设计要求，且水泥砂浆体积比不应小于 1:3（或相应的强度等级）；水泥混凝土强度等级不应小于 C15。

检验方法：观察检查和检查配合比通知单及检测报告。

（3）有防水要求的建筑地面工程的立管、套管、地漏处严禁渗漏，坡向应正确、无积水。

检验方法：观察检查和蓄水、泼水检验及坡度尺检查。

10．一般项目：

（1）找平层与其下一层结合牢固，不得有空鼓。

检验方法：用小锤轻击检查。

（2）找平层表面应密实，不得有起砂、蜂窝和裂缝等缺陷。

检验方法：观察检查。

（3）找平层的表面允许偏差应符合表 6-42 的规定。

检验方法：应按表 8-24 中的检验方法检验。

8.6.3 整体面层铺设

1．一般规定

（1）本节适用于水泥混凝土（含细石混凝土）面层、水泥砂浆面层、水磨石面层、水泥钢（铁）屑面层、防油渗面层和不发火（防爆的）面层等面层分项工程的施工质量检验。

（2）铺设整体面层时，其水泥类基层的抗压强度不得小于 1.2MPa；表面应粗糙、洁净、湿润并不得有积水。铺设前宜涂刷界面处理剂。

（3）铺设整体面层，应符合设计要求和 8.6.1 基本规定第 13 条的规定。

（4）整体面层施工后，养护时间不应少于 7d；抗压强度应达到 5MPa 后，方准上人行走；抗压强度应达到设计要求后，方可正常使用。

（5）当采用掺有水泥拌和料做踢脚线时，不得用石灰砂浆打底。

（6）整体面层的抹平工作应在水泥初凝前完成，压光工作应在水泥终凝前完成。

(7) 整体面层的允许偏差应符合表 8-25 的规定。

整体面层的允许偏差和检验方法（mm） 表 8-25

项次	项目	允许偏差						检验方法
		水泥混凝土面层	水泥砂浆面层	普通水磨石面层	高级水磨石面层	水泥钢（铁）屑面层	防油渗混凝土和不发火（防爆的）面层	
1	表面平整度	5	4	3	2	4	5	用2m靠尺和楔形塞尺检查
2	踢脚线上口平直	4	4	3	3	4	4	拉5m线和用钢尺检查
3	缝格平直	3	3	3	2	3	3	

2．水泥混凝土面层

（1）水泥混凝土面层厚度应符合设计要求。

（2）水泥混凝土面层铺设不得留施工缝。当施工间隙超过允许时间规定时，应对接槎处进行处理。

（3）主控项目：

①水泥混凝土采用的粗骨料，其最大粒径不应大于面层厚度的 2/3，细石混凝土面层采用的石子粒径不应大于 15mm。

检验方法：观察检查和检查材质合格证明文件及检测报告。

②面层的强度等级应符合设计要求，且水泥混凝土面层强度等级不应小于 C20；水泥混凝土垫层兼面层强度等级不应小于 C15。

检验方法：检查配合比通知单及检测报告。

③面层与下一层应接合牢固，无空鼓、裂纹。

检验方法：用小锤轻击检查。

注：空鼓面积不应大于400cm²，且每自然间（标准间）不多于2处可不计。

(4) 一般项目：

①面层表面不应有裂纹、脱皮、麻面、起砂等缺陷。

检验方法：观察检查。

②面层表面的坡度应符合设计要求，不得有倒泛水和积水现象。

检验方法：观察和采用泼水或用坡度尺检查。

③水泥砂浆踢脚线与墙面应紧密结合，高度一致，出墙厚度均匀。

检验方法：用小锤轻击、钢尺和观察检查。

注：局部空鼓长度不应大于300mm，且每自然间（标准间）不多于2处可不计。

④楼梯踏步的宽度、高度应符合设计要求。楼层梯段相邻踏步高度差不应大于10mm，每踏步两端宽度差不应大于10mm；旋转楼梯梯段的每踏步两端宽度的允许偏差为5mm。楼梯踏步的齿角应整齐，防滑条应顺直。

检验方法：观察和钢尺检查。

⑤水泥混凝土面层的允许偏差应符合表8-25的规定。

检验方法：应按表8-25中的检验方法检验。

3．水泥砂浆面层

(1) 水泥砂浆面层的厚度应符合设计要求，且不应小于20mm。

(2) 主控项目：

①水泥采用硅酸盐水泥、普通硅酸盐水泥，其强度等级

不应小于32.5，不同品种、不同强度等级的水泥严禁混用；砂应为中粗砂，当采用石屑时，其粒径应为1～5mm，且泥的质量分数不应大于3%。

检验方法：观察检查和检查材质合格证明文件及检测报告。

②水泥砂浆面层的体积比（强度等级）必须符合设计要求；且体积比应为1:2，强度等级不应小于M15。

检验方法：检查配合比通知单和检测报告。

③面层与下一层应接合牢固，无空鼓、裂纹。

检验方法：用小锤轻击检查。

注：空鼓面积不应大于400cm²，且每自然间（标准间）不多于2处可不计。

(3) 一般项目：

①面层表面的坡度应符合设计要求，不得有倒泛水和积水现象。

检验方法：观察和采用泼水或坡度尺检查。

②面层表面应洁净，无裂纹、脱皮、麻面、起砂等缺陷。

检验方法：观察检查。

③踢脚线与墙面应紧密接合，高度一致，出墙厚度均匀。

检验方法：用小锤轻击、钢尺和观察检查。

注：局部空鼓长度不应大于300mm，且每自然间（标准间）不多于2处可不计。

④楼梯踏步的宽度、高度应符合设计要求。楼层梯段相邻踏步高度差不应大于10mm，每踏步两端宽度差不应大于10mm；旋转楼梯梯段的每踏步两端宽度的允许偏差为5mm。

楼梯踏步的齿角应整齐，防滑条应顺直。

检验方法：观察和钢尺检查。

⑤水泥砂浆面层的允许偏差应符合表8-25的规定。

检验方法：应按表8-25中的检验方法检验。

4．水磨石面层

（1）水磨石面层应采用水泥与石粒的拌和料铺设。面层厚度除有特殊要求外，宜为12~18mm，且按石粒粒径确定。水磨石面层的颜色和图案应符合设计要求。

（2）白色或浅色的水磨石面层，应采用白水泥；深色的水磨石面层，宜采用硅酸盐水泥、普通硅酸盐水泥或矿渣硅酸盐水泥；同颜色的面层应使用同一批水泥。同一彩色面层应使用同厂、同批的颜料；其掺入量宜为水泥质量分数的3%~6%或由试验确定。

（3）水磨石面层的结合层的水泥砂浆体积比宜为1:3，相应的强度等级不应小于M10，水泥砂浆稠度（以标准圆锥体沉入度计）宜为30~35mm。

（4）普通水磨石面层磨光遍数不应少于3遍。高级水磨石面层的厚度和磨光遍数由设计确定。

（5）在水磨石面层磨光后，涂草酸和上蜡前，其表面不得污染。

（6）主控项目：

①水磨石面层的石粒，应采用坚硬可磨白云石、大理石等岩石加工而成，石粒应洁净无杂物，其粒径除特殊要求外应为6~15mm；水泥强度等级不应小于32.5；颜料应采用耐光、耐碱的矿物原料，不得使用酸性颜料。

检验方法：观察检查和检查材质合格证明文件。

②水磨石面层拌和料的体积比应符合设计要求，且为

1:1.5~1:2.5（水泥:石粒）。

检验方法：检查配合比通知单和检测报告。

③面层与下一层接合应牢固，无空鼓、裂纹。

检验方法：用小锤轻击检查。

注：空鼓面积不应大于400cm²，且每自然间（标准间）不多于2处可不计。

（7）一般项目：

①面层表面应光滑；无明显裂纹、砂眼和磨纹、石粒密实，显露均匀，颜色图案一致，不混色；分格条牢固、顺直和清晰。

检验方法：观察检查。

②踢脚线与墙面应紧密接合，高度一致，出墙厚度均匀。

检验方法：用小锤轻击、钢尺和观察检查。

注：局部空鼓长度不大于300mm，且每自然间（标准间）不多于2处可不计。

③楼梯踏步的宽度、高度应符合设计要求。楼层梯段相邻踏步高度差不应大于10mm，每踏步两端宽度差不应大于10mm，旋转楼梯梯段的每踏步两端宽度的允许偏差为5mm。楼梯踏步的齿角应整齐，防滑条应顺直。

检验方法：观察和钢直尺检查。

④水磨石面层的允许偏差应符合表8-25的规定。

检验方法：应按表8-25中的检验方法检验。

8.6.4 板块面层铺设

1. 一般规定

（1）本节适用于砖面层、大理石面层和花岗石面层、预制板块面层、料石面层、塑料板面层、活动地板面层和地毯面层等面层分项工程的施工质量检验。

（2）铺设板块面层时，其水泥类基层的抗压强度不得小于1.2MPa。

（3）铺设板块面层的结合层和板块间的填缝采用水泥砂浆，应符合下列规定：

1）配制水泥砂浆应采用硅酸盐水泥、普通硅酸盐水泥或矿渣硅酸盐水泥；其水泥强度等级不宜小于32.5；

2）配制水泥砂浆的砂应符合国家现行行业标准《普通混凝土用砂质量标准及检验方法》JGJ 52的规定；

3）配制水泥砂浆的体积比（或强度等级）应符合设计要求。

（4）结合层和板块面层填缝的沥青胶结材料应符合国家现行有关产品标准和设计要求。

（5）板块的铺砌应符合设计要求，当设计无要求时，宜避免出现板块小于1/4边长的边角料。

（6）铺设水泥混凝土板块、水磨石板块、水泥花砖、陶瓷锦砖、陶瓷地砖、缸砖、料石、大理石和花岗石面层等的结合层和填缝的水泥砂浆，在面层铺设后，表面应覆盖、湿润，其养护时间不应少于7d。

当板块面层的水泥砂浆结合层的抗压强度达到设计要求后，方可正常使用。

（7）板块类踢脚线施工时，不得采用石灰砂浆打底。

（8）板、块面层的允许偏差应符合表8-26的规定。

2．砖面层

（1）砖面层采用陶瓷锦砖、缸砖、陶瓷地砖和水泥花砖应在结合层上铺设。

（2）有防腐蚀要求的砖面层采用的耐酸瓷砖、浸渍沥青

板、块面层的允许偏差和检验方法 (mm) 表8-26

项次	项目	陶瓷锦砖面层、陶瓷地砖、高级水磨石板面层	缸砖面层	水泥花砖面层	水磨石板块面层	大理石面层和花岗石面层	塑料板面层	水泥混凝土板块面层	碎拼大理石、碎拼花岗石面层	活动地板面层	条石面层	块石面层	检验方法
1	表面平整度	2.0	4.0	3.0	3.0	1.0	2.0	4.0	3.0	2.0	10.0	10.0	用2m靠尺和楔形塞尺检查
2	缝格平直	3.0	3.0	3.0	3.0	2.0	3.0	3.0	—	2.5	8.0	8.0	拉5m线和用钢直尺检查
3	接缝高低差	0.5	1.5	0.5	1.0	0.5	0.5	1.5	—	0.4	2.0	—	用钢直尺和楔形塞尺检查
4	踢脚线上口平直	3.0	4.0	—	4.0	1.0	2.0	4.0	1.0	—	—	—	拉5m线和用钢直尺检查
5	板块间隙宽度	2.0	2.0	2.0	2.0	1.0	—	6.0	—	0.3	5.0	—	用钢直尺检查

415

砖、缸砖的材质、铺设以及施工质量验收应符合现行国家标准《建筑防腐蚀工程施工及验收规范》（GB 50212—2002）的规定。

(3) 在水泥砂浆结合层上铺贴缸砖、陶瓷地砖和水泥花砖面层时，应符合下列规定：

1) 在铺贴前，应对砖的规格尺寸、外观质量、色泽等进行预选，浸水湿润晾干待用；

2) 勾缝和压缝应采用同品种、同强度等级、同颜色的水泥，并做养护和保护。

(4) 在水泥砂浆结合层上铺贴陶瓷锦砖面层时，砖底面应洁净，每联陶瓷锦砖之间、与结合层之间以及在墙角、镶边和靠墙处，应紧密贴合。在靠墙处不得采用砂浆填补。

(5) 在沥青胶结料结合层上铺贴缸砖面层时，缸砖应干净，铺贴时应在摊铺热沥青胶结料上进行，并应在胶结料凝结前完成。

(6) 采用胶粘剂在结合层上粘贴砖面层时，胶粘剂选用应符合现行国家标准《民用建筑工程室内环境污染控制规范》（GB 50325—2001）的规定。

(7) 主控项目：

1) 面层所用的板块的品种、质量必须符合设计要求。

检验方法：观察检查和检查材质合格证明文件及检测报告。

2) 面层与下一层的结合（粘结）应牢固，无空鼓。

检验方法：用小锤轻击检查。

注：凡单块砖边角有局部空鼓，且每自然间（标准间）不超过总数的5%可不计。

(8) 一般项目：

1) 砖面层的表面应洁净、图案清晰，色泽一致，接缝平整，深浅一致，周边顺直。板块无裂纹、掉角和缺楞等缺陷。

检验方法：观察检查。

2) 面层邻接处的镶边用料及尺寸应符合设计要求，边角整齐、光滑。

检验方法：观察和用钢直尺检查。

3) 踢脚线表面应洁净、高度一致、结合牢固、出墙厚度一致。

检验方法：观察和用小锤轻击及钢尺检查。

4) 楼梯踏步和台阶板块的缝隙宽度应一致、齿角整齐；楼层梯段相邻踏步高度差不应大于10mm；防滑条顺直。

检验方法：观察和用钢尺检查。

5) 面层表面的坡度应符合设计要求，不倒泛水、无积水；与地漏、管道结合处应严密牢固，无渗漏。

检验方法：观察、泼水或坡度尺及蓄水检查。

6) 砖面层的允许偏差应符合表8-26的规定。

检验方法：应按表8-26中的检验方法检验。

3. 大理石面层和花岗石面层

(1) 大理石、花岗石面层采用天然大理石、花岗石（或碎拼大理石、碎拼花岗石）板材应在结合层上铺设。

(2) 天然大理石、花岗石的技术等级、光泽度、外观等质量要求应符合国家现行行业标准《天然大理石建筑板材》JC 79、《天然花岗石建筑板材》JC 205的规定。

(3) 板材有裂缝、掉角、翘曲和表面有缺陷时应予剔除，品种不同的板材不得混杂使用；在铺设前，应根据石材的颜色、花纹、图案、纹理等按设计要求，试拼编号。

(4) 铺设大理石、花岗石面层前，板材应浸湿、晾干；结合层与板材应分段同时铺设。

(5) 主控项目：

1) 大理石、花岗石面层所用板块的品种、质量应符合设计要求。

检验方法：观察检查和检查材质合格记录。

2) 面层与下一层应结合牢固，无空鼓。

检验方法：用小锤轻击检查。

注：凡单块板块边角有局部空鼓，且每自然间（标准间）不超过总数的5%可不计。

(6) 一般项目：

1) 大理石、花岗石面层的表面应洁净、平整、无磨痕、且应图案清晰、色泽一致、接缝均匀、周边顺直、镶嵌正确、板块无裂纹、掉角、缺楞等缺陷。

检验方法：观察检查。

2) 踢脚线表面应洁净，高度一致、结合牢固、出墙厚度一致。

检验方法：观察和用小锤轻击及钢尺检查。

3) 楼梯踏步和台阶板块的缝隙宽度应一致、齿角整齐，楼层梯段相邻踏步高度差不应大于10mm，防滑条应顺直、牢固。

检验方法：观察和用钢直尺检查。

4) 面层表面的坡度应符合设计要求，不倒泛水、无积水；与地漏、管道结合处应严密牢固，无渗漏。

检验方法：观察、泼水或坡度尺及蓄水检查。

5) 大理石和花岗石面层（或碎拼大理石、碎拼花岗石）的允许偏差应符合表8-26的规定。

检验方法：应按表8-26中的检验方法检验。

4．预制板块面层

（1）预制板块面层采用水泥混凝土板块、水磨石板块应在结合层上铺设。

（2）在现场加工的预制板块应按《建筑地面工程施工质量验收规范》(GB 50209—2002)第5章的有关规定执行。

（3）水泥混凝土板块面层的缝隙，应采用水泥浆（或砂浆）填缝；彩色混凝土板块和水磨石板块应用同色水泥浆（或砂浆）擦缝。

主控项目：

（4）预制板块的强度等级、规格、质量应符合设计要求；水磨石板块尚应符合国家现行行业标准《建筑水磨石制品》JC 507的规定。

检验方法：观察检查和检查材质合格证明文件及检测报告。

（5）面层与下一层应结合牢固、无空鼓。

检验方法：用小锤轻击检查。

注：凡单块板块料边角有局部空鼓，且每自然间（标准间）不超过总数的5%可不计。

（6）一般项目：

1）预制板块表面应无裂缝、掉角、翘曲等明显缺陷。

检验方法：观察检查。

2）预制板块面层应平整洁净，图案清晰，色泽一致，接缝均匀，周边顺直，镶嵌正确。

检验方法：观察检查。

3）面层邻接处的镶边用料尺寸应符合设计要求，边角整齐、光滑。

检验方法：观察和钢直尺检查。

4）踢脚线表面应洁净、高度一致、结合牢固、出墙厚度一致。

检验方法：观察和用小锤轻击及钢尺检查。

5）楼梯踏步和台阶板块的缝隙宽度一致、齿角整齐，楼层梯段相邻踏步高度差不应大于10mm，防滑条顺直。

检验方法：观察和钢尺检查。

6）水泥混凝土板块和水磨石板块面层的允许偏差应符合表8-26的规定。

检验方法：应按表8-26中的检验方法检验。

5. 料石面层

（1）料石面层采用天然条石和块石应在结合层上铺设。

（2）条石和块石面层所用的石材的规格、技术等级和厚度应符合设计要求。条石的质量应均匀，形状为矩形六面体，厚度为80~120mm；块石形状为直棱柱体，顶面粗琢平整，底面面积不宜小于顶面面积的60%，厚度为100~150mm。

（3）不导电的料石面层的石料应采用辉绿岩石加工制成。填缝材料亦采用辉绿岩石加工的砂嵌实。耐高温的料石面层的石料，应按设计要求选用。

（4）块石面层结合层铺设厚度：砂垫层不应小于60mm；基土层应为均匀密实的基土或夯实的基土。

（5）主控项目：

1）面层材质应符合设计要求；条石的强度等级应大于Mu60，块石的强度等级应大于Mu30。

检验方法：观察检查和检查材质合格证明文件及检测报告。

2）面层与下一层应结合牢固、无松动。

检验方法：观察检查和用锤击检查。

（6）一般项目：

1）条石面层应组砌合理，无十字缝，铺砌方向和坡度应符合设计要求；块石面层石料缝隙应相互错开，通缝不超过两块石料。

检验方法：观察和用坡度尺检查。

2）条石面层和块石面层的允许偏差应符合表8-26的规定。

检验方法：应按表8-26中的检验方法检验。

6. 塑料板面层

（1）塑料板面层应采用塑料板块材、塑料板焊接、塑料卷材以胶粘剂在水泥类基层上铺设。

（2）水泥类基层表面应平整、坚硬、干燥、密实、洁净、无油脂及其他杂质，不得有麻面、起砂、裂缝等缺陷。

（3）胶粘剂选用应符合现行国家标准《民用建筑工程室内环境污染控制规范》（GB 50325）的规定。其产品应按基层材料和面层材料使用的相容性要求，通过试验确定。

（4）主控项目：

1）塑料板面层所用的塑料板块和卷材的品种、规格、颜色、等级应符合设计要求和现行国家标准的规定。

检验方法：观察检查和检查材质合格证明文件及检测报告。

2）面层与下一层的粘结应牢固，不翘边、不脱胶、无溢胶。

检验方法：观察检查和用敲击及钢直尺检查。

注：卷材局部脱胶处面积不应大于$20cm^2$，且相隔间距不小于50cm可不

计；凡单块板块料边角局部脱胶处且每自然间（标准间）不超过总数的5%者可不计。

(5) 一般项目：

1) 塑料板面层应表面洁净，图案清晰，色泽一致，接缝严密、美观。拼缝处的图案、花纹吻合、无胶痕；与墙边交接严密，阴阳角收边方正。

检验方法：观察检查。

2) 板块的焊接，焊缝应平整、光洁，无焦化变色、斑点、焊瘤和起鳞等缺陷，其凹凸允许偏差为±0.6mm。焊缝的抗拉强度不得小于塑料板强度的75%。

检验方法：观察检查和检查检测报告。

3) 镶边用料应尺寸准确、边角整齐、拼缝严密、接缝顺直。

检验方法：用钢尺和观察检查。

4) 塑料板面层的允许偏差应符合表8-26的规定。

检验方法：应按表8-26中的检验方法检验。

9 花饰工程

9.1 花饰的种类和制作

9.1.1 花饰的种类

1. 用于室外的有水泥砂浆制品、斩假石制品、水刷石制品。

2. 用于室内的有石膏制品。

近二十年来，已发展有增强石膏花饰、玻璃钢复合材料花饰等新型产品。

9.1.2 花饰的制作

1. 塑实样（阳模）

塑制实样是花饰预制的关键，塑制实样前要审查图纸领会花饰图案的细节，塑好的实样要求在花饰安装后不存水、不易断裂、没有倒角，塑制实样用的材料有以下几种：

（1）用木材雕刻实样　适用于精细、对称、体型小、线条多的花饰图案，但成本较高，且工期长，一般都不采用。

（2）纸筋灰塑制实样　先用一块表面平整光洁的木板做底板，然后在底板上抹一层厚约 1~2mm 的石灰膏，待其稍干，将饰面尺寸图解刻划到板面灰层上。再用稠一些的纸筋灰按花样的轮廓一层层堆起，用小铁皮塑成符合要求的实样。待纸筋灰稍干将实样表面压光。由于纸筋灰的收缩性较大，在塑实样时要按2%的比例放大尺寸。这种实样在干燥后容易出现裂纹，因此要注意纸筋灰实样的干湿程度。

(3) 石膏塑制实样 按花饰外围尺寸浇一块石膏板，等凝固后把花饰图案用复写纸画在石膏板上，照图案雕刻。一般用于花纹复杂或花饰厚度大于5cm用纸筋灰不易堆成时采用。

当花饰为对称图案时，可用上述方法雕刻对称的一部分，另一部分用明胶阴模翻制后，再用石膏浆把两部胶合成一块花饰，稍加整修，即成为实样。

(4) 泥塑实样 适用于大型花饰。泥土应用粘性而没有砂子、较柔软、易光滑的黄土和褐色土，性质相近的陶土及瓷土也可使用。初挖的粘土是生土，要根据其干湿度加入适量的水后，再用木锤锤打，使它成为紧密的熟土（塑泥）。制成的塑泥，要保持一定的干湿度，一般可存放在缸内，用湿布盖严。

泥塑实样，先将花纹图案用白脱纸复刻在泥底板（或木底板）上，根据花纹的高低、粗细、长短、曲直，把泥土捏成泥条、泥块、泥团，塑在底板上，其厚度以不超过花饰剖面的6/10为宜，再用手将小块泥块慢慢添厚加宽，完成花饰的基本轮廓，最后用小铁皮添削修饰制成实样。由于泥塑成品的表面不够光滑平洁，只能作为石膏花饰草型阳模。从泥塑的草型阳模浇制明胶阴模，再从明胶模翻制的石膏草型阳模，并加以雕刻、修光，才能成为正确的阳模。

2. 浇制阴模

浇制阴模方法有两种：一种是硬模，适用于塑造水泥砂浆、水刷石、斩假石等花饰；一种是软模，适用于塑造石膏花饰。花饰花纹复杂和过大时要分块制作，一般每块边长不超过50cm,边长超过30cm时,模内需加钢筋网或8号铅丝网。

由于花饰的花纹具有横突或下垂的勾脚,如卷叶、花瓣等。因此,不易采用整块阴模翻出,必须采取分模法浇制(图9-1)。

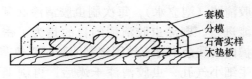

图9-1 分模浇制

(1) 硬模浇制方法 在阳模上涂一度油脂(起隔离作用),再在各勾脚部分先抹上水泥素浆,分好小块和埋置8号铅丝加固,并加以修光抹平(或抹圆),待其收水后,将这些小块(分模)的外露表面涂满油脂,然后放好套模的边框、把手和配筋,在其他部分浇上素水泥浆(水泥为42.5级),使整个花饰花纹高低部分灌满,待稍微收水后,再浇1:2水泥砂浆或细石混凝土(即整体大阴模,又称套模)。一般模子的厚度最少要比花饰的最高点高出2cm,应具有足够的牢度,但也不必过厚,以便在铸造花饰时,操作轻便。大型的阴模要加把手,便于搬运。

待水泥砂浆凝固后取走套模边框,养护3d,待其干硬后,先将套模拿下,再取下小块(分模),编好号,按顺序放在套模内,即成阴模。

阳模取出后,阴模要洗刷干净,油脂要用明矾水清洗,最后检查阴模花纹,如发现表面有缺陷、裂损等,应用素水泥浆修补,并将表面研磨光滑,然后在模子上刷三道虫胶清漆。通常还要进行试翻花饰,检查阴模是否有障碍,尺寸形状是否符合设计图纸要求。试翻成功后,方可正式进行翻制。

初次使用硬模时,需让硬模吸足油分。每次浇制花饰时,模子上需涂刷掺煤油的稀机油。

(2) 软模浇制方法 将阳模固定在木底板上,在表面刷上三道虫胶清漆(泡立水),每次刷虫胶清漆必须待前一次干燥后才能进行,刷涂虫胶清漆的目的是为了密封阳模表面,使阳模内的残余水分不致因浇制明胶时受热蒸发而使阴模表面产生细小气孔,虫胶清漆干燥后,再刷上油脂一度(掺煤油的黄油调和油料或植物油均可),然后在周围放挡胶边框,其高度一般较阳模最高面高出3cm左右,并将挡胶板刷油脂一道,就可开始浇制明胶阴模。明胶(即树胶,又称桃胶),以淡黄色透明的质量为最好,溶化明胶时,先用明胶:水 = 1∶1放在煮胶锅内隔水加热(外层盛水,内层盛胶),加热时要不停地用棒搅拌,使明胶完全溶化成稀薄均匀的粘液体,(如藕粉浆状),同时除去表面泡沫加入工业甘油(为明胶重量的1/8),以增加明胶的拉力和粘性。明胶在温度30℃左右时开始溶化,当温度达70℃时即可停止加热,从锅内取出稍为冷却,调匀即可浇模。

浇模时,务使胶水从花饰边缘徐徐倒入,不能骤然急冲下去。一般$1m^2$左右的花饰浇模时间在15min左右效果较好。还应注意胶水的温度,温度较高的胶水浇模时要慢,因有热气上升容易使明胶发泡,而使虫胶清漆粘在浇好的阴模上;温度过低会使胶发厚,在花饰细密处不易畅流密实。一般冬季胶水的浇模温度宜控制在50~60℃左右,夏季则温度可适当降低。胶模应一次浇完,中间不应有接头,浇同一模子的胶水稠度应均匀一致。阴模的厚度,约在该花饰的最高花面以上 5～20mm 为宜，浇得太厚，使翻模不便，也增加了胶的用量，一般在浇胶 8～12h 以后才能翻模，先将挡胶板拆去，并事先考虑好从何处着手翻模不致损伤花饰，如花饰有弯钩成口小内大等情况无法翻模时，可把胶模适当切开，在铸造花饰时，要把切开的几块合并起来加外套固定，即可使用。

用软模浇制花饰时，每次浇制前在模子上需撒上滑石粉或涂上其他无色隔离剂。

当浇较大石膏花饰或立体花饰时，因平模不能浇制，须加做套模，将阳模平放木底板上，用螺栓固定牢靠，在其表面涂刷 2～3 度虫胶清漆，干燥后将纸满盖子花饰表面，在纸上满抹和好的大泥，压光抹平，厚约 2cm。待稍干硬后，将石膏浆涂抹在大泥表面，涂抹时根据花饰大小在石膏浆层里加进板条和麻丝加固，待石膏浆硬化后，取出大泥和阳模便成套模。将套模和阳模上的纸和大泥清除干净，修补完整后，涂虫胶清漆 2～3 度，油脂一道，再将套模覆盖在阳模上（中间有 2cm 的缝隙），在底板四周缝隙处用石膏嵌密，以免浇胶时漏胶，见图 9-2。在套模浇口处，用漏斗将明胶浇入模内，直到浇满为止。在胶水完全冷却后将套模翻去，再将胶模翻出用明矾水洗净，然后将胶模放于石膏套模内，即可铸造石膏花饰（软模）。

浇制和使用明胶软模应注意的事项是：一般每只明胶阴

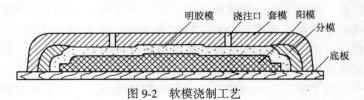

图 9-2 软模浇制工艺

模在铸造五块花饰后应停止使用30min左右,每次使用后应用明矾水清洗,以使胶模光洁、坚硬,并除尽油脂。通常明胶阴模当天使用后即须重新浇模,但如保养较好,则第二天仍可使用。胶模安放需平整,不可歪斜,以免变形。新旧明胶或不同性质的胶不要掺混,否则使胶模脆软发毛,不能进行浇模。炖胶与浇胶要切实做到清洁,无杂物混入胶内,而引起胶的变质、变软、霉坏、发毛。炖化明胶加水,不可过多,要正确掌握配合比,否则会使阴模变软而易变形。

3. 浇制花饰

(1) 水泥砂浆花饰　将配好的钢筋放入硬模内,再将1:2水泥砂浆(干硬性)或1:1水泥石子浆倒入硬模内进行捣固,待花饰干硬至用手按稍有指纹但不觉下陷时,即可脱模。脱模时将花饰底面刮平带毛,翻倒在平整处。脱模后要检查花纹并进行修整,再用排笔轻刷,使表面颜色均匀。

(2) 水刷石花饰　水刷石花饰铸造宜用硬模。将阴模表面清刷干净,然后刷油不少于3遍,做水刷石花饰用的水泥石子浆稠度须干些,用标准圆锥体砂浆稠度器测定,稠度以5~6cm为宜。配合比为1:1.5(水泥:色石屑)。为了使产品表面光滑,避免因石子浆和易性较差,发生砂浆松散或形成孔隙不实等缺点,铸造时可将石子浆放于托灰板上用铁皮先行抹平(图9-3),然后将石子浆的抹平面向阴模内壁面覆盖,再用铁皮按花纹结构形状往返抹压几遍,并用木锤轻敲底板,使石子浆内所含的气泡排出,密实地填满在模壁凹纹内。石子浆的厚度约10~12mm为合适,但不得小于8mm,然后再用1:3干硬性水泥砂浆作填充料按阴模高度抹平,如果花饰厚度不大的饰件,可全用石子浆铸造。

为了便利快速脱模,在抹填全部砂浆后,可用干水泥撒

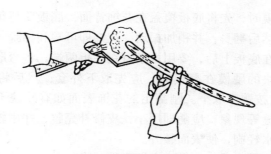

图 9-3 水刷石花饰制作

在表面吸水,直至砂浆成干硬状,即用手指按无塌陷、不泛水为止,然后再抹压一遍,并将表面划毛,以增强花饰件在安装时的粘结性能。

高度较大且口径较小的花饰,用铁皮无法抹刮时,可采用抽芯的方法。即在阴模内先做一个比阴模周边小 2cm 的铁皮内芯,然后将石粒浆从内芯与阴模相隔的 2cm 缝隙中灌注,捣固密实后,立即在内芯中灌满干水泥,同时将铁皮内芯抽出,这样不但可防止石子下坠损坏花饰,同时也起到吸水作用。然后将多余的干水泥取出,并用干硬性水泥砂浆或细石混凝土填心,填心时要用木锤夯打。根据花饰厚薄及大小,在中间均匀放置 $\phi 6 \sim 8$ 的钢筋或 8 号铅丝、竹条等加固。

体积较重的花饰,由于安装时须采用铁脚,所以在铸造花饰时应预留孔洞,一般在填心料捣至厚度一半左右时,在花饰背面按设计尺寸放置木榫,然后继续浇捣至模口平,用铁板压实抹平,稍有收水后拨出木榫,即为铁脚的预留孔,用铁皮修整后,并将花饰背面划毛。待其收水后,即可将花饰翻出,翻倒在平整的底板上。

翻模时，先将底板覆盖在花饰背面，底板要与花饰背面紧贴，然后翻身，并稍加振动，花饰即可顺利翻脱。弯形的花饰翻在底板上后，要用木条钉在底板两端，将弯形下口卡住。分块的硬模在翻模时，应先取下外套，然后将小块模（分模）按顺序取下。刚翻出的花饰表面如有残缺不齐、孔眼或裂缝等现象，应随即用小铁皮修补完整，并用软刷在修补处蘸水轻刷，使表面整齐。

花饰翻出后，硬模应立即刷洗干净，并刷油一遍后，方可继续铸造花饰。

花饰翻出后，用手按其表面无凹印，即可用喷雾器或棕刷清洗。

清洗时，先用棕刷蘸水将花饰表面洗刷一遍，将表面水泥浆刷去，再用喷雾器喷洗，开始时水势要小，先将凹处喷洗干净，使石子颗粒露出。

为了使清洗的水能自行排泄，一般应将花饰的一端垫高（图9-4）。较大厚的花饰，如垫高一端会发生花饰变形，则在翻花饰时在其底部应预留排水孔洞。

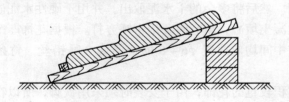

图9-4 花饰垫高排水

清洗后的花饰，需用软刷蘸清水将表面刷净，使石子显露出来，尤其要注意勾脚和细密处，做到清晰一致。花饰要符合原模式样，表面平整，无裂缝及残缺不齐等现象。

花饰要放置平稳,不得振动或碰撞。待养护达到一定强度后,方可轻敲底边,使其松动取下。

花饰的堆放要视其形状确定,一般不得堆叠,以免花饰碎裂。冬期施工时,花饰贮存的环境温度应在0℃以上,防止花饰受冻。

(3) 斩假石(剁斧石)花饰 斩假石花饰的铸造方法基本与水刷石花饰相同。铸造后的花饰,约经一周以上的养护,并具有足够的强度后,即可开始斩剁。

斩假石花饰的斩剁方法,根据制品的不同构造和安装部位可分为以下两种:

1) 块件造型简单,饰件数量较大,一般采用先安装后斩剁的方法。这种方法,可以避免安装后增加大量的修补和清洗工作;

2) 花饰造型细致、艺术性要求较高的饰件,采取先斩剁后安装的方法。这是因为便于按饰件花纹不同伸延卷曲的方向和设计刃纹的要求进行操作,既能提高工效,又能确保质量。但安装时应注意采取成品保护措施。

斩剁时,要随花纹的形状和延伸的方向剁凿成不同的刃纹,在花饰周围的平面上,应斩剁成垂直纹,四边应斩剁成横平竖直的圈边。这才能使刃纹细致清楚,底板与花饰能清晰醒目。

采取先斩剁后安装的花饰,必须用软物(如麻袋等)垫平,并先用金刚石将饰件周围边棱磨成圆角。以避免饰件受斩时因振力而破裂、崩落,特别是体大面薄的饰件,更应注意。

(4) 石膏花饰 石膏花饰的铸造一般采用明胶阴模。先在明胶阴模的花饰表面刷上一度无色纯净的油脂。油脂涂刷要均匀，不得有漏刷或油脂过厚现象，特别要注意的是：在花饰细密处，不能让油脂聚积在阴模的低凹处，这样，易使浇制后的花饰产生孔眼。涂刷油脂起到隔离层作用。

将刷好油脂的明胶阴模，安放在一块稍大的木板上。

准备好铸造花饰的石膏粉和麻丝、木板条、竹片等。麻丝须洁白柔韧，木板条和竹片应洁净、无杂物、无弯曲，使用前应先用水浸湿。

然后将石膏粉加水调成石膏浆。石膏浆的配合比视石膏粉的性质而定，一般为石膏粉：水 = 1:0.6~0.8（重量比）。拌制时宜用竹丝帚在桶内不停地搅动，使拌制的石膏浆无块粒、稠度均匀一致为止。竹丝帚使用后，应拍打清洗干净，以免有残余凝结的石膏浆，在下次搅动时混入浆内，影响质量。

石膏浆拌好后，应随即倒入胶模内。当浇入模内约 2/3 用量后，先将木底板轻轻振动，使花饰细密处的石膏浆密实。然后根据花饰的大小、形状和厚薄情况均匀地埋设木板条、竹片和麻丝加固（切不可放置钢筋、铅丝或其他铁件、以防生锈返黄），使花饰在运输和安装时不易断裂或脱落。圆形及不规则的花饰，放入麻丝时，可不考虑方向；有弧度的花饰，木板条可根据其形状分段放置。放置时，动作要快。放好后，再继续浇筑剩余部分的石膏浆至模口平，并用直尺刮平（图9-5），待其稍硬后，将背面用刀划毛，使花饰安装时容易与基层粘结牢固。

石膏浆浇筑后的翻模时间，应视石膏粉的质量、结硬的快慢、花饰的大小及厚度确定，一般控制在 5~10min 左右。习惯是用手摸略感有热度时，即可翻模。翻模的时间要掌握准确,因为石膏浆凝结时产生热量,其温度在33℃左右,如果翻模时间过长,胶膜容易受热变形,影响胶膜周转使用;时间过短,石膏尚未达到一定强度,翻出的成品也容易发生碎裂现象。

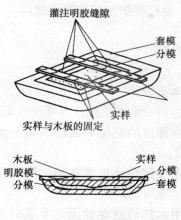

图9-5 石膏花饰浇铸工艺

翻模前,要考虑从何处着手起翻最方便,不致损坏花饰。起翻时应顺花饰的花纹方向操作,不可倒翻,用力要均匀。

刚翻好的花饰应平放在与花饰底形相同的木底板上。如发现花饰有麻眼、不齐、花饰图案不清及凸出不平等现象,须用工具修嵌或用毛笔蘸石膏浆修补好,直到花饰清晰、完整、表面光洁为止。

翻好的花饰要编号并注明安装位置,按花饰的形状放置平稳、整齐,不得堆叠。贮藏的地方要干燥通风,要离地面300mm以上架空堆放。

冬季浇制和放置花饰,要注意保温,防止受冻。

(5) 预制混凝土花格饰件 一般在楼梯间等墙体部位砌筑花格窗用。其制作方法是按花格的设计要求，采用木模或钢模组拼成模型，然后放入钢筋，浇筑混凝土。待花格混凝土达到一定强度后脱模，并按设计要求在花格表面做水刷石或干粘石面层，继续养护至可砌筑强度。

9.2 花饰的安装

9.2.1 基本要求

1. 花饰须达到一定强度后，方可进行安装。
2. 安装花饰部位的基层表面应清洁平整，无灰尘杂物及凹凸不平现象。
3. 安装前先按照设计位置在墙、柱或顶棚上弹出位置线，基层浇水润湿。
4. 凡是采用木螺钉或螺栓固定安装的花饰，要事先在基层预埋木砖、铁件或预留孔洞，孔洞的洞口要小，里口要大。位置要准确。
5. 分块安装的花饰，必须按图案编号先进行试装，经检查合格后，方可正式进行安装。
6. 花饰安装后应平整美观，符合图案要求。

9.2.2 安装工艺

1. 粘贴法
(1) 适用范围 重量轻的小型花饰。
(2) 水泥砂浆、水刷石、斩假石花饰安装要点
1) 基层刮水泥浆 2~3mm。
2) 花饰背面稍浸水润湿，然后涂上水泥砂浆或聚合物水泥砂浆与基层紧贴。

3)用支撑临时固定,整修接缝和清除周边余浆。

4)待水泥浆达到一定强度后,拆除临时支撑。

(3)石膏花饰安装要点:

1)花饰背面涂上石膏浆进行粘贴。

2)其他同(2)各条。

2.木螺钉固定法

(1)适用范围 重量较重,体型稍大的花饰。

(2)水泥砂浆、水刷石、斩假石花饰安装要点:

1)与粘贴法相同,只是在安装时把花饰上的预留孔洞对准预埋木砖,然后拧紧铜或镀锌螺钉(不宜过紧)(图9-6)。

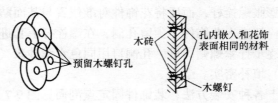

图 9-6 木螺钉固定

2)安装后用 1:1 水泥砂浆或水泥浆将孔眼堵严,表面用同花饰一样的材料修补,不留痕迹。

3)花饰安装在钢丝网顶棚上,可将预先埋在花饰内的铜丝与顶棚连接牢固,其他同上。

(3)石膏花饰安装要点:

1)花饰背面仍需涂石膏浆粘贴。

2)用白水泥拌植物油堵严孔眼,表面用石膏修补,不留痕迹。

3)其他同上例各条。

3. 螺栓固定法

(1) 适用范围 重量大的大型花饰。

(2) 水泥砂浆、水刷石、斩假石花饰安装要点：

1) 将花饰预留孔对准基层预埋螺栓。

塑料膨胀螺栓固定法适用于安装轻型水泥类花饰件。安装时，先在基面上找出装饰件的固定点，用电钻钻孔，在孔内塞进塑料膨胀管，而后将花饰件对准位置与基面贴合，用木螺钉穿过装饰件上预留孔洞，拧紧于膨胀管内，孔洞口用同色水泥砂浆（或水泥石子浆）填补密实。

钢膨胀螺栓固定法适用于安装重型水泥类花饰件。安装时，先在基面上找出装饰件的固定点，用电钻钻孔，在孔内塞进钢膨胀螺栓杆，而后将花饰件对准位置与基面贴合，使膨胀螺栓杆进入花饰件上预留孔洞，在螺栓杆上套进垫板及螺帽，逐步拧紧螺帽即可。孔洞口用同色水泥砂浆（或水泥石子浆）填补密实。

以上各种安装方法，装饰件固定点剖面见图9-7。

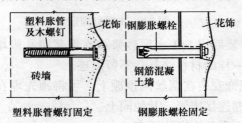

图 9-7 花饰件固定方法

2) 按花饰与基层表面的缝隙尺寸用螺母及垫块固定，并临时支撑。当螺栓与预留孔位置对不上时，要采取另绑钢筋或焊接的补救办法。

3）花饰临时固定后，将花饰与墙面之间缝隙的两侧和底面用石膏堵住。

4）然后用1:2水泥砂浆分层灌注，每次灌10cm左右，每层终凝后再灌上一层。

5）待水泥砂浆有足够强度后，拆除临时支撑。

6）清理周边堵缝的石膏，周边用1:1同色水泥砂浆修补整齐。

9.2.3 增强石膏花饰安装

增强石膏，系由特级石膏和优质玻璃纤维及化学添加剂加工而成，可制成各种饰线、灯圈、浮雕等多种产品，具有可钉、可锯、可刨和可修补等特点，不开裂、不变形、质轻、吸声、防火、防潮、防蛀，易于安装。

1. 石膏装饰线安装要点

（1）沿墙弹线定位。

（2）调制石膏胶粘剂：将少量水放在盆中，均匀撒上石膏粘粉，使其完全覆盖水面，将粘粉刚好被水浸透，静候片刻即可使用。

（3）贴线：在阴角处按长度须截45°斜角，贴线后用木方支撑，10~15min后取下支撑。

（4）勾缝。

（5）如装饰线与木质材料接触，应用镀锌或铜螺钉固定。

2. 石膏顶棚灯池安装要点

（1）搭架子。

（2）先用螺钉临时固定石膏灯池板，待用浸石膏水的玻璃纤维丝固定石膏板后，再将铁钉拔除，如为轻钢龙骨或木龙骨吊顶，则要用镀锌或铜螺钉固定。

(3) 勾缝：板与板之间的缝隙，可用石膏粘粉勾缝。

(4) 刷乳胶漆。

3．质量要求

(1) 花饰安装牢固，拼缝严密，花纹吻合。

(2) 花饰表面光洁，图案清晰，不得有裂缝、翘曲、缺棱掉角等缺陷。

(3) 条形花饰水平和垂直允许偏差不得大于 1mm/m，全长不得大于 3mm。

(4) 单独花饰位置允许偏差，不得大于 10mm。

9.3 预制混凝土花格饰件安装

混凝土花格饰件采用 C20 细石混凝土预制，立面形式有方形、矩形、多角形等，边长一般在 300～400mm。花格饰件的周边上留设 $\phi 20$ 的孔洞以便相邻两花格饰件连接，把若干个花格饰件组合起来即成为混凝土花格漏窗（图 9-8）。

预制混凝土花格饰件应采用 1:2.5 水泥砂浆砌筑。相邻

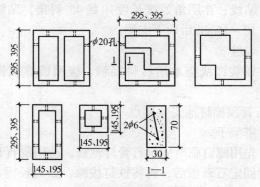

图 9-8　混凝土花格饰件示例

两花格饰件间应对准孔洞,在孔洞中插入 $\phi 8$ 钢筋,并用 1:3 水泥砂浆灌实孔洞中的空隙。花格饰件与墙体连接,应先在墙体打 $\phi 20$ 的墙洞,在墙洞内灌入 1:3 水泥砂浆,花格饰件砌上后,用 $\phi 8$ 钢筋穿过花格饰件上孔洞,插入墙洞内水泥砂浆层中,再用 1:3 水泥砂浆灌实钢筋与饰件上孔洞之间的空隙(图 9-8)。

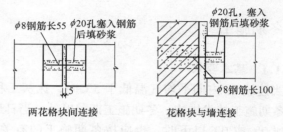

图 9-9 花格饰件的连接

10 季节施工

10.1 冬期施工

10.1.1 基本要求

1. 当连续 5d 内的平均气温低于 5℃时，抹灰工程施工应采取冬期施工技术措施。冬期施工期限以外，当日最低气温降低到 0℃或 0℃以下时，也应按冬期施工的有关规定。气温可根据当地气象预报或历年气象资料估计。

2. 参见本手册"6.4.5 冬期施工注意事项"。

10.1.2 抹灰砂浆制备要求

1. 抹灰砂浆宜采用普通硅酸盐水泥拌制，不得使用无水泥的砂浆，应采用水泥砂浆或水泥石灰砂浆。

2. 拌制抹灰砂浆用的石灰膏应防止受冻，如遭冻结，应经融化后方可使用。所用的砂，不得含有冰块和直径大于 10mm 的冻结块。

3. 拌合抹灰砂浆用水宜加热，水的温度不得超过 80℃。

4. 在气温较低情况下，砂也应加热。砂的加热方法：支起块钢板，钢板下生火，砂倒在钢板上，边炒边烘；或将蒸汽管插入砂堆中，通入蒸汽加热。砂的温度不得超过 40℃。

5. 抹灰砂浆应采用砂浆搅拌机进行搅拌，砂浆搅拌时间比常温时延长 1min 以上。砂浆搅拌时的温度宜不低于 25℃，砂浆抹灰时的温度不宜低于 5℃。砂浆应随拌随用，不得积存，以防止砂浆冻结。砂浆搅拌机所在棚房宜保温。砂浆运输容器应加盖。

10.1.3 抹灰工程冬期施工方法

抹灰工程冬期施工方法分为热作法和冷作法。

1. 热作法

热作法是利用房屋的临时热源或永久热源来提高和保持施工环境温度，使砂浆在正温度条件下硬化，适用于房屋内部抹灰及饰面镶贴等。

热作法施工操作与常温施工基本相同，但应注意以下几点：

（1）环境温度应保持在 5℃ 以上，直到抹灰基本干燥为止。

（2）需要抹灰的砌体，应提前加热，使砌体抹灰面保持在 5℃ 以上，宜用热水湿润砌体表面。

（3）用冻结法砌筑的砌体，应提前进行人工开冻，待开冻并下沉完毕，同时砌体强度达到设计强度的 20% 以上方可抹灰。

（4）室内保温方法可用生火炉、设暖风或红外线加热器、通暖气（热水或蒸汽）等。房间的门窗洞口应用草帘遮挡或预先安装门窗玻璃等，使房间封闭。

（5）用临时热源，应经常检查抹灰层的湿度，如干燥太快或出现裂缝、酥松等现象，应适时洒水湿润，使其有适当的湿度。

（6）室内应适时开启窗户或通风，以定期排除湿气。

（7）抹灰完后应保温养护 10～14d，要防止过早撤除热源，以免抹灰层中存留的水分冻结，造成抹灰层空鼓、脱落。

(8) 应定期测温，室内环境温度以地面以上 500mm 处为准。

2. 冷作法

冷作法是在抹灰砂浆中掺加化学外加剂，以降低抹灰砂浆的冰点，使砂浆在负温度下硬化。化学外加剂可采用氯化钠、氯化钙、碳酸钾、亚硝酸钠、硫酸钠、漂白粉等，优先选用单掺氯化钠、依次是掺氯化钠与氯化钙或碳酸钾、亚硝酸钠；当气温在 –10 ~ –25℃时可掺加漂白粉。

在当日室外气温下的氯化钠掺量见表 10-1。

不同气温下氯化钠掺量（%） 表 10-1

抹 灰 项 目	室外气温（℃）			
	0 ~ –3	–4 ~ –6	–7 ~ –8	–9 ~ –10
墙面抹水泥砂浆	2	4	6	8
挑檐、阳台、雨篷抹水泥砂浆	3	6	8	10
抹水刷石	3	6	8	10
抹干粘石	3	6	8	10
贴面砖、陶瓷锦砖	2	4	6	8

注：氯化钠掺量是指氯化钠重量与砂浆中水的重量之比，以百分率计。

采用氯化钠作为化学外加剂时，应由专人配制成溶液，提前两天用冷水配制 1:3（重量比）的浓溶液，将沉淀杂质清除后倒入大缸内，再加水配制成若干种符合比重的溶液，用比重计测定准确后，即可作为搅拌砂浆用水。氯化钠溶液的浓度与相对密度的关系见表 10-2。

掺亚硝酸钠时，其掺量（亚硝酸钠与水泥的质量百分比）为：室外气温在 0 ~ -3℃时为 1%；-4 ~ -9℃时为 3%；-10 ~ -15℃时为 5%。

氯化钠溶液浓度与相对密度关系 表 10-2

浓度（%）	相对密度	浓度（%）	相对密度	浓度（%）	相对密度
1	1.005	5	1.034	9	1.063
2	1.013	6	1.041	10	1.071
3	1.020	7	1.049	11	1.078
4	1.027	8	1.054	12	1.086

漂白粉的掺量与室外气温关系见表 10-3。漂白粉的掺量是指漂白粉与拌合水的重量百分比。漂白粉的水溶液称为氯化水溶液，掺加氯化水溶液的砂浆称为氯化砂浆。

漂白粉掺量与室外气温关系 表 10-3

室外气温（℃）	-10 ~ -12	-13 ~ -15	-16 ~ -18	-19 ~ -21	-22 ~ -25
漂白粉掺量（占水重%）	9	12	15	18	21
氯化水溶液的相对密度	1.05	1.06	1.07	1.08	1.09

漂白粉应用不超过 35℃的水溶化，加盖沉淀 1 ~ 2h，澄清后使用。

氯化砂浆搅拌时，应先将水泥和砂干拌均匀，然后加入氯化水溶液拌合。如用水泥石灰砂浆时，石灰膏用量不得超过水泥重量的一半。氯化砂浆应随拌随用，不得停放。氯化砂浆在使用时有一定温度要求，氯化砂浆的温度与室外气温的关系见表 10-4。

采用冷作法干粘石施工时，宜在抹灰砂浆中掺入 5% ~ 15%的 108 胶和 0.3%的木质素磺酸钙及 2%的氯化钙（均按水泥重量计）。砂浆搅拌时，注意108胶不要与氯化钙溶液直接接触，应先加一种材料搅拌均匀后再加另一种材料，避免直接混拌。

氯化砂浆温度与室外气温关系　　　　表10-4

室外气温（℃）	搅拌后的氯化砂浆温度（℃）	
	无风天气	有风天气
0～-10	+10	+15
-11～-20	+15～+20	+25
-21～-25	+20～+25	+30
-26以下	不得施工	不得施工

冷作法水刷石施工时，宜在抹灰砂浆中掺加2%的氯化钙和20%的108胶（均按水泥重量计）。基体面先刮1:1氯化钠水泥稀浆，再抹底层砂浆，底层砂浆厚度为10～12mm，面层可抹得薄一些，约4mm厚。面层水泥石子浆抹灰后应比常温下多压一遍，注意石碴大面朝外，稍干后再用喷雾器喷热盐水冲洗干净。

冷作法喷涂聚合物水泥砂浆施工时，宜在聚合物水泥砂浆中掺入水泥重量2%的氯化钙。大面积喷涂以采用粒状做法为宜。

冷作法贴面砖时，宜将面砖背面涂刷界面处理剂，再用掺加氯化钠的砂浆铺贴，或直接用胶粘剂铺贴，再用胶粘剂配制的胶泥勾缝。

10.2 夏期、雨期施工

1. 夏期施工

在炎热的夏季，高温干燥多风的气候条件下进行抹灰、饰面工程，常出现抹灰砂浆脱水，抹灰和饰面镶贴的基体脱水，造成砂浆中水泥没有很好水化就失水，无法产生强度，严重影响抹灰、饰面工程质量，其原因是砂浆中的水分在干热的气温下急剧地被蒸发。为防止上述现象发生，要调整抹灰砂浆级配，提高砂浆保水性、和易性，必要时可适当掺入外加剂；砂浆要随拌随用，不要一次拌得太多；控制好各层砂浆涂抹的间隔时间，若发现前一层过于干燥，则应提前洒水湿润方可涂抹后一层；按要求将浸水湿润并阴干的饰面板（砖）、即时进行镶贴或安装；对于应提前湿润的基体因气候炎热而又过于干燥时，必须适度浇水湿润，并及时进行抹灰或饰面作业；夏季进行室外抹灰及饰面工程时，应采取措施遮阳、防止暴晒，并及时对成品进行养护。

2. 雨期施工

雨季施工，砂浆和饰面板（砖）淋雨后，砂浆变稀，饰面板（砖）表面形成水膜，在这种情况下进行抹灰和饰面施工时，就会产生粘结不牢和饰面板（砖）浮滑下坠等质量事故。为此在雨季施工中要做到，合理安排施工计划，如晴天进行外部抹灰装饰，雨天进行室内施工；适当降低水灰比，提高砂浆的稠度；防雨遮盖，当抹灰面积较小时，可搭设临时施工棚或塑料布、芦席临时遮盖，进行施工操作。

11 古建筑装饰

11.1 墙面勾缝

1. 灰缝形式（图11-1）

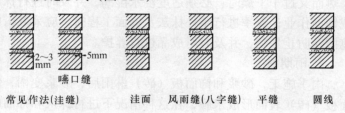

图11-1 砖墙的灰缝形式

灰缝有平缝和凹缝二种形式。凹缝又叫洼缝，洼缝又分为平洼、圆洼、燕口缝（较深的平洼缝）、风雨缝（八字缝）。

2. 灰缝的色调

灰缝色调多与砖墙一致，故多以月白灰、老浆灰等深灰或灰色调的灰浆为主，但有时也追求灰墙黑缝或灰墙白缝的对比效果。琉璃砖墙的灰缝应根据琉璃的颜色定，黄琉璃应使用红灰，绿色等其他颜色的琉璃墙用深月白灰或老浆灰。

3. 墙面勾缝的统一要求

墙面勾缝做法虽然很多，但在操作要求上有许多共同之处，现分述如下：

（1）除丝缝墙、石墙外，凡砖缝有缝隙过窄、砖棱不方等明显缺陷者，要用扁子"开缝"。

（2）凡墙面较干，怕灰附着不牢者，须事先用水将墙面洇湿。

（3）灰缝勾完后，要用刷子、扫帚等将墙面清扫干净。俗话说："三分砌七分勾（缝），三分勾七分扫"形象地说明了清扫墙面的重要性。

（4）灰缝的质量要求：灰缝应横平竖直；深浅应一致；灰缝应光顺，接茬自然；无明显裂缝、缺灰、"嘟噜灰"、后口空虚等缺陷；卧缝与立缝接茬无搭痕。

4．常见的手法

（1）耕缝

耕缝作法适用于丝缝及淌白缝子等灰缝很细的墙面作法。耕缝所用的工具：将前端削成扁平状的竹片或用有一定硬度的细金属丝制成"溜子"。灰缝如有空虚不齐之处，事先应经打点补齐。耕缝要安排在墁水活、冲水之后进行。耕缝时要用平尺板对齐灰缝贴在墙上，然后用溜子顺着平尺板在灰缝上耕压出缝子来。耕完卧缝以后再把立缝耕出来。

（2）打点缝子

砖墙一般用于普通淌白墙和琉璃砌体。用于普通淌白墙时，多用月白灰或老浆灰，有时也用白麻刀灰；用于琉璃砌体时，用红灰或深月白灰。打点缝子所用麻刀须为小麻刀灰，即不但灰内的麻刀含量较少，更主要的是，麻刀应剪短，故又称为"短麻刀灰"。用于重要的宫殿建筑，常用江米灰。用于淌白墙，常以锯末灰或纸筋灰代替小麻刀灰。

打点缝子的方法：用瓦刀、小木棍或钉子等顺砖缝搂划，然后用溜子将小麻刀灰或锯末灰等"喂"进砖缝。灰可与砖墙"喂"平，也可稍低于墙面。缝子打点完毕后，要用短毛刷子沾少量清水（沾后甩一下）顺砖缝刷一下，这样既可以使灰附着得更牢，又可使砖棱保持干净。

(3) 划缝

划缝做法主要用于带刀缝墙面，也用于灰砌糙砖清水墙，有时还用于淌白墙。划缝的特点是利用砖缝内的原有灰浆，因此也称做"原浆勾缝"。划缝前要用较硬的灰将缝里空虚之处塞实，然后用前端稍尖的小木棍顺着砖缝划出圆洼缝来。

(4) 弥缝

弥缝做法用于墙体的局部，如灰砌墀头中的梢子里侧部分、某些灰砌砖檐。弥缝的具体做法是：以小抹子或鸭嘴把与砖色相近的灰分两次把砖缝堵平，即"弥"住，然后用毛刷子沾少量清水顺砖缝刷一下，最后用与砖色相似的稀月白浆涂刷墙面。弥缝后的效果以看不出砖缝为好。

(5) 串缝

串缝做法只用于灰缝较宽的墙面，故多用于灰砌城砖（糙砖）、清水墙，或小式石活如台明、阶条、石板墙等。串缝所用灰一般为月白麻刀灰或白麻刀灰（只用于部分砖墙）。串缝时用小抹子或小鸭嘴挑灰分两次将砖缝堵平（或稍洼），串轧光顺。

(6) 描缝

用于淌白描缝墙面。描缝所用材料为烟子浆，描缝方法如下：先将缝子打点好，然后用毛笔沾烟子浆沿平尺板将灰缝描黑。为防止在描的过程中，墨色会逐渐变浅，每两笔可以相互反方向描，如第一笔从左往右描，第二笔从右往左描

(两笔要适当重叠)。这样可以保证描出的墨色深浅一致,看不出接茬。描缝时应注意修改原有灰缝的不足之处,保证墨线的宽窄一致、横平竖直。

(7) 抹灰做缝

1) 抹青灰做假砖缝:

简称"做假缝",用于混水墙抹灰。特点是远观有干摆或丝缝墙的效果。做法如下:

先抹出青灰墙面,颜色以近似砖色为好。现代施工中,也可抹水泥砂浆,再刷青浆轧光。趁灰未完全干的时候。用竹片或薄金属片(如钢锯条)沿平尺板在灰上划出细缝。

2) 抹白灰刷烟子浆镂缝:

简称"镂活",多用于廊心墙穿插当、山花象眼等处。常见的形式不仅有砖缝,还可镂出图案花卉等。其方法是:先将抹面抹好白麻刀灰,然后刷上一层黑烟子浆。等浆干后,用錾子等尖硬物镂出白色线条来。根据图面的虚实关系,还可轻镂出灰色线条。

3) 抹白灰(或月白灰)描黑缝:

简称"抹白描黑",偶见于庙宇中的内檐或无梁殿的券底抹灰。作法是:先用白麻刀灰或浅月白麻刀灰抹好墙面,按砖的排列形式分出砖格,用毛笔沾烟子浆或青浆顺平尺板描出假砖缝。

11.2 墙体抹灰

1. 种类与做法

(1) 靠骨灰

又叫刮骨灰或刻骨灰。其特点是,底层和面层都用麻刀灰。不同颜色的靠骨灰有不同的叫法：白色的叫白麻刀灰或白灰，抹白灰叫做抹"白活"，浅灰色或深灰色的叫月白灰，月白灰抹后刷青浆赶轧呈灰黑色的叫青灰，红色的叫红灰或葡萄灰，黄色的叫黄灰。

靠骨灰的工艺程序如下：

1) 底层处理

①浇水　墙面必须浇湿，这道工序至关重要。故工匠中有"水是瓦匠的胶"之说。靠骨灰的主要材料是熟石灰（氢氧化钙），氢氧化钙和空气中的二氧化碳生成碳酸钙。碳酸钙具有一定的硬度。但这种化合过程需要一定的时间，当灰干燥后，这种化合反应即自行停止。因此，湿润的墙面可为熟石灰的硬化提供充分的条件。干净湿润的墙面还有利于墙面与灰浆的附着结合。

②旧墙处理　如果是在旧墙面上抹灰，除应浇水以外，还要进行适当的处理。当墙面灰缝脱落严重时，应以掺灰泥或麻刀灰把缝堵严填平。当墙面局部缺砖或酥碱严重时，应以麻刀灰抹平。

③钉麻和压麻　较讲究的抹灰做法，要用麻来加强灰皮的整体性，故需钉麻或压麻。钉麻做法是将麻缠绕在钉子上，然后钉入灰缝内，叫做钉"麻揪"。唐代使用木钉，明、清两代使用铁制的"锓头钉子"。也可用竹钉代替。钉子之间相距约50厘米，每行钉子之间的距离也为50厘米，上、下行之间应相错排列。还有一种钉麻方法是先把钉子钉入墙内，然后用麻在钉子间来回缠绕，拉成网状。压麻做法是在砌墙时就把麻横压在墙内，抹灰打底时把麻分散铺开，轧入灰内。钉麻和压麻做法可以同时并用。

2) 打底

用大铁抹子（不可用木抹子）在经过处理的墙面上抹一层大麻刀灰。这一层灰应以找平为主，既不应刷浆也不轧光，否则会减弱打底灰与罩面灰的结合能力。如果抹完打底灰后仍不能具备抹罩面灰的条件时，如凹凸不平、严重开裂、灰缝收缩明显（俗称"抽"），应再抹一层打底灰。打底灰应在干至七成左右时再抹罩面灰，否则会影响外观质量。尤其是在只抹两层灰的情况下，更容易出现质量问题，因此应特别注意。

内檐抹灰多用煮浆灰（灰膏），外檐抹灰应使用泼灰或泼浆灰。外檐抹灰如使用灰膏，抹出的灰皮的密实度比用泼灰抹出的灰皮的密实度差得多，这样的墙面很容易渗入水汽（即吸水率高），因此抗冻融的能力就很低，容易造成灰皮的损坏。因此古建外檐抹灰，强调要使用泼灰，这是很有道理的。

3）罩面

用大铁抹子或木抹子在打底灰之上再抹一层大麻刀灰，这层灰要尽量抹平。有刷浆要求的可在抹完后马上刷一遍浆，然后用木抹子搓平，随后用大铁抹子赶轧。这次赶轧时，应尽量把抹子放平。如果面积较大，不能一次抹完时，可分段随抹随刷随轧。刷浆和轧活的时间要根据灰的软硬程度决定。灰硬应马上刷，马上轧；灰软可待其稍干时再刷浆和轧活，否则会造成凹凸不平。分段抹灰时应注意，接槎部分不要刷浆和赶轧，应留"白槎"和"毛槎"。

打底和罩面灰的总厚度一般不超过1.5厘米，宫殿建筑（压麻作法）的，抹灰厚度至少应在2厘米以上。

4）赶轧、刷浆

待罩面灰全部抹完后，要用小轧子反复赶轧。室内墙面或室外红灰、黄灰墙面应横向赶轧，讲究的青灰墙面可竖向轧出"小抹子花。"抹子花的长度不超过35厘米，每行抹子花应直顺整齐。室内抹"白活"的，轧活次数应根据外观效果决定。室外抹灰的，赶轧应"三浆三轧"，实际上轧活的次数可不限于三次。次数越多，灰的密实度就越高，使用的寿命也就越长。青灰墙面每赶轧一次，事先就应刷一次浆，最后应以赶轧出亮交活。如果最后刷1~2次浆但不再赶轧，叫做刷"蒙头浆"。红灰和黄灰墙面大多采用蒙头浆做法。青灰墙面的刷浆材料为青浆，用青灰调制而成。红灰墙面的刷浆材料为红土浆，传统的红土浆用红土粉调制。近年来多用氧化铁红代替，缺点是浆色呈紫红色，颜色较暗。黄灰墙面的刷浆材料为土黄浆，用土黄粉调制。土黄粉又叫包金土，故土黄色又称包金土色。黄色墙面还可通过下述方法刷成：先刷2~3遍白灰浆，干后再刷1~2遍绿矾水，墙面即呈红黄色。

(2) 泥底灰

所谓泥底灰是以泥做为底层，灰做为面层。泥内如不掺入白灰，叫素泥，掺入白灰的叫掺灰泥。为增强拉结力，泥内可掺入麦余等骨料。面层所用的白灰内一般应掺入麻刀，有特殊要求者，也可掺入棉花等其他纤维材料。

(3) 滑秸泥

滑秸泥作法俗称"抹大泥"，多见于明代以前的建筑，在明、清官式建筑中，已不多见，但在民居和地方建筑中，还常有使用。滑秸泥中的泥料，既可以是掺灰泥，也可以是素泥。泥中掺入的滑秸又叫麦余，麦余即小麦杆，有时也用麦壳，也可用大麦杆、荞麦杆、莜麦杆或稻草代替。使用前可将麦杆适当剪短并用斧子把麦杆砸劈，并用白灰浆把滑秸

"烧"软,最后再把泥拌匀。如果麦余中含有麦壳,可将麦壳和麦杆事先分开,打底用的泥内应以麦杆为主,罩面用的泥内应以麦壳为主。

滑秸泥的表面经赶轧出亮后,可根据不同的需要涂刷不同颜色的浆,如刷白灰浆等。

(4) 壁画抹灰

壁画抹灰的底层做法与上述几种做法的底层做法相同,但面层常改用其他做法,如蒲棒灰、棉花灰、麻刀灰、棉花泥等。这几种做法均需赶轧出亮但一般不再刷浆,如为抹泥作法,表面可涂刷白矾水,以防止绘画时色彩的反底变色。

(5) 其他做法

1) 纸筋灰 适用于室内抹白灰的面层,厚度一般不超过2毫米,底层应平整。

2) 三合灰 三合灰俗称混蛋灰,由白灰、青灰和水泥三合而成。具有短时间内硬结并达到较高强度的特点。

3) 毛灰 适用于外檐抹灰的面层,主要特点是在灰中掺入人的毛发或动物的鬃毛。整体性较好,不易开裂和脱落。

4) 焦渣灰 民间作法,煤料炉渣内掺入白灰制成。焦渣灰墙面较坚固,但表面较粗糙。多用于普通民房的室外抹灰,也可做为各种麻刀灰墙面的底层灰。

5) 煤球灰 煤球是一种传统燃料,是用煤粉掺入黄土制成的小圆球。煤球灰是用煤球的燃后废料炉灰过筛后,与白灰掺和再加水调匀制成的。用于作法简单的民宅,煤球灰作法与砂子灰相同。用于室外,表面多轧成光面。

6) 砂子灰 即现代所称的白灰砂浆,但作法与现代抹灰方法不尽相同。抹砂子灰一般不需经找直、冲筋等工序,表面只要求平顺。砂子灰一般分2次抹,破损较多或明显不平的墙面,以及要求轧光交活的墙可抹3次。抹前应将墙用水浇湿,破损处应补抹平整。用铁抹子抹底层砂子灰,并可用平尺板将墙刮一遍。底子灰抹好后马上用木抹子抹一遍罩面灰。如果面层为白灰或月白灰等作法的,要用平尺板把墙面刮平,然后用木抹子将墙面搓平,平尺板未刮到的地方要及时补抹平整。如果表面不再抹白灰或青灰等,应直接将墙面抹平顺,不要用平尺板刮墙面。以砂子灰做为面层交活的,有麻面砂子灰和光面砂子灰之分。麻面交活的要用木抹子将表面抹平抹顺,无接槎搭痕,无粗糙搓痕,抹痕应有规律,表面细致美观。光面交活的在抹完面层后要适时地将表面用铁抹子揉轧出浆,并将表面轧出亮光。

表面轧光的砂子灰,干透后可在表面涂刷石灰水或其它颜色的浆。

7) 锯末灰 底层一般为砂子灰、焦渣灰。底层灰稍干后即可抹锯末灰,面层厚度一般为 0.3~0.4 厘米。抹好后可用木抹子把墙面搓平顺,并用铁轧子把墙面赶轧光亮。

8) 擦抹素灰膏 素灰膏指不掺麻刀的纯白灰膏,所谓擦抹是指应将灰抹得薄。这种作法一般在砂子灰表面进行。砂子灰要求抹得很平整、光顺。素灰膏应较稀,必要时可适当掺水稀释。擦抹灰膏必须在砂子灰表面比较湿润的时候就开始进行。用铁抹子或铁轧子将灰膏抹得越薄越好,一般不超过1毫米厚。抹完后立即用小轧子反复揉轧,以能把灰膏轧进砂子灰但不完全露出砂子为好。最后轧光交活。

9) 滑秸灰 以白色滑秸灰较常见。其作法与靠骨灰或泥底灰抹法相同。

(6) 抹灰后做缝

抹灰后做缝包括抹青灰做假砖缝、抹白灰刷烟子浆镂缝、抹白灰描黑缝等做法（详见本手册"11.1墙面勾缝"）。

2. 灰浆的配合比

各种抹灰用的灰浆配合比及制作要点见表11-1。

抹灰用的灰浆配合比及制作要点　　　　表11-1

名称	主要用途	配合比及制作要点	说明
泼灰	制做灰浆的原材料	生石灰用水反复均匀地泼洒成为粉状后过筛	15天后才能使用，半年后不宜用于抹灰
泼浆灰	制做灰浆的原材料	泼灰过细筛后分层用青浆泼洒，闷至15天以后即可使用。白灰:青灰=100:13	超过半年后不宜使用
煮浆灰（灰膏）	制做灰浆的原材料，室内抹白灰	生石灰加水搅成浆状，过细筛后发涨而成	超过5天后才能使用
麻刀灰	抹靠骨灰及泥底灰的面层	各种灰浆调匀后掺入麻刀搅匀。用于靠骨灰时，灰:麻刀=100:4；用于面层时，灰:麻刀=100:3	是各种掺麻刀灰浆的统称
月白灰	室外抹青浆或月白灰	泼浆灰加水或青浆调匀，根据需要，掺入适量麻刀	月白灰分浅月白和深月白灰
葡萄灰	抹饰红灰	泼灰加水后加霞土（二红土），再加麻刀。白灰:霞土=1:1，灰:麻刀=100:3~4	现代多将霞土改为氧化铁红。白灰:氧化铁红=100:3
黄灰	抹饰黄灰	室外用泼灰，室内用灰膏，加水后加包金土色（深米黄色），再加麻刀。白灰:包金土:麻刀=100:5:4	如无包金土色，可改用地板黄，用量减半

续表

名称	主要用途	配合比及制作要点	说明
纸筋灰	室内抹灰的面层	草纸用水闷成纸浆，放入灰膏中搅匀。灰:纸筋=100:6~5	厚度不宜超过2mm
蒲棒灰	壁画抹灰的面层	灰膏内掺入蒲绒，调匀。灰:蒲绒=100:3	厚度不宜超过2mm
三合灰	抹灰打底	月白灰加适量水泥，根据需要可掺麻刀	
棉花灰	壁画抹灰的面层	好灰膏掺入精加工的棉花绒，调匀。灰:棉花=100:3	厚度不宜超过2mm
锯末灰	墙面抹灰	泼灰或煮浆灰加水调匀，锯末过筛洗净，锯末:白灰=1:1.5(体积比)，掺入灰内调匀后放置几天，待锯末烧软后即可使用	室外宜用泼灰，室内宜用煮浆灰
砂子灰	墙面抹灰，多用于底层，也用于面层	砂子过筛，白灰膏用少量水稀释后，加砂加水调匀，砂:灰=3:1	
焦渣灰	墙面抹灰	焦渣过筛，取细灰，与泼灰拌和后加水调匀，或用生石灰加水，取浆，与焦渣调匀。白灰:焦渣=1:3(体积比)	应放置2~3天后使用，以免生灰起拱
煤球灰	墙面抹灰	烧透的炉灰粉碎过筛，白灰膏或泼灰加水稀释，与炉灰拌和，加水调匀。白灰:炉灰=1:3	煤球为一种燃料，煤粉加黄土制成小圆球。炉灰为煤球的燃尽物
滑秸灰	建筑抹灰作法	泼灰:滑秸=100:4，滑秸长度5~6厘米，加水调匀。放置几天，等滑秸烧软后才能使用	

续表

名称	主要用途	配合比及制作要点	说明
毛灰	外檐抹灰	泼灰掺入动物鬃毛或人的头发（长度约5厘米），灰:毛=100:3	
掺灰泥（插灰泥）	泥底灰打底	泼灰与黄土搅匀后加水，或生石灰加水，取浆与黄土拌和，闷8小时后即可使用灰:黄土=3:7或4:6或5:5（体积比）	以亚黏性土较好
滑秸泥	抹饰墙面泥底灰打底	与掺灰泥制作方法相同，但应掺入滑秸，滑秸应经石灰水烧软后再与泥拌匀。滑秸使用前宜剪短砸劈。灰:滑秸=100:20（体积比）	
麻刀泥	壁画抹灰的面层	沙黄土过细筛，加水调匀后加入麻刀。沙黄土:白灰=6:4，白灰:麻刀=100:6~5	
棉花泥	壁画抹饰的面层	好粘土过筛，掺入适量细砂，加水调匀后，掺入精加工后的棉花绒。土:棉花=100:3	厚度不宜超过2mm
生石灰浆	内墙白灰墙面刷浆	生石灰块加水搅成浆状，经细筛过淋后掺入胶类物质	
熟石灰浆	内墙白灰墙面刷浆	泼灰加水搅成稠浆状，过筛后掺入胶类物质	
青灰	青灰墙面刷浆	青灰加水搅成浆状后过细筛（网眼宽不超过2厘米）	使用中，补充水两次以上时，应补充青灰

续表

名称	主要用途	配合比及制作要点	说明
红土浆（红浆）	抹饰红灰时的赶轧刷浆	红土兑水搅成浆状后，兑入江米汁和白矾水，过箩后使用，红土:江米:白矾=100:7.5:5	现在常用氧化铁红兑水再加胶类物质
包金土浆（土黄浆）	抹饰黄灰时的赶轧刷浆	土黄兑水搅成浆状后兑入江米汁和白矾水，过箩后使用，土黄:江米:白矾=100:7:5.5	现在常用地板黄兑生石灰水（或大白溶液），再加胶类物质
烟子浆	抹灰镂缝或描缝作法时刷浆	黑烟子用胶水搅成膏状，再加入搅成浆状	可掺适量青浆
绿矾水	庙宇黄色墙面的刷浆	绿矾加水，浓度视刷后的颜色而定	

注：1. 配合比中的白灰，除注明者外均指生石灰。
　　2. 配合比中除注明者外，均为重量比。
　　3. 注明体积比的，白灰均指熟石灰。

11.3 堆塑、镂画与砖雕

1. 堆塑与镂画

用抹灰的方法制作花饰，俗称"软花活"。软花活制作手法分为"堆塑"和"镂画"两种。

（1）堆塑

堆塑是在屋脊、沿口、飞檐和戗角等处，使用纸筋石灰一层层堆起具有立体感、栩栩如生的古式装饰。

1）扎骨架：用钢丝或镀锌铝丝配合粗细麻，按图样先扭成人物（或飞禽走兽）造型的轮廓，如能用铜丝扭扎则更为理想，因铜丝不生锈，经历年代更长。主骨架用8号铅丝或直径6mm钢筋绑扎在背脊处，与屋面上事先预埋钢筋连接。

2）刮草坯：用纸筋灰堆塑出人物模型。草坯用粗纸筋灰，其配合比为块灰50kg，粗纸筋10kg，纸筋先用瓦刀或铡刀斩碎，泡在水里化4~6个月，化至烂软后捞起与石灰膏拌合，然后放在石臼中用木桩锤捣至均匀带有黏性即可使用。

3）堆塑细坯：用细纸筋灰（加工方法同粗纸筋灰，但捞起后要过滤，清除杂质）按图样（或实样）堆塑。细纸筋灰中要掺入事先经化好后的青煤，再加入牛皮胶，堆塑细坯应两度。

4）磨光：使用铁皮或黄杨木加工的板形及条形溜子，将塑造的人物从上到下压、刮、磨3~4遍，磨到既压实又磨光为止，使塑造的模型表面无痕迹并发亮。

如在石块上堆塑，应先用石灰砂浆打底。

(2) 镂画

镂画是先用麻刀石灰打底，然后薄薄地抹上一层石灰膏，再在其上刷一层烟子浆，待灰浆干后，用钻子和竹片按设计要求进行镂画。镂画过的地方应露出石灰膏，为了使图案有立体感，图案中表现光线较弱的地方要轻镂，使石灰膏似露非露。由于镂活不易修改，为此应预先将图案镂画熟练了，再实际操作。

烟子浆是把黑烟子用溶化了的胶水搅成膏状，再加水搅成浆状。

2. 砖雕

砖雕是古建筑装饰中最精细别致的一种花饰，它具有刻划细腻，造型逼真、技艺深邃，布局匀称、构造紧凑，贴切自然的特点。

（1）分类

砖雕视装饰品的透视程度确定其厚薄，故有1层砖、2层砖、甚至3层砖之分，常见的多为1～2层砖。

（2）工具

雕刻工具有刨刀、板凿、条凿各两把，花凿、铲刀、剀刀、刮刀各若干把，小铲、油铲各一把，披灰用竹板刀若干把，这些工具市场采购不到，多系操作工人视需要自行设计加工。

（3）操作要点

1）选砖 雕刻用的砖比砌墙、墁地用砖要求严格，要挑选质地均匀、严密的砖，凡有裂缝、砂眼、缺角、掉边者不能选用。挑选时还可把砖的一角拎起，用钢凿敲试，声音清脆者好，否则在雕刻时会破碎。

2）刨平草坯 先确定统一规格，然后选薄的一边为标准刨平，刨几刀后将砖一边提起放斜，闭合左眼，用右眼观察高低不平情况，接着按刨刀宽度将四周刨平，最后把剩下中间一块按上法全部刨平。刨刀最好采用宽3cm的薄铁皮，安装角度要小，刨出来砖就光。

3）凿边与兜方 先从较好的一边下手，用直尺划线，把这一边刨平。然后依次用方尺（又称斗尺、曲尺）划线，把其余三边凿齐（凿时面大底小成楔形边，以便拼缝严密）刨平。由于雕刻用砖，要使其在拼装时上下左右密贴、吻合整齐，使雕刻图案不走样，所以砖的加工质量要严，四边凿边刨平后，先兜方后量对角线，按设计要求丝毫不得走样才行。

4）翻样　按图样计算好用砖块数，将其平铺在地上（用黄砂找平）或工作台上，上下左右砖缝对齐，四周固定挤紧，然后用复写纸将图样描在砖面上，如为双层砖，也照前法将图案照法拷贝，然后再分层分块进行雕刻。

5）雕刻　先要检查砖的干湿情况，因为砖一湿质地酥松，不易雕刻，应晒干后再行雕刻。雕刻时应先凿后刻，先直后斜，再铲、剾、刮平。用刀（凿）时，手要放低，并以无名指接触砖面，轻敲榔头，用力要均，待划线凿出一条刀路后，刀子始可放斜，边凿边铲。一般的做法是：

经过整形并画上图案的砖上，用尖凿凿出画面轮廓，确定其部位和层次，区分前、中、远三景，这个做法称"打坯"。

在打坯基础上凿刻纹样，先凿边框，再凿出外轮廓，铲去不要部分，留出纹样，此道工序称铲地板；再凿花纹细部按顺次完成。

接着是分层次（高低斩折）深浮雕，特别是透空雕，主题完全立体。此道工序与木雕不同，要镂空主题背面的材地，只能侧向进刀，不能象木雕从正面进刀。所以透空雕的砖块画面是没有边框的。安装兜肚部位需要边框，这是另外用砖磨光后镶上去的。

6）过浆与磨光　造型雕好后，组装起来，要检查一遍，需要修补重雕的，应即按上述方法修补后重雕。全部完成后要用瓦与瓦湿磨后澄清的浆遍涂一遍（叫做过浆）。干后用细砂皮、砂头砖、油石或堆土黄砂进行磨光。上述磨光材料视所在的部位灵活采用。

7）装贴 装贴前将砖浸水润湿，到无气泡为止，即可捞起晾干待用。墙面找平好稍干弹线后即可着手装贴。铺贴与拼缝的油灰配合比为细石灰:桐油:水 = 10:2.5:1，拌合后放在石臼舂 2h，舂后很干，再用桐油拌稠到可用为止。贴时用油铲把油灰满铺砖之背面，从下而上，从左到右装贴，砖缝用竹板刀披灰挤紧。双层砖的用元宝榫连接，贴好后再干砖的侧面嵌入事先加工的元宝榫。有砖刻花纹镶边的，应按上述次序先贴镶边，最后到上面与右面的镶边收尾。

11.4 墁地

古代建筑的地面分室内地面和室外散水、甬路等两类。一般都采用砖墁地，只有宫殿的甬路采用条石铺墁，称为"御路"。地面用的砖料分方砖和条砖两大类。方砖中有一种"金砖"，常用于宫殿、庙宇的正殿地面。地面的缝子形式有方块缝、芦席纹、人字纹等（图11-2）。砖墁地的方法，基本上分有细墁和糙墁两种。

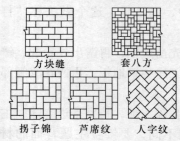

图 11-2 地面铺砌摆缝形式

11.4.1 室内地面的墁砌

1. 细墁

细墁地面所用砖料均须事先加工砍磨，其施工方法如下：

（1）基层先进行素土或灰土夯实。

(2) 按设计标高抄平，并在墙四周用墨线弹出平线。廊心地面应向外留 7‰的泛水，做到里高外低。

(3) 在室内两侧按平线拴两道拽线，并从室内正中向四面拴两道互相垂直的十字线，使铺砌的砖缝做到与房屋的轴线平行，并以此为据，将中间一趟安排在室内正中。

(4) 计算砖的趟数和每趟的块数。趟数应为单数，使中间一趟居室内正中，尽量避免有破活。如有破活，必须对称规划或安排在里面。门口附近，必须是整砖。

(5) 规划好后开始铺砌，先在靠近两端拽线的地方各墁一趟砖，俗称"冲趟"。

冲趟后开始墁地。墁地灰浆厚度不小于 5cm，灰浆比例为白灰：土 = 4:6 或 5:5。砖缝用灰叫"油灰"，其配合比为：面粉：细白灰粉：烟子：桐油 = 1:4:0.5:6，搅拌均匀。烟子事先用胶小调成糊膏状。

(6) 墁地的工具有木剑、墩锤、瓦刀、油灰槽、浆壶、刷子等。

(7) 墁地程序如下：

样淌——在两道拽线间拴一道卧线，以卧线为准铺灰浆墁砖，然后用墩锤轻轻拍打，砖的平顺、与灰浆接触是否严实、砖缝是否严密，都须在此时找好。

揭淌——将墁好的砖揭下来，并逐块记上号码，以便按原有位置对号入座；然后在泥上泼洒（或浇）白灰浆（称坐浆），并用刷子沾水将砖的两肋里楞刷湿。

上缝——用木剑在砖的里口抹上油灰，然后按原位置将砖对号入座墁好，并用墩锤轻轻拍打，要做到砖要平、顺直、缝子要严。

铲凿缝——用竹片将面上多余的油灰铲掉，然后用磨头

463

将砖与砖之间凸起的部分磨平。

剎趟——以卧线为标准，检查砖楞，如有多出处，要用磨头磨平。

以后每行均按上述方法操作，待整间地面墁好，灰浆凝固后再作如下操作：

打点——砖面上如有残缺或砂眼，要用砖药打点整齐；

漫水——砖面有局部凸凹不平处，用磨头沾水磨平，并将地面全部擦拭干净；

攒生——待地面干透后，用生桐油在地面上反复涂沫或浸泡。

2. 金砖墁地

金砖墁地的做法大致与细墁地面相同。不同的是：

（1）金砖墁地不用灰浆打底，而用干砂或纯白灰；

（2）如用干砂铺墁，每行剎趟后要用灰"抹线"，即用灰把砂层封住；

（3）在攒生之前要先用黑矾水涂洗地面。黑矾水的配制方法是：用黑烟子（先用酒或胶水化开）：黑矾 = 10∶1（体积比）混合，另将红木刨花与水相煮，待水变色后除净刨花，然后将黑烟子和黑矾倒入红木水中煮熬，直至颜色为深黑色为止。趁热将此黑矾水泼洒在地面上（分两次泼），然后用生桐油浸泡地面。这种作法称为"攒生泼墨"法。也可在泼墨后不攒生，而采用烫蜡方法，即将白蜡熔化后倒在地面上，然后用竹片将蜡铲掉，用软布擦试地面，直到发亮为止。

3. 糙墁

所用砖料不经加工，其操作方法与细墁大致相同，但不用油灰，也不攒生桐油，铺墁后用白灰砂（白灰∶砂 = 1∶3）

将砖缝守严扫净即可。

11.4.2 室外地面的墁砌

1. 散水

散水位于屋檐、台基旁,是用来保护地基不受雨水浸蚀的室外地面。散水宽度应根据出檐的远近来决定,以保证屋檐流下的雨水落在散水上为准。散水要有泛水,里侧应与台明的土衬(图11-3)同高。散水的铺墁形式有一品书和连环锦,见图11-4。无论何种形式,外口一律先"栽"一行"牙子砖"。栽牙子砖前,应先算好散水砖所占的尺寸。散水铺墁方法同室内墁砖。由于室外地面受雨水、重物的冲压及冻融影响,所以基础必须用灰土夯实、找平。

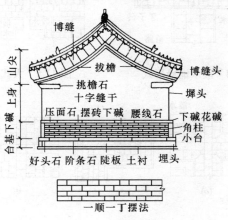

图11-3 散水形式

2. 甬路

甬路是庭院中的主要交通线,一般都用方砖铺墁。甬路砖的趟数应为单数,其铺墁方法是:先按中线和砖趟所占的尺寸栽好牙子砖,然后墁中间一趟,再墁两边。遇有交叉甬路的中线交叉点应为一块方砖的中心点。大式甬路的交叉比较简单,一般先将主要的(趟数多的)甬路墁好,再从旁边墁,因此砖比较好摆,其甬路牙子多用石头牙子(图11-5)。小式甬路交叉分缝比较复杂,常见的缝子形式有龟背锦和筛子底两种(图11-6)。

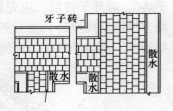

图11-4 散水铺墁形式　　图11-5 大式交叉甬路

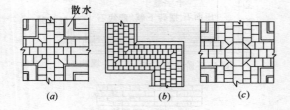

图11-6 小式甬路
(a)3趟交叉筛子底十字甬路;(b)5趟交叉筛子底交叉甬路;
(c)3、5交叉龟背锦十字甬路

甬路的宽窄按其所位置的重要性决定。重要的甬路,砖的趟数较多,一般分1、3、5、7、9趟。古代最讲究的为

"御路"（图 11-7）。

甬路应做成中间高、两边低，以利排水。无论是散水或甬路，均应考虑整个院落排水。

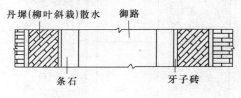

图 11-7 御路

3. 雕花甬路

雕花甬路是指甬路两旁的散水墁有经过雕刻带的花饰的方砖，或是镶有由瓦片组成的图案，也有采用各种石砾摆成各种图案（图 11-8）。这类甬路古代常用于宫廷园林中。

雕花甬路的做法有以下三种：

（1）方砖雕刻法

按事先设计好的图案，在方砖上分别雕刻，其手法可采用浮雕或平雕。按设计要求将砖墁好，然后在花饰空白的地方抹上油灰（或水泥），在上码放小石砾，最后用生灰粉将表面油灰揉搓擦净。

（2）瓦条集锦法

先将甬路墁好并栽好散水牙子，然后在散水部位抹一层掺灰泥，再在抹平的掺灰泥上按设计要求画出图案。另外，将若干瓦条依照图案中的要求先将线条磨好，然后用油灰粘在图案线条的位置上，用许许多多的瓦条集锦成图案，瓦条的空挡处摆满石砾，石砾也用油灰粘好，最后用生灰面揉擦干净。

（3）花石子甬路

图 11-8 雕花甬路

花石子甬路与瓦条集锦法大致相同，不同处在于石砾代替瓦条摆成图案。图案以外部分，用其他颜色的石砾码置。

（4）海墁

庭院中除了甬路外，其他地方也都墁砖的做法称海墁。

海墁应在墁完甬路后进行。靠近甬路地方，应以牙子砖为高低标准。海墁一般都用条砖，并要"竖墁甬路、横墁地"，有破活处，应安排在庭院不注目的地方。

海墁一般都属粗墁工艺。但应考虑全庭院的排水问题，应事先根据地形决定排水方向，找出泛水。

12 安全施工

12.1 施工现场安全

12.1.1 个人劳动保护

1. 参加施工的工人，要熟知抹灰工的安全技术操作规程。在操作中，应坚守工作岗位，严禁酒后操作。

2. 机械操作人员必须身体健康，并经过专业培训合格，取得上岗证。学员必须在师傅指导下进行操作。

3. 进入施工现场，必须戴安全帽，禁止穿硬底鞋和拖鞋。机械操作工的长发不得外露。在没有防护设施的高空施工，必须系安全带。距地面 3m 以上作业要有防护栏杆、档板或安全网。安全帽、安全带、安全网要定期检查，不符合要求的严禁使用。

4. 施工现场的脚手架、防护设施、安全标志和警告牌，不得擅自拆动，需要拆动的应经工地施工负责人同意。

5. 施工现场的洞、坑、沟、升降口、漏斗等危险处，应有防护设施或明显标志。

12.1.2 高空作业安全

1. 从事高空作业的人员要定期体检。经医生诊断，凡患高血压，心脏病、贫血病、癫痫病以及其它不适于高空作业的，不得从事高空作业。

2.高空作业衣着要轻便,禁止穿硬底鞋和带钉易滑的鞋。

3.高空作业所用材料要堆放平稳,工具应随手放入工具袋内。上下传递物件禁止抛掷。

4.遇有恶劣气候(如风力在六级以上)影响安全施工时,禁止进行露天高空作业。

5.攀登用的梯子不得缺档,不得垫高使用。梯子横档间距以30cm为宜。使用时上端要扎牢,下端应采取防滑措施。单面梯与地面夹角以60°~70°为宜,禁止两人同时在梯上作业。如需接长使用,应绑扎牢固。人字梯底脚要拉牢。在通道处使用梯子,应有人监护或设置围栏。

6.乘人的外用电梯、吊笼,应有可靠的安全装置。禁止随同运料的吊篮、吊盘等上下。

12.1.3 机械喷涂抹灰安全

1.喷涂抹灰前,应检查输送管道是否固定牢固,以防管道滑脱伤人。

2.从事机械喷涂抹灰作业的施工人员,必须经过体检,并进行安全培训,合格后方可上岗操作。

3.喷枪手必须穿好工作服、胶皮鞋,戴好安全帽、手套和安全防护镜等劳保用品。

4.供料与喷涂人员之间的联络信号,应清晰易辨,准确无误。

5.喷涂作业时,严禁将喷枪口对人。当喷涂管道堵塞时,应先停机释放压力,避开人群进行拆卸排除,未卸压前严禁敲打晃动管道。

6.喷枪的试喷与检查喷嘴是否堵塞,应避免枪口突发喷射伤人。在喷涂过程中,应有专人配合,协助喷枪手拖管，以防移管时失控伤人。

7. 输浆过程中，应随时检查输浆管连接处是否松动，以免管接头脱落，喷浆伤人。

8. 清洗输浆管时，应先卸压，后进行清洗。

12.1.4 脚手架使用安全

1. 抹灰、饰面等用的外脚手架，其宽度不得小于 0.8m，立杆间距不得大于 2m；大横杆间距不得大于 1.8m。脚手架允许荷载，每平方米不得超过 270kg。脚手板需满铺，离墙面不得大于 20cm，不得有空隙和探头板。脚手架拐弯处脚手板应交叉搭接。垫平脚手板应用木块，并且要钉牢，不得用砖垫。脚手架的外侧，应绑 1m 高的防护栏杆和钉 18cm 高的挡脚板或防护立网。在门窗洞口搭设挑架（外伸脚手架），斜杆与墙面一般不大于 30°，并应支承在建筑物牢固部位，不得支承在窗台板、窗楣、腰线等处。墙内大横杆两端均必须伸过门窗洞两侧不少于 25m。挑架所有受力点都要绑双扣，同时要绑防护栏杆。

2. 抹灰、饰面等用的里脚手架，其宽度不得小于 1.2m。木凳、金属支架应搭设平稳牢固，横杆间距（脚手板跨度）不得大于 2m。脚手板面离上层顶棚底应不小于 2m。架上堆放材料不得过于集中，在同一脚手板跨度内不应超过两人。

3. 顶棚抹灰应搭设满堂脚手架，脚手板应满铺。脚手板之间的空隙宽度不得大于 5cm。脚手板距顶棚底不小于 2m。

4. 不准在门窗、暖气片、洗面池等器物上搭设脚手架。阳台部位抹灰，外侧必须挂设安全网。严禁踩踏脚手架的护身栏杆和在阳台栏板上进行操作。

5. 如建筑物施工已有砌筑用外脚手架或里脚手架，则

471

进行抹灰、饰面工程施工时就可以利用这些脚手架，待抹灰、饰面工程完成后才拆除脚手架。

12.2 机械使用安全

12.2.1 砂浆搅拌机安全使用

1. 砂浆搅拌机启动前，应检查搅拌机的传动系统、工作装置、防护设施等均应牢固、操作灵活。启动后，先经空运转，检查搅拌叶旋转方向正确，方可加料加水进行搅拌。

2. 砂浆搅拌机的搅拌叶运转中，不得用手或木棒等伸进搅拌筒内或在筒口清理砂浆。

3. 搅拌中，如发生故障不能继续运转时，应立即切断电源。将筒内砂浆倒出，进行检修排除故障。

4. 砂浆搅拌机使用完毕，应做好搅拌机内外的清洗、保养及场地的清理工作。

12.2.2 灰浆输送泵安全使用

1. 输送管道应有牢固的支撑，尽量减少弯管，各接头连接牢固，管道上不得加压或悬挂重物。

2. 灰浆输送泵使用前，应进行空运转，检查旋转方向正确，传动部分、工作装置及料斗滤网齐全可靠，方可进行作业。加料前，应先用泵将浓石灰浆或石灰膏送入管道进行润滑。

3. 启动后，待运转正常才能向泵内放砂浆。灰浆泵需连续运转，在短时间内不用砂浆时，可打开回浆阀使砂浆在泵体内循环运行，如停机时间较长，应每隔 3~5min 泵送一次，使砂浆在管道和泵体内流动，以防凝结而阻塞。

4. 工作中应经常注意压力表指示，如超过规定压力应立即查明原因排除故障。

5．应注意检查球阀、阀座或挤压管的磨损，如发现漏浆应停机检查修复或更换后，方可继续作业。

6．故障停机时，应打开泄浆阀使压力下降，然后排除故障。灰浆输送泵压力未降至零时，不得拆卸空气室、压力安全阀和管道。

7．作业后，应对输送泵进行全面清洗和做好场地清理工作。

8．灰浆联合机和喷枪必须由专人操作、管理和保养。工作前应做好安全检查。喷涂前应检查超载安全装置，喷涂时应随时观察压力表升降变化，以防超载危及安全。设备运转时不得检修。设备检修清理时，应拉闸断电，并挂牌示意或设专人看护。非检修人员不得拆卸安全装置。

12.2.3 空气压缩机安全使用

1．固定式空气压缩机必须安装平稳牢固。移动式空气压缩机放置后，应保持水平，轮胎应楔紧。

2．空气压缩机作业环境应保持清洁和干燥。贮气罐需放在通风良好处，半径15m以内不得进行焊接或热加工作业。

3．贮气罐和输气管每三年应作水压试验一次，试验压力为额定工作压力的150％。压力表和安全阀每年至少应校验一次。

4．移动式空气压缩机施运前应检查行走装置的紧固、润滑等情况。拖行速度不超过20km/h。

5．空气压缩机曲轴箱内的润滑油量应在标尺规定范围内，加添润滑油的品种、标号必须符合规定。各联结部位应紧固，各运动部位及各部阀门开闭应灵活，并处于起动前的位置。冷却水必须用清洁的软水,并保持畅通。

6. 启动空气压缩机必须在无载荷状态下进行,待运转正常后,再逐步进入载荷运转。

7. 开启送气阀前,应将输气管道联接好,输气管道应保持畅通,不得扭曲。并通知有关人员后,方可送气。在出气口前不准有人工作或站立。

8. 空气压缩机运转正常后,各种仪表指示值应符合原厂说明书的要求;贮气罐内最大压力不得超过铭牌规定,安全阀应灵敏有效;进气阀、排气阀、轴承及各部件应无异响或过热现象。

9. 每工作 2h 需将油水分离器、中间冷却器、后冷却器内的油水排放一次。贮气罐内的油水每班必须排放一至二次。

10. 发现下列情况之一时,应立即停机检查,找出原因,待故障排除后方可作业:

(1) 漏水、漏气、漏电或冷却水突然中断。

(2) 压力表、温度表、电流表的指示值超过规定。

(3) 排气压力突然升高,排气阀、安全阀失效。

(4) 机械有异响或电动机电刷发生强烈火花。

11. 空气压缩机运转中,如因缺水致气缸过热而停机时,不得立即添加冷水,必须待气缸体自然降温至 60℃ 以下方可加水。

12. 电动空气压缩机运转中如遇停电,应即切断电源,待来电后重新启动。

13. 停机时,应先卸去载荷,然后分离主离合器,再停止内燃机或电动机的运转。

14. 停机后,关闭冷却水阀门,打开放气阀,放出各级冷却器和贮气罐内的油水和存气。当气温低于5℃时，应将各部存水放尽，方可离去。

15. 不得用汽油或煤油清洗空气压缩机的滤清器及气缸和管道的零件，或用燃烧方法清除管道的油污。

16. 使用压缩空气吹洗零件时，严禁将风口对准人体或其他设备。

12.2.4 水磨石机安全使用

1. 水磨石机使用前，应仔细检查电器、开关和导线的绝缘情况，选用粗细合适的熔断丝，导线最好用绳子悬挂起来，不要随着机械的移动在地面上拖拉。还需对机械部分进行检查。磨石等工作装置必须安装牢固；螺栓、螺帽等联结件必须紧固；传动件应灵活有效而不松旷。磨石最好在夹爪和磨石之间垫以木楔，不要直接硬卡，以免在运转中发生松动。

2. 水磨石机使用时，应对机械进行充分润滑，先进行试运转，待转速达到正常时再放落工作部分；工作中如发生零件松脱或出现不正常音响时，应立即停机进行检查；工作部分不能松落，否则易打坏机械或伤人。

3. 长时间工作，电动机或传动部分过热时，必须停机冷却。

4. 每班工作结束后，应切断电源，将机械擦拭干净，停放在干燥处，以免电动机或电器受潮。

5. 操作水磨石机，应穿胶鞋和戴绝缘手套。

12.2.5 手持电动工具安全使用

1. 手持电动工具作业前必须检查，达到以下要求：

（1）外壳、手柄应无裂缝、破损。

（2）保护接地（接零）连接正确、牢固可靠，电缆软线及插头等应完好无损,开关动作应正常,并注意开关的操作方法。

(3) 电气保护装置良好、可靠,机械防护装置齐全。

2. 手持电动工具启动后应空载运转,并检查工具联动应灵活无阻。

3. 手持砂轮机、角向磨光机,必须装置防护罩。操作时,加力要平稳,不得用力过猛。

4. 作业中,不得用手触摸刃具、砂轮等,如发现有磨钝、破损情况时应立即停机修整或更换后再行作业。工具在运转时不得撒手。

5. 严禁超载荷使用,随时注意音响、温升,如发现异常应立即停机检查。作业时间过长,温度升高时,应停机待自然冷却后再行作业。

6. 使用冲击钻注意事项:

(1) 钻头应顶在工件上再打钻,不得空打和顶死;

(2) 钻孔时应避开混凝中的钢筋;

(3) 必须垂直地顶在工件上,不得在钻孔过程中晃动;

(4) 使用直径在25mm以上的冲击电钻时,作业场地周围应设护栏。在地面上操作应有稳固的平台。

7. 使用角向磨光机应注意砂轮的安全线速度为80m/min;作磨削时应使砂轮与工作面保持15°~30°的倾斜位置。作切割时不得倾斜。

13 工料计算和班组管理

13.1 工料计算

13.1.1 工程量计算

1. 一般抹灰工程量

(1) 内墙面抹灰工程量按内墙的面积计算,应扣除门窗洞口和空圈所占的面积。不扣除踢脚板、挂镜线、0.3m² 以内的孔洞和墙与构件交接处的面积;不增加洞口侧壁和顶面的面积。墙垛和附墙烟囱侧壁面积合并到内墙面抹灰工程量中。

(2) 内墙面抹灰的长度,以主墙间的净长计算。内墙面抹灰的高度确定如下:

1) 无墙裙的,其高度按室内地面或楼面至顶棚底面之间距离计算。

2) 有墙裙的,其高度按墙裙顶至顶棚底面之间距离计算。

3) 板条顶棚的内墙面抹灰,其高度按室内地面或楼面至顶棚底面另加 100mm 计算。

(3) 内墙裙抹灰工程按内墙裙面积计算,即内墙净长乘以墙裙高度计算。应扣除门窗洞口和空圈所占的面积;不增加门窗洞口和空圈的侧壁面积、墙垛、附墙烟囱侧壁面积合并到内墙裙抹灰工程量中。

(4) 外墙面抹灰工程量按外墙面的垂直投影面积计算，应扣除门窗洞口、外墙裙和大于 $0.3m^2$ 孔洞所占面积。不增加洞口侧壁面积。附墙垛、梁、柱侧面抹灰面积并入外墙面抹灰工程量中。

(5) 外墙裙抹灰工程量按外墙裙面积计算。即外墙周边长度乘以墙裙高度计算，应扣除门窗洞口和大于 $0.3m^2$ 孔洞所占的面积；不增加门窗洞口及孔洞的侧壁面积。

(6) 窗台线、门窗套、挑檐、腰线、遮阳板等抹灰工程量计算如下：当其展开宽度在 300mm 以内者，按装饰线的长度计算。当其展开宽度超过 300mm 以上时，按图示尺寸以展开面积计算（作为零星抹灰）。

(7) 栏板、栏杆（包括立柱、扶手或压顶等）抹灰工程量按其立面垂直投影面积乘以系数 2.2 计算。

(8) 阳台底面抹灰工程量按其水平投影面积计算，并入相应顶棚抹灰面积内。阳台如有挑梁者，其工程量乘以系数 1.30。

(9) 雨篷底面或雨篷顶面抹灰工程量按其水平投影面积计算，并入相应顶棚抹灰面积内。雨篷顶面带反檐或反梁者，其工程量乘系数 1.20。雨篷底面有挑梁者，其工程量乘以系数 1.20。

(10) 独立柱抹灰工程量按柱的外围面积计算，即柱断面周长乘以柱高计算。

(11) 顶棚抹灰工程量按主墙间顶棚的净面积计算，不扣除间壁墙、垛、柱、附墙烟囱、检查口和管道所占的面积。带梁顶棚的梁两侧抹灰面积并入顶棚抹灰面积内。密肋梁和井字梁顶棚抹灰面积，按其展开面积计算。檐口顶棚的抹灰面积并入相同的顶棚抹灰工程量内。顶棚抹灰如带有装饰线时，区别装饰线的道数按其长度计算，线角的道线以一个突出的棱角为一道线。顶棚中的折线、灯槽线、圆弧形线、拱形线等艺术形式的抹灰工程量，按其展开面积计算。

各种零星构件抹灰工程量，均按其展开面积计算。

2. 装饰抹灰工程量

（1）外墙面装饰工程量按外墙面实抹面积计算，应扣除门窗洞口和空圈的面积，增加门窗洞口和空圈侧壁及顶面面积。墙面上小于 $0.3m^2$ 的孔洞，可不扣除其面积，但不增加孔洞侧壁的面积；墙面上大于 $0.3m^2$ 的孔洞，应扣除其面积，但应增加其侧壁面积。

（2）外墙裙装饰抹灰工程量按外墙裙实抹面积计算，应扣除门窗洞口和空圈所占面积，增加门窗洞口和空圈的侧壁面积。

（3）挑檐、天沟、腰线、栏杆、栏板、门窗套、窗台线、压顶等装饰抹灰工程量均按抹灰的展开面积计算。

（4）独立柱装饰抹灰工程量按其实抹面积计算，即柱断面周长乘以柱高。

3. 饰面工程量

（1）墙、柱面镶贴饰面板、饰面砖工程量，均按图示尺寸以实际镶贴面积计算。

（2）墙裙以高度在 1500mm 以内为准，超过 1500mm 时按墙面镶贴计算，高度低于 300mm 以内者，按踢脚板镶贴计算。

（3）计算镶贴面积时，不扣除墙上开关板、管道固定件等小面积不镶贴部位的面积。

4. 地面面层工程量

(1) 地面的整体面层工程量按主墙间净空面积计算,应扣除凸出地面的构筑物、设备基础、室内管道、地沟等所占面积。不扣除柱、垛、间壁墙、附墙烟囱及面积在 $0.3m^2$ 以内的孔洞所占面积,但门洞、空圈、暖气包槽、壁龛的开口部分亦不增加。若无不扣除部分,则门洞等开口部分亦应增加。

(2) 地面的块料面层工程量按图示尺寸实铺面积计算,增加门洞、空圈、暖气包槽和壁龛的开口部分面积,并入相应的面层面积内。

(3) 相通两房间如用不同地面面层,门洞开口部分的分界线,以门扇关闭时为准。

(4) 楼梯面层工程量(包括梯段踏步、平台及宽度小于 500mm 的楼梯井)按楼梯间净面积的水平投影面积乘以楼层数减一层计算。

(5) 台阶面层工程量(包括踏步及最上一步宽 300mm)按台阶的水平投影面积计算。

(6) 踏脚板工程量按实际长度计算,洞口、空圈长度不予扣除,但洞口、空圈、垛、附墙烟囱等侧壁长度亦不增加。

(7) 散水、防滑坡道工程量按实际面积计算。散水面积等于散水宽度乘以散水中心线长度。

(8) 防滑条工程量按其长度计算,每根防滑条长度可按楼梯踏步宽度减 300mm 计算。

13.1.2 人工和材料计算

1. 工料计算公式

完成某项工程所需人工工日数可按下式计算:

人工工日数 = 工程量 × 综合工日定额

完成某项工程所需各种材料量可按下式计算：

材料耗用量 = 工程量 × 材料耗用定额

各种材料均应分别计算。

综合工日定额及材料耗用定额可查阅中华人民共和国建设部颁发的《全国统一建筑工程基础定额》（土建·上、下册，GJD—101—95）。

应用这本基础定额时，必须看清每一工程的说明、工作内容、定额计量单位等。根据所做工程的类别、用料、构造特点等找到相应的定额表。每个定额表上均有综合工日定额、材料定额及机械定额三个项目（有些仅用手工操作项目无机械定额）。可按各个项目逐行计算。如所做工程的某一条件与定额表上不符，则应找到相应调整表，予以定额调整。

2．工料计算示例

某居室净长4.26m、净宽3.06m、净高2.60m，门高2.4m，门宽0.9m；窗高1.5m，窗宽1.2m。现做内墙混合砂浆抹灰，抹灰厚度为14+6mm，砖墙面，求所需人工工日数及材料用量。

（1）工程量计算

抹灰面积 = (4.26 + 3.06) × 2 × 2.6 − 2.4 × 0.9 − 1.5 × 1.2
= 38.06 − 2.16 − 1.8 = 34.1m²

（2）查定额

翻到基础定额本上第792页，应用定额编号为11~36（表13-1）。

3．混合砂浆

工作内容：

（1）清理、修补、湿润基层表面、堵墙眼、调运砂浆、清扫落地灰。

(2) 分层抹灰找平、刷浆、洒水湿润、罩面压光（包括门窗洞口侧壁及护角线抹灰）。

计量单位：100m² 表13-1

定额编号			11—36	11—37	11—38	11—39
项目		单位	墙面、墙裙抹混合砂浆			
			14+6mm	12+8mm	24+6mm	14+6mm
			砖 墙	混凝土墙	毛石墙	钢板网墙
材料	混合砂浆 1:1:6	m³	1.62	1.39	2.77	1.62
	混合砂浆 1:1:4	m³	0.69	0.94	0.69	0.69
	素水泥浆	m³	—	0.11	—	0.11
	108胶	kg	—	2.48	—	2.48
	水	m³	0.69	0.70	0.83	0.70
	松厚板	m³	0.005	0.005	0.005	0.005
机械	灰浆搅拌机 200L	台班	0.39	0.39	0.58	0.39

(3) 工日计算：

人工工日数 $= 0.341 \times 13.73 = 4.68$ 工日

(4) 材料计算：

1:1:6 混合砂浆量 $= 0.341 \times 1.62 = 0.552 m^3$

1:1:4 混合砂浆量 $= 0.341 \times 0.69 = 0.235 m^3$

水量 $= 0.341 \times 0.69 = 0.235 m^3$

松厚板量 $= 0.341 \times 0.005 = 0.002 m^3$

查抹灰砂浆配合比表，求砂浆原材料用量

1:1:6 混合砂浆所用原材料为：

水泥 $= 0.552 \times 204 = 113 kg$

石灰膏 $= 0.552 \times 0.17 = 0.094 m^3$

粗砂 $= 0.552 \times 1.03 = 0.569 m^3$

水 $= 0.552 \times 0.6 = 0.331 m^3$

1:1:4 混合砂浆所用原材料为：

$$水泥 = 0.235 \times 278 = 65 \text{kg}$$
$$石灰膏 = 0.235 \times 0.23 = 0.054 \text{m}^3$$
$$粗砂 = 0.235 \times 0.94 = 0.221 \text{m}^3$$
$$水 = 0.235 \times 0.6 = 0.141 \text{m}^3$$

13.2 班组管理

1. 班组的概念

班组是能够在企业生产活动中，独立完成某一个系统、程序或分部、分项工作任务的作业小组，是施工企业生产活动的最小单位。

2. 班组管理的任务

根据上级下达的生产任务要求，按照生产特点和规律，合理配制资源，调动一切积极因素，把班组成员有机地组织起来，使生产过程达到进度、质量、安全生产、文明施工，降低成本的要求。

3. 班组管理的特点

由于班组是施工企业生产的一个最小单位，其在管理上有着自身的特点。

（1）班组管理是企业的最终管理。

（2）班组管理是第一线管理，也是对任务施工方案的最终实施落实的管理。

4. 班组管理的内容

（1）班组生产作业管理。根据项目生产部门给班组下达的任务和要求，组织班组人员做好熟悉图样、生产准备、确定实施方案等方面的工作，确保按期完成任务。

(2) 班组质量管理。建立、建全班组质量管理责任制,针对生产任务的内容组织学习相关的质量标准、规范,提高作业质量。各级开展讨论质量通病的预防工作。定期召开质量例会,做好会议记录。

(3) 班组安全生产管理。加强常规的安全教育,增强班组人员安全生产的意识。针对生产任务的特点的内容,制定有针对性可操作的安全交底与学习。严格执行安全技术操作规程和各项规章制度,定期召开安全例会进行安全总结,作好安全生产记录。

(4) 班组文明施工管理。每一个分部、分项都要求注意施工过程对环境的影响和破坏。针对有可能产生大气污染、水体污染、噪声、固体废弃物的施工过程要按要求进行预防和治理,工完场清,场容场貌整洁,设施、机具规范配置和使用,工序交接明确,做到文明施工,力争现场环境工厂化、花园化。

(5) 班组工料消耗监督管理。对班组生产中的每一项任务,都要进行用工用料分析,不断提高劳动生产率,降低材料和用工消耗,超用工料分析原因,提高经济效益。对大型机械设备,统筹规划,保证正常施工;减少占用时间。小型机具提高使用率,及时维护保证完好率。

(6) 提高班组职工的素质。班组管理中应注意职工技术水平的培养和提高,大力提倡敬业爱岗,落实岗位经济责任制,开展劳动竞赛和技术革新,全面提高技术水平。

(7) 建立,建全班组岗位职责

1) 班组长的职责

①围绕生产任务,组织班组成员进行讨论,编制周、日作业计划,做好人员分工、材料、机具的准备落实。

②带领全班认真贯彻执行各项规章制度,遵守劳动纪律,组织好安全生产。加强过程质量管理。抓好进度落实工作。

③组织全班努力学习文化,钻研技术,开展"一专多能"的活动,不断提高劳动生产率。

④做好文明施工,做到工完场清,做好工作面的交接工作。

⑤积极支持和充分发挥班组内几大员的作用,做好本班组的各项管理工作。

⑥做好思想政治工作,使大家严格按岗位责任制进行考核。

2) 班组各大员的职责

①学习宣传员的职责是宣传党的路线、方针、政策,积极开展思想政治工作,搞好班组内的团结;及时宣传好人好事,号召和组织大家向先进人物学习;主动热情地帮助后进人物,揭露不良倾向;组织班组内的文化、技术业务学习,并积极带头参加,以身作则。

②经济核算员的职责是协助组长进行经济管理工作,核算班组各项技术经济指标完成的情况和各项技术经济效果;组织开展班组经济活动分析。重点做好用工、用料的消耗和核算工作。

③质量安全员的职责是经常不断地宣传"质量第一"的重要意义和安全生产的方针;监督检查全班执行技术安全操作规程和质量检验标准的情况,做好每天完成项目的自检、互检、交接检制度;认真填好质量自检记录,及时发现并纠正各种违章作业的施工方法,确保安全生产。

④料具管理员的职责是做好班组内所领用的各种材料、

工具、设备及劳保用品的领退、使用、发放和保管等工作；督促全体人员节约使用各种原材料及用品，爱护公有财产；同经济核算员互相配合搞好本组的材料、工具、设备等指标的核算与分析。

⑤工资考勤员的职责是做好班组的考勤记工工作，掌握工时利用情况，分析并记录劳动定额的执行情况；负责班组工资和奖金的领取、发放工作，核算本班劳动工率及出勤率，协助班组长搞好劳动力的管理。

3) 操作工人岗位职责

①遵守企业的各项规章制度，树立高度的组织观念，服从分配，争当好职工。

②热爱本职工作、钻研技术、安心工作、忠于职守，认真学习各项规范、规程、标准。

③坚持按图施工，按施工规范、操作规程、安全规程进行操作，按质量标准进行验收。

④爱护机器设备，节约能源、材料。

⑤认真领会技术交底精神并在操作中实施。

⑥尊师、爱徒、团结互助。班组之间、工种之间要互相协作，搞好工序和工种之间的关系；积极参加企业的挖潜、革新、改进操作方法，提高劳动生产率。

5. 班组施工质量管理的实施

班组质量管理工作是企业的最基础产品质量管理。因为生产过程的一砖一瓦、一钉一木都是经过工人的手转移到建筑产品上去的。班组如果不注意把关，不重视工程质量，不加强质量管理，就搞不好总体工程的质量，企业的质量管理也就不可能搞好。为了搞好班组的质量管理，要求明确班组质量管理责任制；成立班组质量管理小组（简称 QC 小组），加强班组生产过程中的质量管理;学习掌握质量检验评定标准和方法。

(1) 班组质量管理责任制度

为保证工程质量,一定要明确规定班组长、质量员和每个工人的质量管理责任制,建立严格的管理制度。这样,才能使质量管理的任务、要求、办法具有可靠的组织保证。

1) 班组长质量管理职责

①组织班组成员认真学习质量验收标准和施工验收规范,并按要求去进行生产。

②督促本班的自检及互检,组织好同其他班组的交接检、指导、检查班组质量员的工作。

③做好班内质量动态资料的收集和整理,及时填好质量方面的原始记录,如自检表等。

④经常召开班组的质量会,研究分析班组的质量水平,开展批评与自我批评,组织本班向质量过得硬的班组学习。积极参加质量检查及验收活动。

2) 班组质量员职责

①组织实施质量管理三检制,即自检、互检和交接检。

②做好班组质量参谋,提出好的建议,协助班组长搞好本班组质量管理工作。

③严把质量关,对质量不合格的产品,不转给下道工序。

3) 班组组员的质量职责

①牢固树立"质量第一"的思想。遵守操作规程和技术规定。对自己的工作要精益求精,做到好中求多、好中求快、好中求省。不能得过且过,不得马虎从事。

②听从班组长、质量员的指挥,操作前认真熟悉图样,

操作中坚持按图样和工艺标准施工，不偷工，不减料，主动做好自检，填好原始记录。

③爱护并节约原材料，合理使用工具量具和设备，精心维护保养。

④严格把住"质量关"，不合格的材料不使用，不合格的工序不交接，不合格的工艺不采用，不合格的产品不交工。

(2) 开展 QC 小组活动

QC 小组也叫质量管理活动小组，是在生产或工作岗位上从事各种劳动的职工，围绕企业的方针目标和现场存在的问题，运用质量管理的理论和方法，以改进质量、降低消耗、提高经济效益和人的素质为目的而组织起来，并开展活动的小组。

(3) 掌握质量检验评定标准和方法

班组在接到上级下达的任务后，组织全班人员学习相关的质量要求、评定标准和方法，制定在完成任务过程中应该注意的质量问题、工艺做法。了解主要材料的质量要求和检验方法。对质量问题做到心中有数，在管理上有的放矢。

对有的项目在生产过程中容易或经常出现的通病，制定好对应的施工操作技术。

附 录

附录一 抹灰工程材料计算

一、一般抹灰工程量计算

（一）内墙面抹灰工程量

内墙面抹灰工程量，以内墙面抹灰的面积计算，应扣除门窗洞口和空圈所占面积，不扣除踢脚板、挂镜线、0.3m² 以内的孔洞和墙与构件交接处的面积，不增加洞口侧壁和顶面的面积。墙垛和附墙烟囱侧壁面积并入内墙面抹灰面积内。

内墙面抹灰的长度，以主墙间的净长计算。内墙面抹灰高度按下列规定计算：

1．无墙裙的，其高度按室内楼、地面至天棚底面之间的距离计算。

2．有墙裙的，其高度按墙裙顶至天棚底面之间的距离计算。

3．天棚钉板条的，其高度按室内楼、地面至天棚底面另加 100mm 计算。

（二）内墙裙抹灰工程量

内墙裙抹灰工程量，以内墙裙抹灰的面积计算，即内墙净长乘以内墙裙高度。应扣除门窗洞口和空圈所占面积，不增加门窗洞口和空圈的侧壁面积。墙垛、附墙烟囱侧壁面积并入内墙裙抹灰面积内。

(三) 外墙面抹灰工程量

外墙面抹灰工程量，以外墙面的垂直投影面积计算。应扣除门窗洞口、外墙裙和大于 $0.3m^2$ 孔洞所占面积，不增加洞口侧壁面积。附墙垛、梁、柱侧面抹灰面积并入外墙面抹灰面积内。

(四) 外墙裙抹灰工程量

外墙裙抹灰工程量，以外墙裙抹灰的面积计算，即外墙裙长度乘以外墙裙高度，应扣除门窗洞口和大于 $0.3m^2$ 孔洞所占的面积，不增加门窗洞口及孔洞的侧壁面积。

(五) 柱面抹灰工程量

柱面抹灰工程量，以柱面抹灰的面积计算。即柱断面周长乘以柱高。

(六) 栏板、栏杆抹灰工程量

栏板、栏杆（包括立柱、扶手或压顶）抹灰工程量，按栏板、栏杆立面垂直投影面积乘以系数 2.2 计算。

(七) 窗台线、门窗套等抹灰工程量

窗台线、门窗套、挑檐、腰线等抹灰工程量，当其展开宽度在 300mm 以内者，作为装饰线，以其长度计算。当其展开宽度超过 300mm 者，作为零星抹灰，以其展开面积计算。

(八) 天棚抹灰工程量

天棚抹灰工程量，按主墙间的净空面积计算，不扣除隔断、垛、柱、附墙烟囱、检查口和管道所占的面积。

带梁天棚的梁两侧抹灰面积并入天棚抹灰面积内。密肋梁和井字梁天棚抹灰面积，按其展开面积计算。

檐口天棚的抹灰面积，并入相应的天棚抹灰面积内。

天棚中的折线、灯槽线、圆弧形线、拱形线等艺术形式抹灰，按其展开面积计算。

(九)阳台、雨篷抹灰工程量

阳台底面抹灰工程量,按阳台水平投影面积计算。阳台如带悬挑梁者,其工程量乘以系数1.30计算。

雨篷底面或顶面抹灰工程量,分别按雨篷水平投影面积计算。雨篷顶面带反檐或反梁者,其工程量乘以系数1.20;底面带悬挑梁者,其工程量乘以系数1.20。雨篷外边线按相应装饰线或零星抹灰计算。

阳台底面和雨篷底面或顶面的抹灰面积,并入相应的天棚抹灰面积内。

二、装饰抹灰工程量计算

内墙面、内墙裙、外墙面、外墙裙、柱面的装饰抹灰工程量,均按装饰抹灰实际面积计算,应扣除门窗洞口和空圈的面积,增加门窗洞口和空圈的侧壁面积。

挑檐、天沟、腰线、栏板、栏杆、门窗套、窗台线、压顶等装饰抹灰工程量,均按装饰抹灰的展开面积计算。

三、一般抹灰材料定额

附表1-1至附表1-11列出石灰砂浆、水泥砂浆、水泥石灰砂浆抹灰的材料定额。查阅这些材料定额表应根据所使用的砂浆品种、抹灰遍数、抹灰层厚度、抹灰面部位及其材质等多项条件。

100m² 石灰砂浆抹灰材料定额　　　　　　附表1-1

项目	单位	墙面、墙裙石灰砂浆二遍			
		16mm		8+8mm	16mm
		砖墙	混凝土墙	轻质墙	钢板网墙
石灰砂浆 1:3	m³	1.80	—	0.92	—
石灰砂浆 1:2.5	m³	—	—	0.92	—
水泥砂浆 1:3	m³	—	1.85	—	—

续表

项 目	单位	墙面、墙裙石灰砂浆二遍			
		16mm	8+8mm		16mm
		砖墙	混凝土墙	轻质墙	钢板网墙
水泥石灰砂浆 1:1:6	m³	—	—	—	1.85
水泥砂浆 1:2	m³	0.03	—	—	—
素水泥浆	m³	—	0.11	—	0.11
108胶	kg	—	2.48	—	2.48
纸筋石灰浆	m³	0.22	0.22	0.22	0.22
水	m³	0.70	0.70	0.70	0.70
松厚板	m³	0.005	0.005	0.005	0.005

100m² 石灰砂浆抹灰材料定额　　　　　　　　　附表 1-2

项 目	单位	墙面、墙裙石灰砂浆三遍			
		18mm	9+9mm		
		砖 墙	混凝土墙	轻质墙	钢板网墙
石灰砂浆 1:3	m³	2.09	—	1.03	1.03
石灰砂浆 1:2.5	m³	—	—	1.03	—
水泥砂浆 1:3	m³	—	1.04	—	—
水泥石灰砂浆 1:3:9	m³	—	1.04	—	—
水泥石灰砂浆 1:1:6	m³	—	—	—	1.04
素水泥浆	m³	—	0.11	—	0.11
108胶	kg	—	2.48	—	2.48
纸筋石灰浆	m³	0.22	0.22	0.22	0.22
水泥砂浆 1:2	m³	0.03	—	—	—
水	m³	0.69	0.70	0.70	0.30
松厚板	m³	0.005	0.005	0.005	0.005

100m² 石灰砂浆抹灰材料定额 附表1-3

项 目	单位	独立柱面抹石灰砂浆			
		多边形、圆形砖柱	多边形、圆形混凝土柱	矩形砖柱	矩形混凝土柱
石灰砂浆 1:3	m³	1.98	—	1.93	—
水泥砂浆 1:3	m³	—	2.00	—	2.00
水泥砂浆 1:2	m³	—	—	0.26	—
素水泥浆	m³	—	0.10	—	0.10
108胶	kg	—	2.21	—	2.21
纸筋石灰浆	m³	0.21	0.21	0.21	0.21
水	m³	0.77	0.79	0.77	0.79
松厚板	m³	0.005	0.005	0.005	0.005

100m² 石灰砂浆抹灰材料定额 附表1-4

项 目	单位	天棚面抹石灰砂浆	
		现浇混凝土天棚面	预制混凝土天棚面
素水泥浆	m³	0.10	0.10
纸筋石灰浆	m³	0.20	0.20
水泥石灰砂浆 1:3:9	m³	0.62	0.72
水泥石灰砂浆 1:0.5:1	m³	0.90	1.12
108胶	kg	2.76	2.76
水	m³	0.19	0.19
松厚板	m³	0.016	0.016

100m² 水泥砂浆抹灰材料定额 附表1-5

项 目	单位	墙面、墙裙抹水泥砂浆			
		14+6mm 砖墙	12+8mm 混凝土墙	24+6mm 毛石墙	14+6mm 钢板网墙
水泥砂浆 1:3	m³	1.62	1.39	2.77	1.62
水泥砂浆 1:2.5	m³	0.69	0.92	0.69	0.69
素水泥浆	m³	—	0.11	—	0.11
108胶	kg	—	2.48	—	2.48
水	m³	0.70	0.70	0.83	0.70
松厚板	m³	0.005	0.005	0.005	0.005

100m² 水泥砂浆抹灰材料定额   附表1-6

项 目	单位	独立柱面抹水泥砂浆			
		多边形、圆形砖柱	多边形、圆形混凝土柱	矩形砖柱	矩形混凝土柱
水泥砂浆 1:3	m³	1.55	1.33	1.55	1.33
水泥砂浆 1:2.5	m³	0.67	0.89	0.67	0.89
素水泥浆	m³	—	0.10	—	0.10
108胶	kg	—	2.21	—	2.21
水	m³	0.79	0.79	0.79	0.79
松厚板	m³	0.005	0.005	0.005	0.005

100m² 水泥砂浆抹灰材料定额   附表1-7

项 目	单位	天棚面抹水泥砂浆	
		现浇混凝土天棚面	预制混凝土天棚面
素水泥浆	m³	0.10	0.10
水泥砂浆 1:2.5	m³	0.72	0.82
水泥砂浆 1:3	m³	1.01	1.23
108胶	kg	2.76	2.76
水	m³	0.19	0.19
松厚板	m³	0.016	0.016

100m² 水泥石灰砂浆抹灰材料定额   附表1-8

项 目	单位	墙面、墙裙抹水泥石灰砂浆			
		14+6mm	12+8mm	24+6mm	14+6mm
		砖墙	混凝土墙	毛石墙	钢板网墙
水泥石灰砂浆 1:1:6	m³	1.62	1.39	2.77	1.62
水泥石灰砂浆 1:1:4	m³	0.69	0.94	0.69	0.69
素水泥浆	m³	—	0.11	—	0.11
108胶	kg	—	2.48	—	2.48
水	m³	0.69	0.70	0.83	0.70
松厚板	m³	0.005	0.005	0.005	0.005

100m² 水泥石灰砂浆抹灰材料定额　　　　附表 1-9

项　目	单位	独立柱面抹水泥石灰砂浆			
		多边形、圆形砖柱	多边形、圆形混凝土柱	矩形砖柱	矩形混凝土柱
水泥石灰砂浆 1:1:6	m³	1.55	1.33	1.55	1.33
水泥石灰砂浆 1:1:4	m³	0.67	0.89	0.67	0.89
素水泥浆	m³	—	0.10	—	0.10
108胶	kg	—	2.21	—	2.21
水	m³	0.77	0.79	0.77	0.79
松厚板	m³	0.005	0.005	0.005	0.005

100m² 水泥石灰砂浆抹灰材料定额　　　　附表 1-10

项　目	单位	天棚面抹水泥石灰砂浆		
		现浇混凝土天棚面（拉毛）	预制混凝土天棚面（拉毛）	一次抹灰
水泥石灰砂浆 1:3:9	m³	1.13	1.24	—
水泥石灰砂浆 1:1:2	m³	0.72	—	—
水泥石灰砂浆 1:1:6	m³	—	0.93	1.13
水	m³	0.19	0.19	0.19
松厚板	m³	0.016	0.016	0.016

100m² 膨胀珍珠岩水泥浆材料定额　　　　附表 1-11

项　目	单位	墙面、墙裙抹膨胀珍珠岩水泥浆	
		23mm 砖墙	26mm 混凝土墙
膨胀珍珠岩水泥浆 1:8	m³	2.66	3.00
素水泥浆	m³	—	0.11
108胶	kg	—	2.48
纸筋石灰浆	m³	0.22	0.22
水	m³	0.76	0.82
松厚板	m³	0.005	0.005

四、装饰抹灰材料定额

附表 1-12 至附表 1-16 列出水刷石、干粘石、水磨石、斩假石、拉条灰、甩毛灰的材料定额，查阅这些材料定额表应根据所使用的砂浆（或水泥石子浆）的品种、抹灰层厚度、抹灰面部位及其材质、抹灰层分格与否等多项条件。

100m² 水刷石抹灰材料定额 附表 1-12

项 目	单位	水 刷 白 石 子		柱面	零星项目
		12+10mm 砖、混凝土墙面	20+10mm 毛石墙面		
水泥砂浆 1:3	m³	1.39	2.31	1.33	1.33
水泥白石子浆 1:1.5	m²	1.15	1.15	1.11	1.11
素水泥浆	m³	0.11	0.11	0.10	0.10
108 胶	kg	2.48	2.48	2.21	2.21
水	m³	2.84	3.00	2.82	2.82

100m² 干粘石抹灰材料定额 附表 1-13

项 目	单位	干 粘 白 石 子		柱面	零星项目
		18mm 砖、混凝土墙面	30mm 毛石墙面		
水泥砂浆 1:3	m³	2.08	3.46	2.00	2.00
素水泥浆	m³	0.11	0.11	0.10	0.10
108 胶	kg	2.48	2.48	2.21	2.21
白石子	kg	747.00	747.00	718.00	718.00
水	m³	1.96	2.96	1.95	1.95

100m² 斩假石抹灰材料定额 附表1-14

项 目	单位	12+10mm 砖、混凝土墙面	18+10mm 毛石墙面	柱面	零星项目
水泥砂浆 1:3	m³	1.39	2.08	1.33	1.33
水泥豆石浆 1:1.25	m³	1.15	1.15	1.11	1.11
素水泥浆	m³	0.11	0.11	0.10	0.10
108胶	kg	2.48	2.48	2.21	2.21
水	m³	0.84	0.82	0.72	0.75

100m² 水磨石抹灰材料定额 附表1-15

项 目	单位	普通水磨石 12+10mm 墙面玻璃条分格	墙面不分格	柱面	零星项目
水泥砂浆 1:3	m³	1.39	1.39	1.33	1.33
水泥白石子浆 1:1.5	m³	1.15	1.15	1.11	1.11
素水泥浆	m³	0.11	0.11	0.10	0.10
108胶	kg	2.48	2.48	2.21	2.21
玻璃（3mm厚）	m²	6.15	—	—	—
金刚石（三角形）	块	10.10	10.10	10.10	10.10
硬白蜡	kg	2.65	2.65	2.65	2.65
草酸	kg	1.00	1.00	1.00	1.00
清油	kg	0.53	0.53	0.53	0.53
煤油	kg	4.00	4.00	4.00	4.00
油漆溶剂油	kg	0.60	0.60	0.60	0.60
棉纱头	kg	1.00	1.00	1.00	1.00
水泥	kg	25.00	25.00	25.00	25.00
水	m³	16.73	16.73	16.72	16.72

100m² 拉条灰、甩毛灰材料定额　　附表 1-16

项　目	单位	墙、柱面拉条灰		墙、柱面甩毛灰	
		14+10mm	10+14mm	12+6mm	10+6mm
		砖墙面	混凝土墙面	砖墙面	混凝土墙面
水泥石灰砂浆 1:0.5:2	m³	1.62	—	—	—
水泥石灰砂浆 1:0.5:1	m³	1.15	1.15	—	—
水泥砂浆 1:3	m³	—	1.62	—	1.15
水泥石灰砂浆 1:1:6	m³	—	—	1.39	—
水泥石灰砂浆 1:1:4	m³	—	—	0.69	—
水泥砂浆 1:2.5	m³	—	—	—	0.69
水泥砂浆 1:1	m³	—	—	0.32	0.32
素水泥浆	m³	—	0.21	0.10	0.21
108 胶	kg	—	4.69	2.21	4.69
红土子	kg	—	—	12.60	12.60
水	m³	0.86	0.90	0.82	0.86

五、抹灰砂浆配合比表

利用抹灰工程的工程量及其相应的材料定额，计算出来的材料主要是砂浆用量，要求出该砂浆中需用多少原材料，还得查阅抹灰砂浆配合比表，按抹灰砂浆配合表上所列各种原材料配合比，就可以计算出各种原材料的用量。

附表 1-17 列出抹灰砂浆配合表，查阅这些抹灰砂浆配合表时，应根据所用的抹灰砂浆的品种、体积比等多项条件，算式如下：

原材料用量 = 砂浆体积 × 相应原材料配合比

1m³ 抹灰砂浆配合比   附表 1-17

项 目	单位	水 泥 砂 浆				
		1:1	1:1.5	1:2	1:2.5	1:3
32.5级水泥	kg	765.00	644.00	557.00	490.00	408.00
粗 砂	m³	0.64	0.81	0.94	1.03	1.03
水	m³	0.30	0.30	0.30	0.30	0.30

项 目	单位	水 泥 石 灰 砂 浆				
		1:2:1	1:0.5:4	1:1:2	1:1:6	1:0.5:1
32.5级水泥	kg	340.00	306.00	382.00	204.00	583.00
石灰膏	m³	0.56	0.13	0.32	0.17	0.24
粗 砂	m³	0.29	1.03	0.64	1.03	0.49
水	m³	0.60	0.60	0.60	0.60	0.60

项 目	单位	水 泥 石 灰 砂 浆				
		1:0.5:3	1:1:4	1:0.5:2	1:0.2:2	1:3:9
32.5级水泥	kg	371.00	278.00	453.00	510.00	130.00
石灰膏	m³	0.15	0.23	0.19	0.08	0.32
粗 砂	m³	0.94	0.94	0.76	0.86	0.99
水	m³	0.60	0.60	0.60	0.60	0.60

项 目	单位	石 灰 砂 浆		纸筋石灰浆	麻刀石灰浆
		1:2.5	1:3		
石灰膏	m³	0.40	0.36	1.01	1.01
粗 砂	m³	1.03	1.03	—	—
纸 筋	kg	—	—	48.60	—
麻 刀	kg	—	—	—	12.12
水	m³	0.60	0.60	0.50	0.50
32.5级水泥	kg	945	709	567	473
白石子	kg	1189	1376	1519	1600
水	m³	0.30	0.30	0.30	0.30

项 目	单位	水泥豆石浆	膨胀珍珠岩水泥浆	石灰麻刀砂浆	108胶混合砂浆
		1:1.25	1:8	1:3	1:0.5:2
32.5级水泥	kg	1135	170.00	—	453.00
小豆石	m³	0.69	—	—	—
膨胀珍珠岩	m³	—	1.16	—	—
石灰膏	m³	—	—	0.34	0.19
粗 砂	m³	—	—	1.03	0.76
麻刀（108胶）	kg	—	—	16.60	(33.00)
水	m³	0.30	0.40	0.60	0.58

附录二 饰面砖（板）工程材料计算

饰面板工程量和饰面砖工程量，均按饰面板和饰面砖的实际镶贴面积计算，零星项目按其展开实贴面积计算。

附表 2-1 至附表 2-6 列出挂贴大理石板、挂贴预制水磨石板、粘贴陶瓷锦砖、粘贴彩釉砖、粘贴釉面砖、粘贴金属面砖等材料定额。查阅这些材料定额应根据饰面板（砖）品种，镶贴方法、拼缝宽度、镶贴部位及其材质等多项条件。

彩釉砖、釉面砖、金属面砖的实际规格与材料定额中不同时，应按下式换算其用量：

$$实际用量 = 定额用量 \times \frac{定额规格}{实际规格}$$

例如：现用 200mm × 280mm 的釉面砖，则 100m² 墙面需用：

$$4.48 \times \frac{152 \times 152}{200 \times 280} = 1.85 \text{ 千块}$$

100m² 挂贴大理石板材料定额　　　　　　　　附表 2-1

项　目	单位	挂贴大理石（灌浆厚 50mm）			
		砖墙面	混凝土墙面	砖柱面	混凝土柱面
水泥砂浆 1:3	m³	5.55	5.55	5.92	6.09
素水泥浆	m³	0.10	0.10	0.10	0.10
大理石板 500×500	m²	102.00	102.00	127.19	132.09
钢筋 φ6	1	0.11	0.11	0.15	0.15
铁件	kg	34.87	—	30.58	—
膨胀螺栓	套	—	5.24	—	920

续表

项 目	单位	挂贴大理石（灌浆厚50mm）			
		砖墙面	混凝土墙面	砖柱面	混凝土柱面
铜丝	kg	7.77	7.77	7.77	7.77
电焊条	kg	1.51	1.51	1.33	2.66
白水泥	kg	15.00	15.00	19.00	19.00
合金钢钻头 $\phi 20$	个	—	6.55	—	11.50
石料切割锯片	片	2.69	2.69	3.36	3.49
硬白蜡	kg	2.65	2.65	3.30	3.43
草酸	kg	1.00	1.00	1.25	1.30
煤油	kg	4.00	4.00	4.99	5.18
清油	kg	0.53	0.53	0.66	0.69
松节油	kg	0.60	0.60	0.75	0.78
棉纱头	kg	1.00	1.00	1.25	1.30
水	m^3	1.41	1.41	1.55	1.59
塑料薄膜	m^2	28.05	28.05	28.05	28.05
松厚板	m^3	0.005	0.005	0.005	0.005

挂贴花岗石（灌浆厚50mm）的材料定额与挂贴大理石材料定额基本相同，仅是石料切割锯片用量改为：砖墙面、混凝土墙面用4.21片；砖柱面用5.25片；混凝土柱面用5.45片。

100m^2挂贴预制水磨石板材料定额　　　附表2-2

项 目	单位	挂贴预制水磨石（灌浆厚50mm）			
		砖墙面	混凝土墙面	砖柱面	混凝土柱面
水泥砂浆1:2.5	m^3	5.55	5.55	5.92	6.09
素水泥浆	m^3	0.10	0.10	0.10	0.10
预制水磨石板 500×500	m^2	101.50	101.50	126.57	131.44
钢筋 $\phi 6$	t	0.11	0.11	0.15	0.15
铁件	kg	34.87	—	30.58	—
膨胀螺栓	套	—	524	—	920

续表

项 目	单位	挂贴预制水磨石（灌浆厚50mm）			
		砖墙面	混凝土墙面	砖柱面	混凝土柱面
铜丝	kg	7.77	7.77	7.77	7.77
电焊条	kg	1.51	1.51	1.33	2.66
白水泥	kg	15.00	15.00	19.00	19.00
合金钢钻头 φ20	个	—	6.55	—	11.50
石料切割锯片	片	2.69	2.69	3.36	3.48
硬白蜡	kg	2.65	2.65	3.30	3.43
草酸	kg	1.00	1.00	1.25	1.30
煤油	kg	4.00	4.00	4.99	5.18
清油	kg	0.53	0.53	0.66	0.69
松节油	kg	0.60	0.60	0.75	0.78
棉纱头	kg	1.00	1.00	1.25	1.30
水	m³	1.41	1.41	1.55	1.59

100m² 陶瓷锦砖粘贴材料定额　　　　　　　附表 2-3

项 目	单位	陶瓷锦砖（砂浆粘贴）		
		墙面、墙裙	方柱(梁)面	零星项目
水泥砂浆 1:3	m³	1.33	1.40	1.48
水泥石灰砂浆 1:1:2	m³	0.31	0.32	0.34
素水泥浆	m³	0.10	0.11	0.11
白水泥	kg	25.00	26.00	28.00
陶瓷锦砖	m²	101.50	106.58	113.00
108胶	kg	19.00	20.08	20.09
棉纱头	kg	1.00	1.05	1.11
水	m³	0.78	0.71	0.72

100m² 彩釉砖粘贴材料定额　　　　　　　附表 2-4

项 目	单位	墙面、墙裙贴彩釉砖（砂浆粘贴）		
		密缝	离缝	
			10mm内	20mm内
水泥砂浆 1:3	m³	0.89	0.89	0.89
水泥砂浆 1:1	m³	—	0.16	0.28
水泥石灰砂浆 1:0.2:2	m³	1.22	1.22	1.22
彩釉砖 150×75	千块	9.11	7.54	6.35
素水泥浆	m³	0.10	0.10	0.10
胶粘剂	kg	15.75	13.03	10.97
108胶	kg	2.21	2.21	2.21
棉纱头	kg	1.00	1.00	1.00
水	m³	0.90	0.91	0.91

100m² 釉面砖粘贴材料定额

附表 2-5

项　　目	单位	粘贴釉面砖（砂浆粘贴）		
		墙面、墙裙	柱（梁）面	零星项目
水泥砂浆 1:3	m³	1.11	1.17	1.23
水泥石灰砂浆 1:0.2:2	m³	0.82	0.86	0.91
釉面砖 152×152	千块	4.48	4.70	4.96
素水泥浆	m³	0.10	0.11	0.11
白水泥	kg	15.00	16.00	17.00
阴阳角釉面砖	千块	0.38	0.40	0.42
压顶釉面砖	千块	0.47	0.49	0.52
108胶	kg	2.21	2.32	2.45
石料切割锯片	片	0.96	1.01	1.07
棉纱头	kg	1.00	1.05	1.11
水	m³	0.81	0.99	1.21
松厚板	m³	0.005	0.005	—

100m² 粘贴金属面砖材料定额

附表 2-6

项　　目	单位	墙面贴金属面砖（砂浆粘贴）		
		密　缝	离　缝	
			10mm内	20mm内
金属面砖 60×240	千块	7.42	5.86	4.93
水泥石灰砂浆 1:0.2:2	m³	1.33	1.33	1.33
水泥砂浆 1:2	m³	0.89	0.89	0.89
水泥砂浆 1:1	m³	—	0.14	0.26
素水泥浆	m³	0.10	0.10	0.10
108胶	kg	44.72	44.72	44.72
白水泥	kg	15.00	—	—
水	m³	0.90	0.90	0.91
棉纱头	kg	1.00	1.00	1.00

附录三 《土木建筑职业技能岗位培训计划大纲》
——抹灰工

一、初级抹灰工培训计划与培训大纲

(一) 培训目的与要求

本计划大纲是根据建设部颁布的《建设行业职业技能标准》初级抹灰工的理论知识（应知）、操作技能（应会）要求，结合全国建设行业全面实行建设职业技能岗位培训与鉴定的要求，按照《职业技能岗位鉴定规范》初级抹灰工的鉴定内容编写的。

通过对初级抹灰工的培训，应掌握一般抹灰基本操作技能，了解一般抹灰所用建筑材料的性能和应用部位，初步会看简单建筑施工图中的平面图、立面图、剖面图和大样图。了解房屋构造的基本知识。通过一定时间训练，会进行室内、外墙面、地面、顶棚的抹灰，并应掌握一般抹灰工程的质量标准和检测工具使用及正确的检测方法，具备安全生产、文明施工和成品保护基本知识及自身安全防备能力和对职业道德行为准则的遵守能力。

(二) 理论知识（应知）和操作技能（应会）的培训内容和要求

根据培训目的和要求，适应目前建筑施工生产的状况，要加强实际操作技能的训练，使理论教学与技能训练相结合，教学与施工生产相结合。

培训内容与要求

1. 建筑识图和房屋构造的基本知识

(1) 民用建筑构造的基本知识；

(2) 看建筑施工图的方法和步骤;

(3) 建筑平面、立面、剖面图和外墙详图的内容和识图。

培训要求

(1) 了解建筑识图基本知识和民用建筑构造的基本知识;

(2) 懂得看建筑施工图的方法和步骤;

(3) 能看懂民用建筑平面、立面、剖面图和外墙详图。

2. 常见的抹灰材料的内容和要求

培训内容

(1) 水泥、石灰膏、石膏的种类、规格、性能及质量要求和保管;

(2) 砂子、石渣、石英砂、石英粉、滑石粉、白云石粉的规格与质量要求;

(3) 麻刀、纸筋、稻草的作用和使用要求;

(4) 颜料的种类和性能;

(5) 有机聚合物和有机硅防水剂的种类、性能和用途。

培训要求

了解各种抹灰材料的种类、规格、性能并熟悉质量要求和使用保管方法等。

3. 抹灰工常用的工具、机具

培训内容

(1) 常用的手工工具;

(2) 常用的小型机具。

培训要求

(1) 掌握常用的手工工具的使用和保管方法;

(2) 了解常用抹灰小型机具的技术性能,并掌握小型机具的安全使用方法和保养方法。

4. 抹灰在建筑工程中的重要性及一般要求

培训内容

(1) 抹灰工在建筑工程中的重要性；

(2) 墙面抹灰的一般要求；

(3) 地面抹灰的一般要求；

(4) 顶棚抹灰的一般要求；

(5) 抹灰的一般做法及要求。

培训要求

(1) 了解抹灰在建筑工程中的重要性及与相关工种施工相互配合关系；

(2) 熟悉一般抹灰中地面、墙面、顶棚的施工要求。

5. 内墙面抹白灰砂浆的操作方法和要求

培训内容

(1) 内墙面抹白灰砂浆的操作工艺顺序；

(2) 内墙面抹白灰砂浆的操作工艺要点；

(3) 内墙面抹白灰砂浆的质量标准；

(4) 内墙面抹白灰砂浆的质量问题与防治措施；

(5) 内墙抹灰的安全事项。

培训要求

(1) 了解内墙面抹白灰砂浆操作工艺顺序；

(2) 掌握墙面抹白灰砂浆的操作要点，并熟练抹白灰砂浆的操作动作要领；

(3) 熟悉抹白灰砂浆的质量检验标准和检验方法，防止和解决出现的质量问题。

6. 外墙面抹水泥砂浆的操作方法与要求

培训内容

(1) 抹水泥砂浆的操作工艺顺序；
(2) 混凝土外墙板抹水泥砂浆的操作工艺要点和要求；
(3) 砖墙面抹水泥砂浆的操作工艺要点和要求；
(4) 外墙面抹水泥砂浆质量检验标准和检验方法；
(5) 应注意的质量问题与解决的方法；
(6) 应注意的安全事项。

培训要求

(1) 了解外墙面抹水泥砂浆的操作工艺顺序；
(2) 掌握在混凝土、砌块墙、砖墙面上抹水泥砂浆的操作要点和要求；
(3) 熟悉外墙面抹水泥砂浆的质量检验标准和检验方法，防止和解决出现的质量问题。

7. 顶棚抹灰及灰线安装操作和要求

培训内容

(1) 混凝土顶棚抹水泥砂浆、混合砂浆、白灰砂浆的操作工艺顺序；
(2) 混凝土顶棚抹水泥砂浆，混合砂浆的操作工艺要点和要求；
(3) 混凝土顶棚抹白灰砂浆的操作工艺要点和要求；
(4) 顶棚抹灰的质量检验标准和检验方法；
(5) 顶棚抹灰应注意的质量问题与解决的方法；
(6) 顶棚灰线安装操作顺序和要求；
(7) 灰线的适用部位、形式、用料和工具；
(8) 灰线安装操作要点和要求；
(9) 顶棚抹灰及灰线安装安全事项。

培训要求

(1) 了解顶棚抹灰的操作工艺顺序；

（2）掌握顶棚抹灰的操作要点和要求；
（3）了解灰线安装的所用材料和工具的要求；
（4）掌握灰线安装操作要点和安装要求；
（5）熟悉顶棚抹灰及灰线安装质量标准和检验方法，防止和解决出现的质量问题。

8．楼、地面抹灰的操作方法和要求

培训内容

（1）细石混凝土地面的操作工艺顺序、操作要点和要求；

（2）抹水泥砂浆地面的操作工艺顺序、操作要点和要求；

（3）楼、地面抹灰质量标准和检验方法；

（4）楼、地面抹灰应注意的质量问题和解决的方法。

培训要求

（1）了解细石混凝土地面和水泥砂浆地面的操作工艺顺序；

（2）掌握细石混凝土地面和水泥砂浆地面操作要点和要求；

（3）熟悉楼、地面抹灰的操作质量标准和检验方法，并能预防容易出现的问题。

9．细部抹灰的操作方法和要求

培训内容

（1）窗台抹灰的操作工艺要点和要求；
（2）门窗套抹灰操作工艺要点和要求；
（3）腰线、檐口、雨檐抹灰操作工艺要点和要求；
（4）梁、柱抹灰操作工艺要点和要求；
（5）阳台抹灰操作工艺要点和要求；

(6) 楼梯抹灰操作工艺要点和要求;

(7) 坡道、台阶抹灰的操作工艺要点和要求。

培训要求

(1) 了解细部抹灰及楼梯抹灰操作工艺顺序;

(2) 掌握细部及楼梯等抹灰操作工艺要点和质量标准及要求。

10. 抹灰工程冬期施工措施和要求

培训内容

(1) 抹灰工程冬期施工一般要求;

(2) 暖法抹灰施工;

(3) 冷作抹灰施工。

培训要求

(1) 了解抹灰工程冬期施工的一般要求;

(2) 掌握暖作法抹灰的要求和方法;

(3) 了解冷作抹灰操作施工的要求。

11. 建筑施工安全知识

培训内容

(1) 建筑施工现场的安全要求;

(2) 高处作业的安全要求;

(3) 抹灰工现场操作安全知识;

(4) 抹灰工安全技术措施。

培训要求

(1) 了解施工现场的安全知识和要求;

(2) 掌握抹灰工的安全技术措施。

(三) 培训时间和计划安排

培训时间及采取的方法,各地区可根据本地的实际情况采用不同的形式进行,但原则应保证完成计划要求的课时后,使学员掌握本职业的技术知识和操作技能。

计划课时分配表如下:

初级抹灰工培训课时分配表

序号	课 题 内 容	计划学时
1	建筑识图和房屋构造的基本知识	20
2	常用的抹灰材料的内容和要求	10
3	抹灰工常用的工具、机具	4
4	抹灰在建筑工程中的重要性及一般要求	6
5	内墙面抹白灰砂浆的操作方法和要求	14
6	外墙面抹水泥砂浆的操作方法和要求	14
7	顶棚抹灰及灰线安装操作和要求	10
8	楼、地面抹灰的操作方法和要求	10
9	细部抹灰的操作方法和要求	20
10	抹灰工程冬期施工措施和要求	6
11	建筑施工安全知识	6
	合计	120

(四)考核内容

1. 应知考试

各地区教育培训单位,可以根据培训教材中各部分的复习思考题,选择出题进行考试。可采用判断题、选择题、填空题及简答题四种形式。

2. 应会考试

各地区培训考核单位,可以根据地区的情况和实施的工程特点,在以下考试内容中选择 3~5 项进行考核。

(1) 内墙面抹白灰砂浆的操作方法和要求。

(2) 外墙面抹水泥砂浆的操作方法和要求。

(3) 顶棚抹灰及灰线安装操作和要求。

(4) 楼、地面抹灰的操作方法和要求。

(5) 细部抹灰的操作方法和要求。

(6)建筑施工安全知识。

二、中级抹灰工培训计划与培训大纲

(一)培训目的与要求

本计划大纲是根据建设部颁布的《建设行业职业技能标准》中级抹灰工的理论知识(应知)、操作技能(应会)要求,结合全国建设行业全面实行建设职业技能岗位培训与鉴定的要求,按照《职业技能岗位鉴定规范》中级抹灰工的鉴定内容编写的。

通过对中级抹灰工的培训,使中级抹灰工掌握建筑识图,识读建筑施工图以及建筑学的知识。在操作技能上掌握装饰砂浆拌制要求,以及装饰抹灰、内外墙喷涂、弹涂、滚涂技术;镶贴面砖及板材于地面和楼梯以及内外墙面上。并掌握装饰抹灰、镶贴面砖及板材的质量标准和检测方法,并应具备安全生产的自身防备能力和进行文明生产施工和成品保护工作具备对职业道德行为准则的遵守能力。为升入高级抹灰工打下基础。

(二)理论知识(应知)和操作技能(应会)的培训内容和要求

根据培训目的和要求,在培训过程中要严格按照本计划大纲的培训内容及课时要求进行,适应目前建筑施工生产的状况,要加强实际操作技能的训练,理论教学与技能训练相结合,教学与施工生产相结合。

培训内容与要求

1. 看建筑施工图的方法

培训内容

(1)建筑工程施工图的种类;

(2)看建筑施工图的方法与步骤;

(3) 看基础施工图的方法;
(4) 看民用建筑主体结构施工图的方法;
(5) 建筑施工图和结构施工图的综合看图的方法;
(6) 看图与审核图纸的要点。

培训要求

(1) 了解建筑工程施工图的种类;
(2) 了解民用建筑结构施工图的主要内容,以及民用建筑施工图和结构施工图的综合看图的方法;
(3) 掌握看懂民用建筑与结构以及基础施工图。

2. 建筑学的基本知识

培训内容

(1) 建筑学的主要任务;
(2) 建筑物的分类;
(3) 建筑物的等级;
(4) 房屋构造受外界因素的影响。

培训要求

(1) 了解建筑学的主要任务,建筑物分类及等级;
(2) 熟悉建筑构造基本内容以及房屋构造受哪些外界因素的影响。

3. 装饰抹灰材料及饰面板种类、性能及规格

培训内容

(1) 装饰水泥的性能;
(2) 颜料的种类和掺量;
(3) 石膏的特性和调制;
(4) 饰面板、陶瓷制品等的品种、规格和技术性能。

培训要求

(1) 了解装饰水泥、石膏的性能及要求和颜料的种类和

掺量;

(2) 掌握饰面板、陶瓷制品等的品种、规格和技术性能。

4. 水刷石、斩假石等操作工艺和要求

培训内容

(1) 水刷石操作工艺顺序;
(2) 外墙面做水刷石的操作要点和要求;
(3) 水刷石的质量标准及检验方法;
(4) 斩假石操作工艺顺序;
(5) 斩假石操作工艺要点和要求;
(6) 斩假石的质量标准及检验方法。

培训要求

(1) 熟悉在不同基面上做水刷石、斩假石的操作工艺顺序,掌握其操作要点和要求;
(2) 了解水刷石,斩假石的质量标准及检验方法并能制定技术措施防止出现质量问题。

5. 水刷石,干粘石、假面砖、斩假石抹灰工艺顺序和操作要点

培训内容

(1) 水刷石抹灰工艺顺序和操作要点;
(2) 干粘石抹灰工艺顺序和操作要点;
(3) 假面砖抹灰工艺顺序和操作要点;
(4) 斩假石抹灰工艺顺序和操作要点;
(5) 质量标准与通病防治措施。

培训要求

(1) 了解水刷石、干粘石、假面砖、斩假石工艺顺序;
(2) 掌握以上工艺操作要点和质量标准并掌握通病防治

措施。

6. 特种砂浆抹灰的操作工艺和要求

培训内容

(1) 抹防水砂浆工艺顺序和操作要点；

(2) 抹耐酸胶泥和耐酸砂浆工艺顺序和操作要点；

(3) 抹耐热和保温砂浆工艺顺序和操作要点。

培训要求

(1) 了解特种砂浆的材料性能和要求；

(2) 了解特种砂浆的质量通病和解决质量问题的方法；

(3) 掌握抹各种特种砂浆的操作工艺要点。

7. 聚合物水泥砂浆、石粒浆的弹、喷、滚涂的操作工艺和要求

培训内容

(1) 机械喷涂、机喷石操作工艺要求；

(2) 聚合物水泥砂浆、石粒浆的弹涂、喷涂、滚涂操作工艺和要求。

培训要求

(1) 了解机械喷涂、机喷石的工艺顺序和要求；

(2) 掌握聚合物水泥砂浆操作工艺和质量要求。

8. 内外墙板材饰面粘贴操作工艺和要求

培训内容

(1) 釉面砖粘贴；

(2) 外墙面砖粘贴；

(3) 大理石等面板粘贴；

(4) 粘贴面砖的质量标准和要求。

培训要求

(1) 了解板材饰面粘贴操作工艺顺序和质量标准要求；

(2) 掌握板材面砖饰面粘贴操作工艺要点;

(3) 掌握预防板材、面砖饰面粘贴出现质量问题的措施和应注意的安全事项。

9．装饰抹灰质量标准及检测

培训内容

(1) 一般抹灰的质量标准;

(2) 装饰抹灰的质量标准;

(3) 检查工具的使用及检查方法。

培训要求

(1) 了解各类抹灰的质量标准和允许偏差;

(2) 掌握检查工具的使用要求和质量检查的方法。

(三) 培训时间和计划安排

培训时间及采取的方法,各地区可根据本地的实际情况采用不同的形式进行,但原则上做到扎实、实际、学以致用,基本保证下述计划表要求的课时;使学员通过培训掌握本职业的技术理论和操作技能。

计划课时分配表如下:

中级抹灰工培训课时分配表

序号	课　题　内　容	计划学时
1	看建筑施工图的方法	10
2	建筑学的基本知识	8
3	装饰抹灰材料及饰面板种类、性能及规格	8
4	水刷石、斩假石等操作工艺和要求	18
5	干粘石、假面砖等操作工艺和要求	12
6	特种砂浆抹灰的操作工艺和要求	14
7	聚合物水泥砂浆的操作工艺和要求	12
8	内外墙板材饰面粘贴操作工艺和要求	14
9	装饰抹灰质量标准及检测	4
	合计	100

（四）考核内容

1. 应知考试

各地区教育培训单位，可以根据教材中各部分的复习思考题，选择出题进行考试。可采用判断题、选择题、填空题及简答题四种形式。

2. 应会考试

各地区培训考核单位，可以根据各地区的情况和实施的工程特点，在以下考试内容中选择2~3项进行考核。

（1）水刷石、斩假石等操作工艺和要求。

（2）干粘石、假面砖等操作工艺和要求。

（3）特种砂浆抹灰的操作工艺和要求。

（4）聚合物水泥砂浆的操作工艺和要求。

（5）内外墙板材饰面粘贴操作工艺和要求。

（6）装饰抹灰质量标准及检测。

三、高级抹灰工培训计划与培训大纲

（一）培训目的与要求

本计划大纲是根据建设部颁布的《建设行业职业技能标准》高级抹灰工的理论知识（应知）、操作技能（应会）要求，结合全国建设行业全面实行建设职业技能岗位培训与鉴定的要求，按照《职业技能岗位鉴定规范》高级抹灰工的鉴定内容编写的。

通过对高级抹灰工的培训，使高级抹灰工看懂本职业中复杂的施工图和审核施工图纸。懂得房屋装饰构造和装饰抹灰工程的基本理论知识，了解本职业装饰材料的性能、应用范围和使用要求。能指导初、中级抹灰工进行操作，防止和处理本职业中出现的质量问题和要点问题。在应会的技能方面应达到装饰抹灰和各种复杂工艺的操作要求，并具有新工

艺、新技术的本领并推广应用和向初、中级工做示范操作，传授技能，解决本职业技术技能上的难题和具有编制本职业（装饰抹灰工程）施工方案和组织施工的能力。

（二）理论知识（应知）和操作技能（应会）的培训内容和要求

根据培训目的和要求，在培训过程中要严格按照本计划大纲的培训内容及课时要求进行，适应目前建筑施工生产的状况，要加强实际操作技能的训练，理论教学与技能训练相结合，教学与施工生产相结合。

培训内容与要求

1. 看懂建筑施工图和审核施工图基本知识

培训内容

（1）民用与工业建筑和结构施工图综合识读；

（2）审核施工图的要点和步骤。

培训要求

（1）了解建筑结构施工图的主要内容，掌握建筑施工图和结构施工图综合看图的方法。

（2）能看懂民用和工业厂房主体结构施工图，以及基础施工图。

2. 房屋装饰构造和装饰材料性能与使用

培训内容

（1）房屋装饰构造组成和作用；

（2）装饰材料性能与使用要求。

培训要求

（1）了解和掌握房屋装饰构造的组成和作用，以及装饰抹灰的组成和作用；

（2）了解装饰水泥和颜料的种类，色彩要求和掺量要求。

3. 饰面板材安装新工艺操作顺序和要求

培训内容

(1) 大理石墙面干法施工操作工艺要点和要求;

(2) 磨光花岗石、预制水磨石饰面和薄板湿法施工新工艺操作要点和要求。

培训要求:

(1) 了解大理石、磨光花岗石、预制水磨石饰面板等所用材料质量要求;

(2) 掌握大理石墙面干法施工、花岗石复合板干法及花岗石薄板湿法新工艺操作要点和要求;

(3) 了解大理石预制水磨石板、花岗石板材安装的质量标准及应注意的质量问题和解决的方法。

4. 水磨石、陶瓷锦砖、釉面砖地面及楼梯的操作工艺和要求

培训内容

(1) 普通、美术水磨石地面及楼梯的工艺顺序,操作要点和要求;

(2) 陶瓷绵砖、玻璃绵砖镶贴的工艺顺序、操作要点和要求;

(3) 釉面瓷砖地面及墙面的工艺顺序、操作要点和要求。

培训要求

(1) 了解陶瓷绵砖、玻璃绵砖、釉面瓷砖等材料的品种、规格、性能和质量要求;

(2) 熟悉镶贴陶瓷绵砖、玻璃绵砖、釉面瓷砖的质量标准和解决质量问题的方法;

(3) 掌握陶瓷锦砖、玻璃锦砖、釉面瓷砖操作要点和要求。

5. 花饰与装饰线角的安装操作工艺和要求

培训内容

(1) 花饰、装饰线角的一般知识；
(2) 花饰的安装工艺、操作要点和要求；
(3) 室外装饰线角安装工艺、操作要点和要求；
(4) 室内装饰线角的安装工艺、操作要点和要求。

培训要求

(1) 了解花饰、装饰线角的一般知识；
(2) 掌握花饰、装饰线角安装操作要点和要求；
(3) 熟悉花饰、装饰线角的质量标准与解决质量问题的方法。

6. 古建筑装饰的一般知识

培训内容

(1) 古建筑装饰的一般知识；
(2) 古建筑装饰施工操作要点和要求；
(3) 古建筑抹灰修缮。

培训要求

(1) 了解古建筑装饰分类；
(2) 掌握古建筑装饰施工要点和抹灰修缮要求。

7. 抹灰装饰工程的工料计算与施工方案的基本知识

培训内容

(1) 抹灰装饰工程量计算规则和方法；
(2) 抹灰装饰工程工料分析和砂浆配合比计算与使用。

培训要求

(1) 了解抹灰装饰工程工料计算的重要性和需掌握知识及规定;

(2) 掌握抹灰装饰工程量计算方法,能进行工料分析和班组生产核算。

8. 安全生产、文明施工管理工作要求

培训内容

(1) 抹灰施工生产的组织与管理;

(2) 抹灰施工生产的安全要求与施工现场要点要求。

培训要求

(1) 了解施工生产管理和组织的基本知识及班组管理知识;

(2) 掌握施工生产的安全技术并组织熟悉施工现场要点要求。

9. 建筑职工职业道德

培训内容

(1) 道德、职业道德;

(2) 社会主义职业道德;

(3) 建筑工人职业道德。

培训要求

(1) 了解什么是社会主义职业道德;

(2) 遵守建筑工人职业道德。

(三) 培训时间和计划安排

培训时间及采取的方法,各地区可根据本地的实际情况采用不同的形式进行,但原则上做到扎实、实际、学以致用,基本保证下述计划表要求的课时;使学员通过培训掌握本职业的技术理论和操作技能。

计划课时分配表如下:

高级抹灰工培训课时分配表

序号	课 题 内 容	计划学时
1	看懂建筑施工图和审核施工图基本知识	8
2	房屋装饰构造和装饰材料性能与使用	10
3	饰面板材安装新工艺操作顺序和要求	10
4	陶瓷绵砖、釉面砖地面及楼梯的操作工艺和要求	20
5	花饰与装饰线角的安装操作工艺和要求	8
6	古建筑装饰的一般知识	8
7	抹灰装饰工程的工料计算与施工方案的基本知识和建筑职工职业道德	10
8	安全生产、文明施工管理工作要点	6
	合计	80

（四）考核内容

1．应知考试

各地区教育培训单位，可以根据教材中各部分的复习思考题，选择出题进行考试。可采用判断题、选择题、填空题及简答题四种形式。

2．应会考试

各地区培训考核单位，可以根据各地区的情况和实施的工程特点，在以下考试内容中选择 1~2 项进行考核。

（1）饰面板材安装新工艺操作顺序和要求。

（2）陶瓷绵砖、釉面砖地面及楼梯的操作工艺和要求。

（3）花饰与装饰线角的安装操作工艺和要求。

（4）古建筑装饰的一般知识。

（5）抹灰装饰工程的工料计算与施工方案的基本知识。

主要参考文献

1. 建设部人事教育司组织编. 土木建筑职业技能岗位培训计划大纲. 北京：中国建筑工业出版社出版，2003
2. 编写组编《建筑施工手册》3（第四版）. 北京：中国建筑工业出版社出版，2003
3. 朱维益编《抹灰工手册》第二版. 建筑工人技术系列手册. 北京：中国建筑工业出版社出版，1999
4. 刘大可编著，《中国古建筑瓦石营法》. 北京：中国建筑工业出版社出版，1993
5. 侯君伟编，《砖瓦抹灰工》（六级工）. 建筑工人应知丛书. 北京：中国建筑工业出版社出版，1987
6. 侯君伟编，《砖瓦抹灰工》（五级工）. 建筑工人应知丛书. 北京：中国建筑工业出版社出版，1985
7. 侯君伟编，《砖瓦抹灰工》（四级工）. 建筑工人应知丛书. 北京：中国建筑工业出版社出版，1983
8. 中国建筑科学研究院主编. 建筑装饰装修工程施工质量验收规范（GB50210—2001）. 北京：中国建筑工业出版社，2001
9. 中国建筑科学研究院主编. 外墙饰面砖工程施工及验收规程（JGJ 126—2000）. 北京：中国建筑工业出版社，2000
10. 江苏省建筑工程管理局. 建筑地面工程施工质量验收规范（GB 50209—2002）. 北京：中国建筑工业出版社，2002